未来“城市—建筑”设计理论与探索实践

《未来“城市—建筑”设计理论与探索实践》课题组　著

中国建筑工业出版社

图书在版编目（CIP）数据

未来“城市-建筑”设计理论与探索实践 /《未来“城市-建筑”设计理论与探索实践》课题组著．—北京：中国建筑工业出版社，2021.3

ISBN 978-7-112-25779-9

Ⅰ.①未… Ⅱ.①未… Ⅲ.①城市规划—建筑设计—研究 Ⅳ.①TU984

中国版本图书馆 CIP 数据核字（2020）第 267410 号

责任编辑：宋 凯 张智芊
责任校对：张惠雯

未来“城市—建筑”设计理论与探索实践
《未来“城市—建筑”设计理论与探索实践》课题组 著

*

中国建筑工业出版社出版、发行（北京海淀三里河路 9 号）
各地新华书店、建筑书店经销
逸品书装设计制版
北京建筑工业印刷厂印刷

*

开本：787 毫米 ×1092 毫米 1/16 印张：14¾ 字数：278 千字
2021 年 5 月第一版 2021 年 5 月第一次印刷
定价：**48.00** 元
ISBN 978-7-112-25779-9
（37048）

本书作者

第1章　孟建民（1.1，1.2）

　　　　刘　芳（1.3）

第2章　韩晨平（2.1，2.2，2.3）

　　　　姚　刚（2.4）

　　　　杨　彪（2.5）

第3章　李晓宇（3.1）

　　　　杨怡楠（3.2）

　　　　陈子鑫　陈　睿（3.3）

　　　　李志民　惠钰芯　石　媛（3.4）

　　　　张　宇　唐吉祯（3.5）

第4章　张　彤（4.1）

　　　　吴浩然　王明荃　蔡适然（4.2）

　　　　吴浩然　肖　葳　邹立君　戴金贝（4.3）

第5章　宋晔皓　黄致昊　褚英男（5.1）

　　　　石　峰（5.2）

第6章　唐海达　李春莹（6.1）

　　　　吴　尧　王文捷（6.2）

　　　　曾凡博（6.3）

　　　　李艳霞　石　邢（6.4）

统　稿　唐海达　李春莹

前言 · PREFACE

伴随文明的发展与科技的进步，能源紧缺和环境污染问题日趋严重，客观上迫使人类不断地扩张活动空间、延伸生存领域。与此相适应，城市发展和建筑设计也将拓展到新的“介质空间”：地下、海洋和太空。

有序、高效开发地下空间，可以解决城市规模扩张与土地资源紧缺的矛盾、增强基础设施服务能力、提高综合防灾素质、保持城市的可持续发展。国家对“海上城市”的政策支持，以深海开发、海水利用为标志的海洋技术发展，为人类向海洋拓展打下坚实基础。在太空，太空舱和空间站是太空人居的初级形式。随着航天技术的不断进步，人类将有能力走出地球，建立太空城市。

为了达成上述目标，必须积极探索未来“地下”“海洋”“太空”城市和建筑设计策略，提前谋划如何在不同介质条件下营造安全、高效和舒适的工作生活环境。在此背景下，本书呈现的是对未来城市—建筑，即广义的人居环境优化、拓展和设计的前瞻性研究，其成果将为人类对不同空间的利用拓展全新的领域。

《未来“城市—建筑”设计理论与探索实践》

课题组

2020年10月10日

目录·CONTENTS

第1章 绪 论

1.1 未来城市—建筑的思考

有人可能会问：什么是“建筑的未来性”？

要回答这个问题，我们先从事物的发展变化谈起，任何事物在现实世界中都会沿着时间轴形成它的“过去”“现在”和“未来”。在这一过程中，有些事物发展变化不明显，在一定的时段内甚至觉察不出它的变化。而有些事物的发展变化比较大，有着明显的前后差异。

我们需要再深入地观察与判断，有些事物是依照自身客观发展规律演进的，比如自然事物皆是如此。而对人为事物，比如汽车、建筑、城市的发展演变都是受到人为主观思想影响而演进的。那么对这种受到人的主观影响而形成的未来结果，可称之为这种事物具有“未来性”。

让我们再来解读与定义一下事物的“未来”与“未来性”。通过对“事物未来性”的理解与认识，可以认为“人”是“未来性”的关键要素，没有人的主观因素的影响，就谈不上“事物的未来性”，那只能是事物的一种未来状态。因此，“事物的未来性”既激发人类应站在当下思考未来，又可使人类跳到未来。而思考现在，这是“事物的未来性”带给人类的一种思维方式与方法，思维不仅仅是顺向的，也可以是逆向的，不仅仅是立足现在，也可以是立足未来。

以这种思维方式与方法来判断，建筑师可分为两类：一类是顺着建筑发展，结合当前环境与条件做立足“现在”的建筑设计，这类建筑师占大多数。另一类建筑师着眼于未来，密切关注应用新材料、新设备、新技术，这类建筑师可以称为具有“未来性思考”的建筑师。

从古到今都有这类建筑师，他们的创作成为建筑史上的宝贵遗产。“未来性建筑”不仅仅是指现在或未来形成的建筑，历史上早已出现过“未来性建筑”，即以往有过重大观念突破与技术突破的建筑，都可称为“未来性建筑”。

早在1914年，意大利建筑师安东尼奥·圣伊利亚（Antonio St’Elia）就发表了《未来主义建筑宣言》，他那时主张用新观念、新材料，面向未来进行建筑设计，至今对当代建筑师都有着深刻的影响。其后又有一些具有“未来性思考”的建筑师，创作了一批具有未来主义色彩的建筑作品，如巴黎蓬皮杜艺术中心。再比如香港汇丰银行大厦是未来主义高技派的又一个代表性作品，当时是香港面临回归的背景下，产生了建筑需要模块化装卸的意向和需求，整栋建筑都是工厂加工，现场装配，这是那个时期对传统建造工艺的一种重大突破，也是建筑师未来性思考的创作成果。

从过去原始简单的穴居建筑到工艺复杂的哥特式建筑，从静态的石头建筑到充满动态要素的现代建筑，从传统的被动建筑到目前正在大力推进的智能化建筑，都能体现动态性的重要。因此，可以说动态性是未来建筑发展的重要方面。

随着高科技的迅猛发展，未来城市与建筑必将会跨入具有革命性的奇点时代。这个所谓的奇点建筑时代，最突出的特征就是“人机合一”，当未来世界实现人机合一的时候，一切都将发生根本性的变化！

到那时候，城市与建筑所呈现出来的状态，将不是静态的，而是动态的；不是被动的，而是能动的；不是人工的，而是智慧的；不是机械的，而是有生命的。我们可以大胆畅想一下，奇点建筑将成为人机合一的空间延伸和尺度放大，到那时候，城市与建筑都将不再是一个独立体，而是地球乃至宇宙超巨生命体的细胞和器官！

1.2 泛建筑学的思考

能够生存下来的物种，并不是那些最强壮的，也不是那些最聪明的，而是那些对变化做出快速反应的种群。

——达尔文《物种起源》，1859年

1.2.1 未来的世界还需要“建筑学”吗？

从1765年珍妮纺织机的发明所开启的工业革命，到1946年第一台计算机的投入使用所带来的信息革命，人类的生活方式在近几百年来发生了极大的改变。如今，历史的车轮继续加速向前，两股新的时代变革正在此刻交汇：一方面，生物技术在不断探索揭开人类身体的奥秘，人的逻辑思维和生理状态在不断地被生物技术破译为生化的数字信息；另一方面，计算机和信息技术在不断地提升数据处理能力，将被转译成数据的人体信息进行分析总结，得出一系列“算法”。生物技术和信息技术的革命式发展将使人工智能在不久的将来得到突飞猛进的发展。这些人工智能的“算法”能比人类更缜密地思考，更不受人类杂念的影响，也能更纯粹地自我学习与提高。在“算法”化的时代里，人工智能的数据分析因其高于人类脑力的极限，将有可能替代人类做出许多的决定和预测。人类将再一次发生转变：从中世纪的宗教统领到当今的自由主义思潮，再到未来数据主义的人工智能“算法”。

“算法”将渗入并影响人类生活的方方面面：提醒我们穿什么样的衣服最适宜天气和场合，吃什么样的食物最符合身体状况，用什么样的方式最能高效地到达目的地等。在衣、食、行方面，人工智能都将给我们带来全新的生活方式。围绕着人工智能和“算法”，与建筑和居住相关的许多产业如材料、设备和管理都在进行着变革。在这样的时代背景下，传统建筑的概念、思想和认知已经不能满足建筑的发展和进步。建筑学跨专业、跨领域将会是发展趋势。在这种趋势之下，建筑学需要有一种新的方向和突破口来顺应未来的社会发展。泛建筑学就是在这种对未来社会的前瞻下所提出的。

1.2.2 传统建筑学是一种“自给式”的学科

在讨论泛建筑学之前，需要首先对与之形成对比的传统建筑学进行阐释。这里所提到的传统建筑学是相对于“泛”建筑学而言的，而不是相对于“现代”。同时，这里也需要区分建筑作为人类社会的产物与建筑学作为高等教育学科的区别。建筑作为一种构筑物伴随人类的发展已有千年历史，它为人类社会提供居住、劳作和活动的场所，尽管随着人类对材料工艺的使用和掌握在不断进步，但建筑在大众和专业理解中还是无法脱离千年前古罗马建筑师维特鲁威的总结：实用的、坚固的、美观的。这也就意味着传统的建筑一定是与功能紧密关联的，是凝固甚至永恒的，是遵循当下审美风潮的。

相比于建筑的悠久历史，建筑学作为一门高等教育学科的时间却仅有200多年的时间。传统建筑学是研究建筑物及周边环境的学科，包含建筑物及其环境的空间、功能、造型以及其产生过程中所运用的材料、技艺、施工方式等，是一门将技术与艺术结合的学科。回顾历史，这种建筑学的定义是由西方各国的建筑从业者和学者们在18—19世纪通过纷纷成立一系列的建筑学院所逐渐成形的。奥地利于1772年在维也纳成立了国立艺术建筑学院（Institute for Art and Architecture），德国于1832年成立了建筑学院（Bauakademie），英国在1889年成立了建筑联盟学院（Architectural Association），并在英国首次提供全日制建筑学教育以替代之前的学徒制。其中影响力最大的是1816年于法国巴黎成立的巴黎国立高等艺术学院（Ecole Nationale Superieuredes Beaux-Arts），在这里首次建立了完整的建筑师培养与课程体系（布扎体系）。此体系深刻地影响了西方各国的建筑学发展，随着巴黎高等艺术学院的毕业生以及教职人员流向世界各地，若干建筑学院在同样或类似的基础上建立。建筑学科在这个历史时期的创立，也折射出西方现代化的进程中科技的日益发达和社会更为细密的分工。建筑的定义随着它的高等教育化而被限定，范围退缩到单体建筑，土木工程、城市设计和景观设计等都被单独立为学科，不再是建筑的范畴。而在建筑学成为高等教育的学科之前，如匠人一般工作的建筑师以工坊和学徒制为知识传授途径，则不受到这种知识框架的束缚。

1.2.3 历史上各种突破“建筑学”的尝试

回顾历史，科技的进步与发展是建筑更新的主要驱动力。日新月异的科技与工程技术直接地推动了建筑的发展：水电系统的完善让建筑不再仅仅是石和砖的躯壳，电梯的发明和进步让百米高楼可以拔地而起，暖通技术让人类可以在严寒和酷暑中舒适地生活。然而，这些建筑的进步大多还是局限于“传统”建筑学的认知中，建筑在变得更实用、更坚固、更美观。同时，建筑的创新总是跟随着科技的发展，是对科技成果的运用而不是促进科技进步的起因，这也正是建筑学受到学科框架束缚的结果。科技的进步同时给建筑师带来了新的创作灵感，鞭策建筑师突破传统的禁锢。1914年，意大利建筑师安东尼奥·圣伊利亚发表《未来主义建筑宣言》，试图从当时高速发展的机械、运动和速度中提取出当时的时代精神。宣言提倡对新型材料如混凝土、钢构、玻璃的创新运用，也大胆否决了建筑试图达到永恒的属性。《未来主义建筑宣言》虽提出了前瞻的、先锋的观念，但其内容大多数仍在阐述并倡导一种新的建筑风格。遗憾的是，《未来主义建筑宣言》仅仅把机器当成创作建筑的灵感源头，并未完全打破“传统”建筑的框架或试图将建筑与科技结合。

自信息革命开始后的近半个世纪的科技发展中，的确有建筑师个人或团体尝试打破传统建筑的框架，进行跨越式的尝试。20世纪六七十年代的英国建筑师塞德里克·普莱斯（Cedric Price）曾尝试将建筑与科技相结合，设计出能与人互动、具有参与性的建筑，最有名的当属历经多年跨界合作，带有社会实验性却未被建成的伦敦娱乐宫（London Fun Palace，图1-1）。这栋建筑和他的思想也后续影响了高技派的蓬皮杜中心和以未来科技乌托邦著名的电讯派（Archigram）和他们的“会行走的城市”（A Walking City，图1-2）。这些先锋性的纸上建筑师团体，摆脱了建筑必须被实现的包袱，跳出了传统建筑对坚固和美观的诉求，因此打破了

图1-1　伦敦娱乐宫（塞德里克·普莱斯，1959～1961年）

来源：孟建民.关于泛建筑学的思考[J].建筑学报，2018（12）：109-111.

图1-2　会行走的城市（电讯派，1964～1966年）

来源：孟建民.关于泛建筑学的思考[J].建筑学报，2018（12）：109-111.

建筑的壁垒，探究了新的设计方法和思路。另一组则是从20世纪60年代开始便游走于计算机科学、信息处理与建筑学之间的美国建筑师。其中包含早在20世纪60年代就尝试通过计算机建立设计决策系统的克里斯托弗·亚历山大（Christopher Alexander），以及20世纪70年代提出把建筑学中建筑师对信息的构架和组织运用到信息处理编程中的理查德·索尔·沃尔曼（Richard Saul Wurman）。虽为建筑师，他们在计算机编程界的知名度甚至高过其在建筑界的名气。他们的实践与理论为建筑师在数据和人工智能时代的跨界提供了初始的基础。还有一类是以学校及科研机构为基础，组织团队探究人机交互的体系，如1967年在麻省理工学院成立，如今已解散的麻省理工建筑机器组（MIT，Architecture Machine Group）和2001年组成目前仍在进行研究的意大利伊夫雷亚介入装置组（Intervention-lvrea）。这些小组以建筑装置为主要成果，设计发明研究与人体行为互动的界面。这些对传统建筑学的突破在当今的建筑界或被淹没，或昙花一现。在半个世纪后的今天反观，他们的尝试为身处变革中的建筑师提供“设想站在未来思考现在”的线索。

1.2.4 “泛建筑学”的提出与意义

上述的尝试大多发生在计算机逐渐普及和信息技术开始高速发展的20世纪中期。在如今人工智能即将又一次带来巨大社会变革的历史时刻，站在时代交替的临界点，传统建筑学的观念再次受到时代洪流的挑战，需要更进一步的反思与突破。一种引领建筑顺势且借势的建筑学亟须被提出。泛建筑学正是诞生于这样的历史时刻。它的提出首先回归建筑本身的包容广泛性，其次延展建筑与科技融合的可能性。泛建筑学将不再仅仅是研究建筑物及其环境，也不受限于风格类型这些传统的概念。它提倡结合建筑与其他人造物和科技产物，打破建筑与其他制造门类的界限，模糊衣食住行的边界，让建筑的形态融于人类的各种生存形式。泛建筑学把建筑和空间重新定义。建筑不再必须是固定的单一由建筑师创造的，例如各类载人工具也可以是建筑的一种类别（图1-3）。空间不再仅仅是人类活动背后的场景，而将被赋予多维度的功能。这样的体系给建筑师提供了一个跨界创造的基础，并希望能改变建筑学在科技领域处于被动的局面，能让以建筑为主动力的科研带动其他科技的发展。

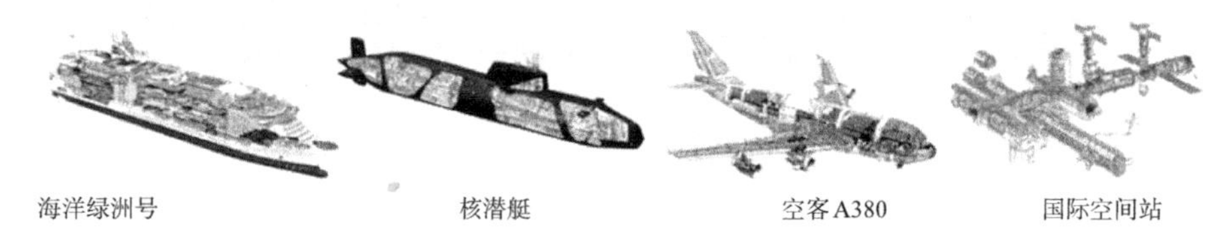

图1-3　载人工具的发展逐渐趋近于多功能建筑综合体

来源：孟建民.关于泛建筑学的思考[J].建筑学报，2018（12）：109-111.

1.2.5 “泛建筑学”的开放界面与动态演化

相比于传统建筑所强调的美观，泛建筑学是去建筑形态化的。对美观和风格形态的追求不再是建筑设计和评判的主要标准。未来建筑甚至不再具备建筑惯有的形态，而是由一系列适应不同场合和不同使用者需求的界面所组成。这些界面能够通过人工智能的算法与使用者产生互动。因此，建筑不是被动的，而是能动的。相比于传统建筑的实用性，泛建筑学将对建筑单一的功能属性升级拓展成为联网性的。建筑的功能将不仅局限于个体空间，而是城市内建筑空间的多层关联。联网性的建筑能更加协调众多使用者的需求。城市与建筑都不再是独立体，而是构成地球甚至宇宙中的巨型生命体的细胞和器官。因此，建筑不是僵化的，而是智慧的。相比于传统建筑的坚固性，泛建筑学把建筑的凝固性、永久性提升为即时更新性。建筑可以根据数据和算法，利用新型材料和融入建筑的施工检修部件进行自我修复。因此，建筑不是机械的，而是生态的。

1.2.6 未来建筑师的再出发

在人工智能和它越发“超人类”算法的大背景下，许多的行业都将面临洗牌，金融行业频频裁员，未来的司机和售货员甚至将完全被机器所取代。但在受人工智能威胁职业排行的榜单中，建筑师同教师、护士、艺术家一起，是最不受人工智能威胁的职业。这是因为人工智能虽能学习并超越人的智能，但是目前却难以模拟人类的意识。智能是解决问题的能力，而意识则是感知痛苦、喜悦、爱等情感。正是工作中需要处理这些复杂而微妙的人类情感的职业是无法被人工智能所代替的。但是建筑师绝对不能因为这种预测而沾沾自喜，在保留强化建筑师难以替代的职业技能之外，需要更顺应形势关注未来社会的大变革。

未来建筑师需要在以下几个方面提高自身的能力：首先，要冲破传统建筑学的固化思维，敢于提出颠覆性的变革，多提出“如果”的假设。比如塞德里克·普莱斯的“如果建筑可以不断地被更新”、电讯派的“如果城市会行走”等能在原有理论基础上，拓展建筑学更多的内涵与形式。其次，要能面对人工智能和算法提出批判性的意见，很多时候人类发明工具时很聪明，使用时却没那么聪明。因此，建筑师要有对人工智能取长补短的能力，甚至可以将建筑师的职业能力和思维方式贡献到人工智能的发展当中，如解决不同尺度中的问题，搭建系统的、结构的、有序的信息处理框架等。或许未来建筑师所使用的材料不再是木、石、钢、砖这些建材，而是各类的数据和信息，所搭建的不仅仅是实体的空间，也是虚拟的数据空间。最后，建筑师需要站在未来思考现在。纵观人类所处的历史，若从已知最早的穴居开始，看似漫长的建筑发展史在人类发展史上只占有1/6的时间。而在150亿年宇宙发展史中，建筑的历程更是微不足道。建筑师需要置身于宏观的时间和宇宙观之中，认识明确这场变革中所有事物的发展，不以人的意志为转移，大胆设想遥远的100年、1000年甚至1万年后的人类栖身场所，洞察建筑在科技发展过程中的走向。

通过分析当下社会科技的高速发展及传统建筑学的局限性，我们得出了突破当下建筑学科藩篱的必要性，并由此引出泛建筑学及其内容和意义。当前，建筑学跨专业跨领域突破原有框架正在发生而且形成趋势。在这样的背景下，建筑师不可故步自封，停留在原有的框架体系之内，唯有敢于质疑、敢于反思、敢于批判，才能适应和跟上未来建筑的发展趋势，与各领域的探路者汇成一股建筑进步的积极力量，准备迎合未来可能的奇点时刻的到来。

1.3 城市中的空间争议

1.3.1 未来城市的历史定位

工业革命直接催生了现代城市，同时也建构了现代城市的大众属性，然而这种大众属性是社会的需要而非本原人性的需要。以色列历史学家尤瓦尔·赫拉利（Yuval Harari）在《人类简史》中为我们提供了这样的启示。我们传统上认为农业革命是人类通过自己的智慧推动历史进步的英雄故事，人类貌似摆脱了采集狩猎时的流离失所终于安定下来从此衣食富足，可事实的面目很有可能不是这样。人类学和考古学研究证明，人类从采集狩猎过渡到农耕文明之后，出现了很多原来没有的疾病（如椎间盘突出、关节炎等），平均寿命也较采集时代大为降低（采集狩猎时代人类的平均寿命并没有比现在低很多），大量研究表明就个体而言农业革命之后的人类生活并没有更幸福，农业革命真正本质是让更多的人以更糟的状况活下去，“我们从农业革命能学到的最重要一课，很可能就是物种演化上的成功并不代表个体的幸福”。

同样的视角审视工业革命后的现代城市也会出现类似的窘况。工人最早聚集到了城市中成为现代城市的第一批拓荒者，然而没过多久，住在像壁橱一样的公寓中的人们就开始怀念田园生活，怀念自然风光，慢慢出现了霍华德的田园城市和盖迪斯的可持续城市的构想。毕竟由工作状态造就的城市生活自然是有利于工作的，工作直接反映的是彼时社会的需求而非个体生活的幸福。与农业革命类似的是我们通过双手和智慧建立起了崭新的工业文明和现代城市，然而这种物种的演化和文明的进步并不必然代表人性的进步。

工业文明塑造出的大众性的社会共识造就了今天的城市面貌，而在未来城市中信息革命的价值在于重新唤起并且有能力维护不同个体的差异性，借助强大的信息流个性化和共享性将逐渐取代上百年来大众性的社会共识，认知的转变不亚于一次文明的重建。其实未来城市作为一个构想是一个贯穿始终的概念，每个时代都会有人提出对未来的构想，每一次构想都是从时代土壤中生长起来。我们今天面对的未来城市定位不仅是一次信息科技引领的城市更新，更可以看作是修正先前城市建设中对每个独立个体关注不足的转机。顾朝林教授将当下的城市转型总结为“从经济增长转向人类发展，从物质资本转向综合资本，从政府管理转向网络治理”。在此基础上对于政府和城市设计者而言社会大众不再是一个笼统的群体，是一个由海量差异个体组成的网络；高速流通的信息势必会打破许多学科原有的理论边界，学科泛化和迁移是许多专业领域正在发生的场景，建筑学科的泛化需求在这一背景下会产生新的现实基础和理论基础。

1.3.2 虚拟社区的空间正义

在城市设计师和决策者面前信息技术展开的一幅图景如同200多年前北美大陆的荒蛮西部，虽然那时人们有在东海岸建造城市的经验，但对于每一个拓荒者而言面对崭新的场景首先需要被确立的不是城市和街道，而是建立社会正义。对我们而言当下这个待开发的荒蛮西部就是未来城市中的虚拟社区。在过去几百年间传统城市不断演变，城市的面貌体现了当时的社会共识，多数时间人们的关注点都会落在对于实体空间（Physical Space）的解释和构筑。从中世纪欧洲小城中弯曲的“驴行之道”到现代城市中效率驱动的笔直道路，城市逐渐从感性的生长转变为理性的布局。临近现在越来越多的人开始意识到在高楼大厦的背后一个极速增长的虚拟空间正在接管城市运作的核心机制。过去我们打造的仅仅是一副城市的体魄，体魄的高效运行需要大脑和神经。威廉·米切尔（William J. Mitchell）教授断言，“迄今为止，关于虚拟社区的故事就是一部用快进方式重播的城市发展史——只不过是用电脑资源代替了土地利用，用网络导航系统取代了街道交通系统”。在这个过程中不可避免的是一部分原有的城市秩序被消解，新生的正义被建立。未来城市的建设重点绝不仅仅是技术集成，“而需要严肃审视实践过程中设计的价值取向问题，从工具理性和价值理性两方面进行考量，且空间效率的提升应服从于空间正义的保障”，这不仅是未来城市中智慧内容的核心范式，也是城市设计者的核心任务（图1-4 ～图1-6）。

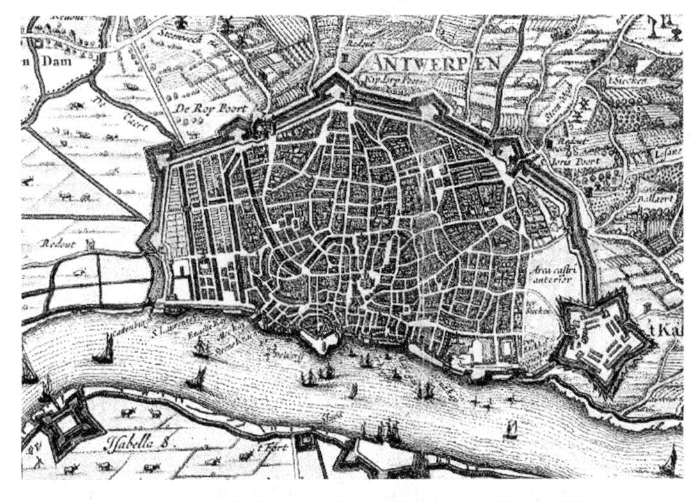

图1-4　15世纪安特卫普曲折缓行的“驴行之道”

来源：李晓宇.刍议未来城市中的空间正义和泛建筑学[J].建筑与文化，2019（12）：149-151.

图1-5　18世纪华盛顿哥伦比亚特区效率驱动的理性直线规划

来源：李晓宇.刍议未来城市中的空间正义和泛建筑学[J].建筑与文化，2019(12)：149-151.

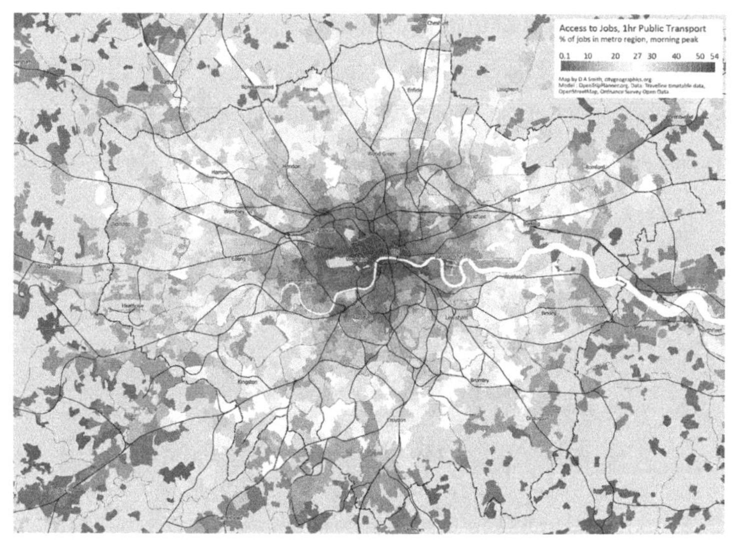

图1-6　2016年伦敦基于大数据的城市交通效率分布可视化分析

来源：李晓宇.刍议未来城市中的空间正义和泛建筑学[J].建筑与文化，2019(12)：149-151.

1.特征一：无序的时间和空间

虚拟社区中城市时间性和空间性正在变得无序。在《技术与文明》中刘易斯·芒福德认为时间性在城市中得以确立可以追溯到13世纪的欧洲，当时的一些教堂和修道院开始通过机械钟整点报时，这使得城市活动逐渐开始在固定的时间有序开展。几个世纪之后的工业革命又进一步加剧了这种现象，家庭和工作场所的分离不但固化了城市中的时间性，也让空间秩序成为城市设计者投注大量精力规划布局的部分。直到互联网和信息技术的出现使这种数百年来建构起来的时间性和空间性开始瓦解，从自身属性上说互联网根本就是反时间反空间的，它从来不强调井井有条和紧凑集约，而是提供了无视时间和空间的沟通时效性。

从历史角度观察传播速度作为一种社会变量在人类文明中每一次的蜕变都是一次蝴蝶效应。在现有的许多关于未来城市的认识中一种观点认为，未来城市应该秉持城市集约、紧凑、高效的发展方向，例如20世纪90年代在美国出现的"智慧增长"（Smart Growth）概念就是为了缓和当时部分美国城市的无序扩张而造成的畸形发展。但是这样的观点多半是建立在对一部分传统城市反躬自省的基础上，并没有着力于发掘信息化对于城市可能会带来的潜在影响。革命往往发起于基础薄弱的地区，实际上现在一些远离城市人口稀少的区域正面临前所未有的转机，互联网的出现可以一夜之间消弭地球表面的物理距离，信息化提供给我们的方法并非将所有资源都集约到高密度的城市中，而是恰恰相反，使我们有条件延伸触角，将闭塞的孤岛变成网络中的一环，在许多研究中大多数学者都认同信息技术会带来居家和工作的融合。这种变化造成的去中心化的特征既是结果也是工具，在《失控》中凯文·凯利（Kevin Kelly）将这种模式称之为蜂巢思维（hive mind）和集体智慧（the intelligence of a mod），对于一个网络式的城市而言，高效和集约并非确定的线性关系（图1-7）。

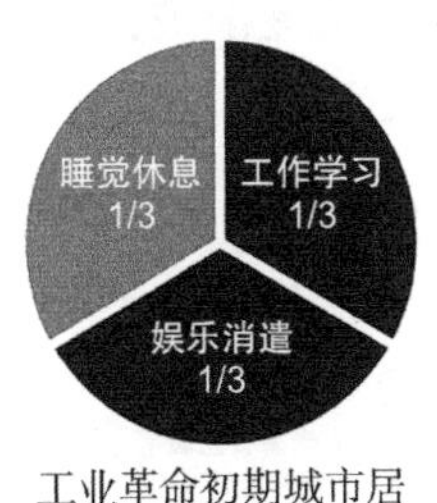

工业革命初期城市居民一天的活动时长

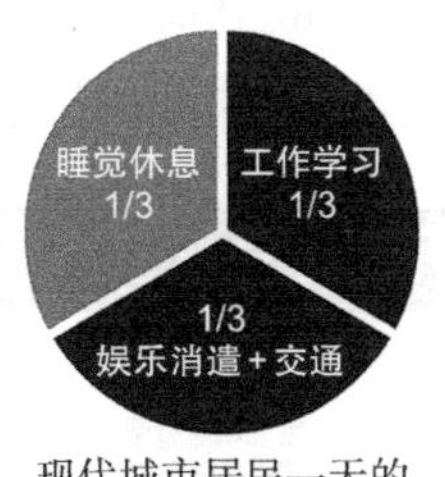

现代城市居民一天的活动时长

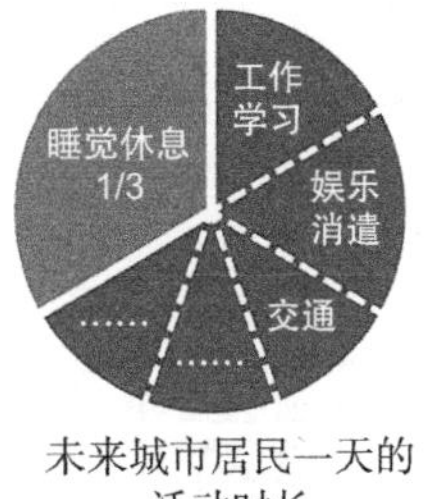

未来城市居民一天的活动时长

图1-7　城市时间的变化

来源：李晓宇.刍议未来城市中的空间正义和泛建筑学[J].建筑与文化，2019（12）：149-151.

2.特征二：公共与私有的重构

从现实角度观察，传统城市中的公共属性其实远远不像一般被理解的那样理想，在我们的城市中大量充斥的都是缺乏共享性的私用品（private goods）。在经济学领域，所谓公用品（public goods）的概念是指在一个人使用的时候不影响其他人使用的物品或者设施，当有人占用了道路上一部分空间的时候，相应的，其他人就无法使用，也就是说包括医院、道路、学校等城市设施都属于私用品，都缺乏足够的共享性。于是政府在提供这些服务的时候就经常需要通过价格等手段区分民众需求的迫切程度。也就是说在工业革命基础上建立起来的所谓城市大众属性，其核心并非出于确保所有大众的即时需求，我们修建的道路并不能保证每个民众都能同时分得堪用的一部分，如果是那样，就不应出现道路拥堵。大众性确保的是一种共同享有的权利，而这种权利是有限的，如果想突破这种限制就要付出许多额外的代价，比如在美国高速公路上需要额外付款才能行驶的快车道或者多人乘车才能走的拼车道。

相较之下在虚拟社区中构建出新的空间正义则是进一步的公共属性，早在互联网出现的早期共享精神就成为极客群体的精神信仰，开源社区直到今日仍然是互联网的重要基础。信息技术为大众提供了远超以往的公共属性，在虚拟社区中的资源不但不会因为使用者的增加而受限，相反会拓展其公共领域和私人领域的边界，每个人既是使用者也是建设者。这种公共性不仅仅是早期电子公告栏（BBS）式的公共参与，而是因为互联网使得信息流通速度极大提升，导致城市资源的闲置成本陡然升高，迫使私家车资源、自行车资源、充电宝、雨伞等从私人用品变身为具有社会共享性的资源。

工业城市时期人们生活在现实中，金银货币和有形资产才能产生安全感；现在人们一半身体已经踏入了虚拟社区，支付宝中的虚拟数字在民众心里的说服力并不弱于传统的金银和纸币；未来城市中私人占有的观念会逐渐被瓦解，毕竟我们需要的是实在的服务和资源而非虚妄的产权占有（图 1-8）。

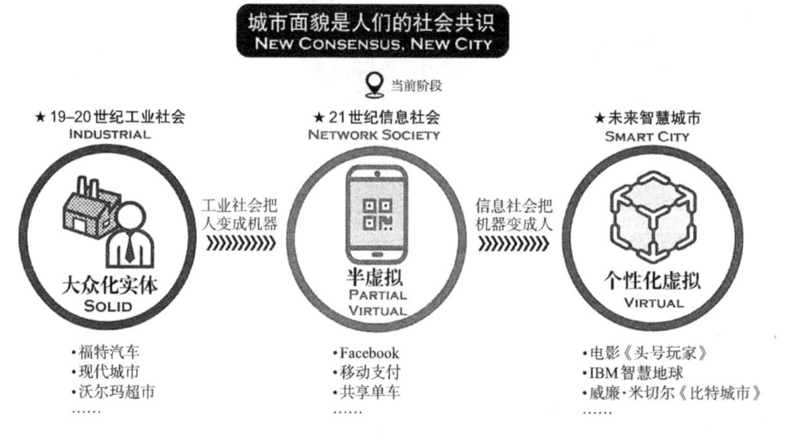

图 1-8　未来城市的虚拟社区

来源：李晓宇. 刍议未来城市中的空间正义和泛建筑学[J]. 建筑与文化，2019（12）：149-151.

1.4 本书主要内容

本书探讨了未来城市—建筑的发展方向与种种可能，致力于解决目前城市中的突出问题和矛盾，为人类应对全球气候变化提供更为安全的“避难所”，并着力探索基于特定“介质空间”的未来城市—建筑的设计理论和实践，使人们可以居住在海洋城市或者太空城市综合体中，具有更舒适健康和安全的工作生活环境，人类的生活形式将会更加多样，生活内容将会更加丰富，为人类的认知和对宇宙空间的利用拓展全新的领域。全书共分为6个章节，其中：

第1章回顾历史，从城市与建筑的健康、高效与人文角度出发，对未来城市—建筑进行思考。

第2章介绍了未来城市—建筑可能有别于目前建筑的介质空间，即未来的海洋空间、地下空间与太空空间，皆有可能成为人类生活与工作的场所。文中对未来的海洋、地下与太空建筑提出构想，将扩展人类生活边界。

第3章围绕未来城市的生活与安全问题，从人类生活模式的变迁出发，对未来城市的人居需求展开讨论，并对未来城市的医疗、养老、教育所依附的实体建筑如何应对信息化发展、智慧化趋势进行深入探讨。

第4章和第5章分别介绍了绿色智慧建筑和近零能耗建筑，绿色智慧建筑的可变性与交互性可能是未来建筑的发展方向，而近零能耗建筑致力于减少建筑对于环境的不利影响，实现可持续的发展。

第6章针对韧性健康城市开展讨论，并介绍防灾设计与模块化建筑技术。这两种技术已经应用于目前的建筑行业，它们将在未来海洋城市—建筑、地下城市—建筑与太空城市—建筑的建造中发挥重要作用。

参考文献

[1] 孟建民. 关于泛建筑学的思考[J]. 建筑学报，2018(12)：109-111.
[2] 李晓宇. 刍议未来城市中的空间正义和泛建筑学[J]. 建筑与文化，2019(12)：149-151.
[3] 尤瓦尔·赫拉利. 人类简史：从动物到上帝 [M]. 林俊宏译. 北京：中信出版社，2017.
[4] 顾朝林. 转型发展与未来城市的思考 [J]. 城市规划，2011，35(11)：23-43，41.
[5] KELLY K. Out of control：the new biology of machines，social systems and the economic world [M]. New York：Basic Books，1995.
[6] 赵渺希，王世福，李璐颖. 信息社会的城市空间策略——智慧城市热潮的冷思考[J].

城市规划，2014(1)：91-96.
[7] 威廉·J. 米切尔. 比特城市：未来生活志 [M]. 余小丹，译. 重庆 ：重庆大学出版社 ，2017.
[8] ARNOLD D. Reading Architecture History [M]. New York：Routledge，2002.
[9] 薛兆丰. 经济学通识 [M]. 北京 ：北京大学出版社 ，2009.
[10] 建筑[EB/OL]. 2018-03-09.https：//zh.wikipedia.org/w/index.php?title=建筑& oldid=48599868.
[11] Designing buildings wiki[EB/OL]. 2018.https：//www.designingbuildings.co.uk/wiki/Architect.
[12] SANT'ELIA A. Manifesto of futurist architecture[J]. Lacerba，1914.
[13] MATHEWSN S. The fun palace：Cedric Price's experiment in architecture and technology[J]. Technoetic Arts，2005，3(2)：73-92.
[14] STEENSON M W. Architectural Intelligence：How Designers and Architects Created the Digital Landscape[M]. Cambridge MA：MIT Press，2017.
[15] APRILE W，MIRTI S. Building as interface[J]. Architectural Design，2005，75(1)：30-37.

第2章　未来介质空间与建筑

2.1 海洋建筑

海洋占据地球表面的71%，科学、合理、有序地开发、利用和保护海洋空间是未来建筑设计及其理论的重要研究领域之一。除为人类提供丰富的水资源、生物资源、化石燃料以及矿物资源外，海洋本身就是一个充满巨大潜力的空间资源。长久以来，人类的生产和社会生活离不开海洋，但建造活动仍然主要集中于陆地，对于海洋空间的利用尚存大量研究空白。

“海洋空间建筑”正在成为建筑师与建筑工作者关注的未来行业热点。根据联合国预计，至2050年，世界上66%的人口将生活在城市地区，而世界特大城市中的70%为沿海城市。这些城市的发展与其对海洋的利用密切相关。另外，按照《自然》(*Nature*)杂志预计的数据，到2050年，海平面上升将让全球2%的人口面临生存威胁。将有超过1.5亿人生活的沿海地带经常被海水淹没，从而丧失居住的可能性，这在人口稠密的亚洲表现得最为明显。同时人类的居住环境将会面对海洋更加频繁和严重的影响。在不远的将来，随着社会进步、技术发展以及人类将面临的生活环境变化，人类必将开启海洋建筑的新篇章。

2.1.1 海洋建筑的发展

1.海洋建筑概述

根据中国《防治海洋工程建设项目污染损害海洋环境管理条例》第三条的规定，“海洋工程是指以开发、利用、保护、恢复海洋资源为目的，并且工程主体位于海岸线向海一侧的新建、改建、扩建工程”。也就是说，海洋工程建筑指在海上、海底和海岸所进行的用于海洋生产、交通、娱乐、防护等用途的建筑工程，包括海港建筑、滨海电站建筑、海岸堤坝建筑、海洋隧道桥梁建筑、海上油气田陆地终端及处理设施建造、海底线路管道和设备安装，也包括其他相关房屋建筑及房屋装修工程。

海洋建筑的起源与发展具有其独特性。海洋建筑源于人类早期以海为邻所形成的独特建筑形制，在其后的发展中与陆地建筑的设计理论和技术相交合，逐渐形成了今天的海洋建筑，并且随着人类对海洋空间的进一步开发与利用，在未来海洋建筑将会成为一种与陆地建筑具有相关性并具有明显差别性的对等建筑类型。海洋建筑的发展与人类社会紧密相连，由于各个国家文化、发达程度、海洋环境不同，海洋建筑的发展也呈现出多元化的特点。

从更加全面的视角观察，海洋建筑可以分为广义、中义与狭义三个方面，广义的海洋建筑涵盖所有常年受到海洋气候影响的建筑工程，中义的海洋建筑则涵盖海岸线及其向海一侧的建筑工程，而狭义的海洋建筑则不包括海岸线仅指海岸线外向海一侧的建筑工程。另外，海洋建筑工程还包括一个比较特殊的分支——海洋结构物（或构筑物），如海洋石油钻井平台、海上风力发电站、海洋生物养殖平台等。

根据海洋建筑主体与海岸线距离的不同，还可以将海洋建筑划分为离陆地360km以内的"近海建筑"，距离海岸线360～1080km的"中海建筑"和距海岸线1080km以外的"远海建筑"。根据海洋建筑所处海洋深度的不同分为"海面建筑"，建筑主体位于海平面与海平面以下500m之间的"浅海建筑"，建筑主体处于海平面500m及以下的"深海建筑"。

2.海洋建筑的历史与发展

海洋孕育了人类，人类的社会活动与生产活动离不开海洋，人类自古以来就临海而居将海洋或入海冲积平原作为食物的来源之所、居住聚集地以及交通航道。但是总体而言，在很长一段时间，由于人类自身的社会与科技发展水平所限，对于海洋的开发与利用是非常有限的。人类对于海洋建筑的探索存在一个从江河到海洋、从近海到远海、从生产到生活的发展脉络。

人类建造较大型海洋建筑的历史始于其对海洋港口和港湾的开发利用，并具有悠久的历史。有文字记载的最早的海洋港口工程是由埃及人和腓尼基人所建造的。根据史料记载与考古发现，有理由相信，在人类文明的早期时代就已经有了源于江河港口建造技术的原始人工海港。埃及和腓尼基都有大型商业船队，并有一套完整的贸易制度。大约在公元前3000年，在尼罗河支流上已建有阿乌尔港口。古代的地中海沿岸的泰尔和西顿两个城市也有人工海港，并由码头和仓库设施的相关记载。公元前2000年，亚历山大的法罗斯港口可能是早期海港建筑工程中最引人瞩目的，这个海港工程包括有8500英尺（2591m）长的抛石防波堤，其后在大约公元前270年时，又建造了著名的法罗斯灯塔。希腊人在罗德岛、萨拉米斯、科林斯、锡拉丘兹和比雷埃夫斯等地都建造了大规模的海港工程。

古罗马人同样具有建设海港的热情和能力，他们的某些工程至今仍有残留，例如俄斯亚的港口工程，虽然由于岸线前伸，如今已经距离第伯尔河口20英里（32km）。古罗马人还发展了打桩技术，建造围堰，并且发展了一种叫作“波佐兰纳”（Pozzolona）的水泥，古罗马人大约在公元前300年已经用其来建造混凝土海堤。早期古罗马人建设的茨维塔、威恰亚港口至今仍保留着部分能使用的港湾，可接纳吃水20英尺（6m）的船舶。

在欧洲发现美洲新大陆之后，各种规格的船舶设计大大增加，但是港口工程的设计和建造仍然是依靠过去经验，针对海洋的相关科学研究也仍然发展缓慢。在英国的工业革命时期出现了波浪理论公式，1809年盖斯特纳（Gerstner）发表了他的摆线波理论，接着艾里（Airy）发表了微幅波理论，斯托克斯（Stokes）发表了振荡波等著作。虽然这些早期的理论为现代波浪理论及分析技术提供了基础，但是海洋科学的研究起步仍然较晚，直到第二次世界大战期间为了应对军队的两栖登陆作战，科学家和工程师才将注意力真正转移到这一领域。

1938年，第一台近海石油钻机由亨布尔（Humble）石油公司建造在墨西哥湾岸外大约1英里（1609m）远的60英尺（18m）深海水中。它建在木桩上，并用一座木栈桥与岸连接。其前身是更早的1911年亨布尔石油公司在科多湖中靠近斯勒夫港的地方建设的第一口出水面的油井，它只有一个木质平台，建造在枯木桩上，水深只有10英尺（3m）。现代最早的近海平台是由克尔–麦吉（Kerr-McGee）公司在1947年建造的。它位于墨西哥湾近海12英里（19312m）的20英尺（6m）深水中。这是一种自升式平台，首先由麦克德·莫特（J. Ray McDermott）公司的威利（M.B. Willey）设想出来的。它用钢管构件相互连接。平台结构先预制好，再拖运到现场，定位以后，再从空心的升降柱里打进钢管桩，开创了装配式海洋建筑的技术先河。这种建造方法在今天依然被广泛采用。1961年1月，一场冬季风暴使得新泽西海岸外的美国空军雷达损失惨重。这一事件向人们发出警告，需要更好地了解建筑物和波浪的相互作用。因此也促进了人们对海洋中的塔架动力学研究。今天，固定式平台已经矗立在深达1000英尺（305m）的水中，坐落在大陆架的边缘。它们大多建造在恶劣的环境中，如阿拉斯加海湾和北海等。平台有各种构造形式，有钢结构的也有混凝土的。

在最近50年以来，除了近海石油工业的相关技术推动了海洋建筑物发展外，由于材料科学以及装卸技术的发展，海洋应用科学也有了全新的发展。大吨位的超级轮船的出现，延展了船舶系泊和货物装卸的新方法。例如，巨型油船在近海系泊在单浮筒上即可装卸，并可通过柔性软管和水下管道将液体货物从船上输送到岸上。新型船舶如集装箱货船（LASH）和滚装船（RoRo）的出现，不仅为海洋港口设计带来了新的发展，而且为海洋建筑设计提供了新的思路与技术可能性。1925年建筑师勒·柯布西耶用海上客轮对比分析巴黎的街道，并在其1932年巴黎救世军中心的设计方案中借鉴了海上客轮的设计理念，1928年建筑师莫霍伊-纳吉（Laszlo Moholy-Nagy）提出："从（19世纪）90年代以来兴起的远洋客轮是现代建筑的先驱。"1929年建筑师布鲁诺·陶特（Bruno Taut）则提出现代建筑应该向轮船舷桥和甲板的设计学习。

从20世纪60年代起，海洋工程已成为许多国家大力发展的重点项目。日本在1970年就曾出台政府文件，把海洋科学技术与原子能技术、宇宙空间技术并列为当代三大尖端科学技术。法国1967年成立了国家海洋开发中心。美国在1966年颁布了《海洋资源和工程发展法》。世界上有140多个国家和地区在海洋开发领域进行了投资，仅到1975年相关投资总额已达1100亿～1200亿美元。有些国家如美国的科学家甚至建议成立"海洋国家宇航局（CNASA）"，他们认为在人类发展远景中，开发海洋比征服宇宙空间更有价值。

2020年2月12日，为规范海上人类活动、避免冲突和促进海洋的可持续发展，联合国教科文组织政府间海洋学委员会和欧盟委员会在位于巴黎的教科文组织总部启动了"全球海洋空间规划"项目。项目旨在收集和管理海洋数据及信息，促进合理开发海洋资源，有效利用海洋空间，推动蓝色经济的发展。

随着世界各国海洋开发事业的进展，各滨海国家建造的海洋建筑物的种类和数量正在逐年增加，例如军事基地、海底隧道、跨海大桥、海上机场、海上城市、海上牧场、现代化的沿岸渔村、海上能源工厂、大规模的娱乐性海洋设施、海上展馆、海上别墅等。海上工厂包括日本建设的"海明"号波浪发电厂、美国的温差发电厂、美国海上原子能发电厂、巴西在亚马逊河口的海上纸浆厂、日本的海上废弃物处理厂、日本的浮式海上淡化厂等。较为著名的海底隧道项目有英吉利海峡隧道、青函海底隧道、青岛胶州湾隧道、港珠澳大桥海底隧道以及汕头苏埃湾海湾隧道等大型项目。滨海各国也利用海底空间建设了大量潜艇基地、导弹发射基地以及水下武器试验场等军事建筑，同时伴随旅游业兴起，各沿海国家和地区利用海底、海中、海面开发建设了越来越多的旅游建筑。

我国一直重视开发海洋资源，中共十八大报告提出，要提高国家海洋资源开发能力，发展海洋经济，保护海洋生态环境，坚决维护国家海洋权益，建设海洋强国。2019年，我国海洋生产总值89415亿元，比上年增长6.2%，海洋生产总值占国内生产总值的比重为9.0%，占沿海地区生产总值的比重为17.1%。

20世纪90年代，自由之轮项目（Freedom Ship）作为早期较为完整的海洋城市方案由美国“自由之船国际公司”提出，这一海上城市长4500英尺（1372m），宽750英尺（229m），高350英尺（107m），重270万t。能够容纳5万名长期居住者和2万名船员，还可招待3万人参观、1万人留宿。船上所需要的能源将会通过太阳能及海水动能发电来获得。有完备的商业、教育、医疗设施。城市中建筑最高 25 层，整个城市将在全球范围内不断航行，预计航线将覆盖世界上绝大多数沿海地区，城市内的给养以及居民、游客出入城市都通过通勤飞机来完成。

2014年，日本清水设计公司公布了全球第一个水下城市设计方案——“海洋螺旋”海洋城市。方案主体是一个直径达500m的巨大球体结构，通过一条15km 的螺旋通道连接到底部的海底资源中心。这个浮动球体建筑将包括商业综合体和居住区等功能，在方案设计中，科学家也关注了开采和利用海洋资源的方法。设计师强调这是一个可实际建造的项目，并具体描述了要建造和维护这座城市的技术需求，认为这些技术都可在未来 10 年内实现。

法国的文森特·卡勒博（Vincent Callebaut）事务所在2010 年设计了一种像船一样可以在海上漂浮的建筑——水陆两栖生态环保船（Physalia）。为了应对气候变化，以及水资源质量的退化和数量减少等问题，水陆两栖生态环保船被作为一种建筑原型提出。这是一种兼顾陆地和水域的两栖舰船，作为一个浮动的城市广场，它不仅提供了整个欧洲范围内的一个振兴海洋与河流网络的解决方案，而且它也是一个流动实验室致力于实现国际科学合作。环保船采用5个三叶桨驱动，建筑结合船的流线型，设计了四个主题的空间：首先是“水”花园，它标志建筑的主入口，是一个悬浮在水面的巨大玻璃平台，反射着水的污染状况；其次是“土”花园，这是整个建筑的核心部分，是被一层植被覆盖的空间，承担土壤过滤站和分子分析室的功能；再次是“火”花园，这是最底层一个狭窄的休息室，访问这个花园需要穿过旋转楼梯，在这里可以欣赏水下美景，并可以作为永久的水生态展览馆；最后是“气”花园，这是一个露天剧场，是一个公民论坛，人们在这里讨论如何改造世界，决策未来的生态战略。

2019年，为响应联合国人居署的新城市议程，BIG建筑设计事务所与非营利组织OCEANIX以及麻省理工学院海洋工程中心共同提出了漂浮城市的愿景方案，旨在打造全球第一个弹性化的、可持续发展的漂浮社区，该方案能够满足1万名居住者的需求。以联合国可持续发展目标为基础，这一漂浮城市被构想为一个人造的生态系统，能够对能源、水、食物和废弃物的流动进行调控，从而为模块化的海洋都市提供未来的蓝图。漂浮城市希望未来通过有机式的生长、变化和适应，从一系列小型的社区发展为可以无限扩展的城市。构成漂浮城市的模块化小型社区面积2hm^2，最多可为300名居民提供生活、工作和聚会的空间。社区内所有建筑的高度均控制在7层以内，以保证低重心和抗风能力。每座建筑呈扇形展开，不仅能够为内部空间和公共区域带来阴凉舒适的环境，还能够有效地降低空调成本，同时使屋顶面积最大化，以捕获更多的太阳能。每个社区平台的核心地带被用于公共农业，能够促使居民充分融入共享式的文化以及零浪费的生态系统。漂浮城市平台下方的海水中附有礁石，养殖着海藻、牡蛎、贻贝、扇贝和蛤蜊，能够清洁海水并加速生态系统的再生。

基于人类社会的发展趋势以及科技进步的方向与速度，结合相关案例分析，预测未来的海洋建筑发展将具备以下特征：

1）从单体海洋建筑向着海洋城市发展

在数量与规模方面，城市规模的判断主要取决于人口、用地与经济等因素。海洋城市的发展不会过多受到用地的限制，其扩张将主要受到经济规模的影响，工业、办公和居住功能的海洋建筑的发展对海洋城市规模将产生主要影响，当其技术足够成熟，能够在控制成本的同时保证人类在其中生产生活的安全与舒适时，海洋城市的发展速度将达到最大。其规模与数量都将呈现由小到大的趋势。

2）海洋建筑的类型与功能越来越丰富

在功能方面，当下海洋建筑的发展还主要是面对旅游市场和能源开发行业，海上能源的开发与利用活动将更多地促进海洋工业建筑的发展，而海洋旅游规模的进一步扩大将促进未来以服务功能为主的海洋建筑的发展，如水上酒店、水上餐厅和水上博览建筑。当为未来海洋建筑相关设计理论与建造技术进一步成熟时，海洋居住建筑也会大规模地出现。由于海洋面积充裕，并且海洋具有较大的发展农业、渔业的潜力，海洋农场、海洋牧场也将出现，与之相伴随海洋商业类建筑以及公共类建筑也将得到进一步的发展。

3）海洋建筑的选址将从近海向远海发展

在选址位置的发展方面，早期海洋建筑一般会依附于陆地城市发展，距离海岸线较近，通过修建桥梁、水上交通以及空中交通与陆地建立联系，当海洋建筑主体在距离陆地 360km 以内的范围，将其定义为“近海建筑”；随技术发展，海洋建筑将逐渐降低对陆地城市的依附程度，更有能力去适应相对复杂的海洋环境，其选址将逐渐远离海岸线，当海洋建筑主体选址在距离海岸线 360 ～ 1080km，可以定义为“中海建筑”，中海建筑将通过空中交通与海上交通的方式与陆地城市进行联系；当海洋建筑主体坐落于距海岸线 1080km 以外的范围，可以定义为“远海建筑”，未来的远海建筑将完全摆脱对城市的依赖，承载人类文明在海洋继续衍生。

4）海洋建筑在竖向空间进一步拓展

全球海洋深度平均可达到 3700m，这为海洋建筑的竖向发展提供了极大的空间。初期的海洋建筑应主要在海平面以上建设，可以称为"海面建筑"，当其面积扩大到一定程度后，为维持建筑的高密度与高效率，海洋建筑将向海面以下发展。当海洋建筑主体位于海平面与海平面以下500m之间，可将其称为"浅海建筑"，浅海建筑仍有阳光可以利用，但将面对较大的水压以及建筑内部的空气等问题；当海洋建筑主体处于海平面500m及以下，称之为"深海建筑"，随着建筑深度不断加深，其受到的压力将越来越大，受到的光照也将逐渐减少，需要有比较发达的生命保障系统维持人类于其中活动。

2.1.2 未来海洋建筑设计策略

海洋建筑的设计建造原则与宗旨是：在维护人类舒适的生存条件的同时，保护与人类生产生活和社会活动密切相关的陆地及海洋环境。随着科学技术的发展以及海洋建筑设计理论与实践的积累，除深海建筑等特殊类型外，未来海洋建筑的使用功能、空间类型、空间形式等方面与陆地建筑应该会有很大的相似性，但其结构、构造、形态等方面又将具有特殊性。

未来的海洋建筑将具有更好的环境适应性、更低的环境依附性，更小的环境影响性，也将具有更好的可持续性与经济性。同时未来一些以漂浮结构为基础的海洋建筑将具有一定的可移动能力，可以根据使用者的需要移动建筑整体或局部并能够迅速投入使用，并且，通过建筑的智慧平台自动提供可变的空间、可变的室内外环境、可变的造型，通过调整海洋建筑的布局也可以迅速构建或重新组织海洋城市的各种公共空间。

未来的海洋建筑构件将更多地采用工厂化的生产方式制造，并依靠更加自动化的装配式施工方法，不仅可以将在工厂加工制造的构件运输至现场进行快速组合及固定，还能够满足海洋建筑的移动、维修、拆除或多次重组的需要，更加有效地提高建筑与建筑材料的利用率和回收率，并将在一定程度上实现建筑像高度自动化机器一样"被生产"甚至是"自生产"。

不同的海洋建筑根据选址位置、用途、功能、形态等会呈现出各种各样的建筑空间结构。和陆地环境不同的是，海洋环境会给建筑物带来不稳定、腐蚀等一系列问题。土木工程、造船工程、海洋工程等新技术将会越来越紧密地与海洋建筑相结合，为建筑学以及建筑工程技术带来深刻的变化与丰富的发展空间。另外，未来海洋建筑物的发展对于海洋规划、城市规划建设相关法规的建立与完善同样具有重要的推动作用。

未来海洋建筑设计策略如下：

1.未来海洋建筑的选址

海洋建筑的选址首先需要注意潮汐的影响。潮汐是地球上的江河或海洋表面受到太阳和月球的潮汐力作用引起的周期性运动，习惯上把垂直方向涨落称为潮汐，而水平方向的流动称为潮流。潮汐造成水位的变化，特别是影响海洋建筑选址地点的最高和最低水位，对于固定式或浮式海洋建筑物选址与设计有深远的影响。除了影响定位和操作以外，最高水位会影响固定式建筑物的高度和浮式建筑物的系泊缆绳的长度；最低水位影响挡水墙的稳定；而水位的变化幅度则影响建筑物受腐蚀和污损的高度范围。因此，海洋建筑的选址首先应该要避开那些有可能受到潮汐拍打而无法正常使用的地方。其次就是要确定潮汐的常规范围、极限范围，并确定相应的建筑设计应对措施。几乎世界各地的潮汐范围都可以通过潮汐表等途径进行预测，相关数据结果将被用来进行建筑基础结构以及建筑围护结构的选择。

海洋中的风对于海洋建筑的选址与设计具有重要的影响。海洋建筑的选址还应尽量选择避开盛行风向有大面积开敞海域的地方，并尽量选择地理条件上天然的避风港，以减少对自然生态的破坏并节约建设成本。以当地气象部门发布的风玫瑰图为准，可确定当地的主导风向及其频率、最大风速及其次级的风向风频、风速，进而应用于建筑力学要素的计算中。在进行海洋建筑的设计时应根据所选海域环境预先确定设计风速，以满足使用安全需求。以我国沿海地区为例，中国船级社和国家海事局规定，一般设计风速在自存状态下应不小于51.5m/s，而在遮蔽海区（避风港）正常作业状况应有不小于25.8m/s的设计风速。因而海洋建筑的项目选址应调取风玫瑰图、基本风速等数据，根据项目性质判断海洋建筑的设计风速，充分考量概率和风险问题，择优选址。

此外，海浪也会对海洋建筑选址产生一定影响。海浪通常是风、风暴、地震、天体等作用力在水面上引起的波动现象，也可能是由过往的船只等人为因素引起的。海浪的运动特征和变化方式是非常多样的，局部的风暴会引起短暂的汹涌的海浪，海浪会冲刷建筑物并导致局部区域的损坏。设计者应对选址地的波浪和波浪作用做出初步设计评估。

海洋建筑选址还必须考虑海水中的生物。海洋建筑的污损与蛀蚀生物以及由于生物活动发生在水中的物理、化学变化密切相关。建筑物本身也会对区域生态环境产生影响，在充分考虑降低海洋建筑建造活动对海洋环境破坏的同时，海洋建筑也可以为海藻提供附生基地，海藻为小生物提供了食粮，小生物又吸引来鱼类和较大的生物，形成新的良性生态循环。

2. 应对海水腐蚀的未来海洋建筑设计

未来海洋建筑的围护结构与材料可能具有类似于一些生物组织的自我预警与自动修复的功能。在自然界中，生物组织对外界环境具有优良的自适应能力，它们在恶劣的环境中能充分地发挥生物组织的各项功能，当生物组织受到外界损伤时，生物体可自主调节并进行恢复，保护生物体免受外界损伤对生物体本身可能造成的不利影响。对于生物体而言，生物组织的自我预警以及自我修复功能能够使生物体更好地适应环境以及进行自我保护。自我预警功能可使生物体感受外界刺激，并使生物体自身对外界刺激进行响应。通过仿生手段开发出对外界环境具有自适应能力的智能防腐材料，可使智能材料具备类似生物体的各项自主功能，通过材料的自主功能实现对材料使用过程中的各种损伤进行自主调节和修复，从而延长材料的使用寿命并保持材料优异的使用性能。智能自适应材料所具备的各项自主功能在材料使用过程中可增强材料对外界损伤的抵抗能力，这些自主功能可使智能材料系统在整个生命周期中像自然界的生物体一样，保持和恢复其性能。

3. 未来海洋建筑应对洋流的设计

洋流也称海流，是指海洋当中海水以一定的速度沿流动方向上进行非周期性的活动。海流在海洋环境中广泛存在，因此其运动会对于海洋建筑有影响。海流中潮流和风漂流的情况对建筑师在设计固定式和浮式海洋建筑物时最为重要，海洋建筑面对的实际海流可能是各种流的综合，因此必须依靠实测和已公布的数据，海流预报理论和它们的变化是一个专门的学科，在海洋建筑设计中需要与海洋学家和流体力学家紧密合作。值得注意的是，海洋建筑设计中，特别是和当地潮和波浪水质点速度相加时，在靠近海岸和大陆架的上面，由于风暴形成高水位，海流强度大于正常值，这种海流的速度约与水位增高成正比。海流设计准则的选择应当考虑对海流负载的敏感程度和建筑物的重要程度。在设计大型和重要的海洋建筑时，海流速度以及它们在空间和时间上的变化，需要由海洋学家和气象学专家综合其他环境负载来确定。海洋建筑物的设计者必须充分熟悉海流习性，以便决定设计海流力的最佳方法。

4. 未来海洋建筑的空气净化系统

海洋建筑常常要求密闭性好，其室内空气质量问题将成为未来研究热点之一。按照海洋建筑室内污染源散发污染物及典型室内空气调查结果归纳出主要污染物有三大类：挥发性有机物、悬浮微生物和悬浮颗粒物。消除或减少海洋建筑室内污染源是改善海洋建筑空气质量，提高舒适性的最经济、有效途径。控制污染源即在海洋建筑室内选材和装饰装修过程中，避免使用含有较多挥发性有机物的胶合板、装饰板、涂料等，而选择挥发性有机物散发量小的绿色建材和材料。海洋建筑室内的非金属材料和涂料由于经常处于潮湿、空间小、易污染的环境，尤其是在亚热带和热带海域，非常容易长霉菌，可以添加纳米材料制备具有抗菌作用的舱室内构件和涂料。

5.未来海洋建筑的能源供应

要维持海洋建筑的正常运行，能源供应系统非常关键。未来的海洋建筑将会充分利用太阳能、风能以及核能等多种能源形式保证海洋建筑的正常运行。未来的海洋建筑还将可以利用液体渗透性原理（Principle of Liquid Permeability），从海水中获取能源。其利用海水和淡水的盐度差，即低质量浓度液体流向高质量浓度液体，用其产生的压力推动涡轮产生电能。这种发电装置类似一个水箱，水箱一边是盐水，另一边是淡水，中间隔着一层只允许纯水流过的渗透膜，由于两边盐分的不同，淡水要流到另一边来降低盐水的质量浓度，接着其产生的压力就会推动涡轮。

索尔希尔酒店（Floating Hotel "Salt & Sill"）2008年建成于瑞士，由6栋建于浮桥上的2层建筑组成。该建筑于2008年3月在基地附近的码头开始建造，7月完成施工后建筑主体在船只牵引下抵达基地并投入使用。为节约能源，建筑底部设置了地热轮装置使其可以吸收来自海底的热能以供客房使用。建筑的浮体结构选用木材与当地石材作为主要材料，使其在为建筑提供浮力的同时可以作为一块巨大的人造礁石，用来为贝类以及虾类提供栖居场所。

德国的IBA码头是一座2010年建成的浮动建筑，建筑的基础采用混凝土浮筒结构，建筑主体为预制装配整体式模块化建筑。建筑在浮体结构中布置了热交换器，使建筑可以从水中吸收热量来为建筑主体提供能源，在屋顶也设置了太阳能以及光伏发电机来保障建筑能源的稳定。

2.2 深层地下空间建筑

2.2.1 深层地下空间建筑的发展

1.深层地下空间建筑的概念

目前国际上对于深层地下空间的深度范围并未形成较为一致的界定，日本东京通过的《大深度地下公共使用特别措施法》规定了东京的大深度地下空间是距离地表40m以下的空间；上海在《上海市地下空间专项规划》中将中层地下空间和深层地下空间的分界线定在地表下50m。由于不同地区、不同城市的地形地貌、地质条件、已有地下设施与功能需求侧重点的不同，对于深层地下空间建筑具体深度的界定应根据具体情况综合考虑，以确定适合特定区域深层地下空间建筑开发的范围。

深层地下空间建筑的开发基本不受特定区域地上情况、地上物、城市上部空间形态的制约。对于地质条件较好或通过技术手段能够建造深层地下空间建筑的地区来说，深层地下空间建筑利用隧道等形式可以实现多个向度畅通无阻的交通便利性。另外，深层地下空间建筑不仅十分适合无人或少人活动的、具有较强系统性的功能空间（如物流、污水处理、各类轨道交通等），而且也适合满足特定生产生活的多人、大型空间，深层地下空间建筑可以实现建设人工环境与自然环境充分协调的人类居住环境的目标。

由于较浅层次的地下空间具有适用范围较广、利用价值较高、技术难度较小、投资成本较低等优势，在很多城市建设中已经被广泛开发利用。但随着各类地下设施和建筑物桩基的不断增加，城市的浅、中层地下空间饱和度逐渐提高，人们发现在浅、中层地下空间新建轨道交通、车行隧道、电力隧道等线型空间时所遇到的障碍物不断增多，实施难度越来越大。

相对而言，大部分地区和城市的深层地下空间尚未开始大规模开发，基本处于空白状态，若能对其进行有序合理的充分利用将能极大缓解空间资源紧缺、环境质量恶化等问题。而高强度混凝土技术、软土中的隧道开挖技术、露天开挖邻区地面沉降控制技术，特别是软土中的工程地质技术的突破，为人类建造深层地下空间建筑提供了技术可能性。考虑到地下空间建筑开发的不可逆性，以及地下水土与环境生态的敏感性，在保护深层地下空间的生态环境的同时，科学、有序地开发利用深层地下空间，建造兼具环保性、实用性与经济性的深层地下空间建筑已经成为目前亟待研究的问题。

2. 深层地下空间建筑的分类

1）结构形式分类

从建筑结构形式的角度，可将地下空间建筑分为三大类别，即节点型空间、线型空间、面型空间。节点型空间多为竖向筒状建筑空间，其规模根据不同功能需求可大可小，能够为商业娱乐场所、停车库、市政场站等各类点状功能提供空间。由于其竖向的形式，向上可以与地面空间相连接，可以起到地面与地下各层建筑空间的联系作用。线型空间是指各类隧道形式的建筑空间，多采用盾构、顶管等方式实施，可用于车行通道、物流管道、能源流管道、信息流管道等，具有人员交通与各类流动介质的承载功能，并可起到连接各节点型建筑空间的作用。面型空间是指地下水平（横向）方向延展的较大型建筑空间，能够为人们的居住、生产等各类活动提供所需的地下建筑，面型空间一般其建筑主体本身并不在竖向上与地面空间相连，而是通过竖井、斜井等其他辅助交通空间与地面或地下的其他空间相联系。通过节点型空间、线型空间、面型空间的相互连接，可构建地下建筑网络形空间，使之成为各类具备独立或系统性功能的建筑空间载体。

2）网络组织特性分类

除了单一节点型的深层地下空间建筑（如地下特种仓库、地下实验室等）与其他各类设施的关联性不强，其布局主要根据建筑自身使用需求所决定之外，其他深层地下空间建筑都具有网络化的布局特点，参考空间拓扑结构的一般规律，地下空间建筑布局按照现代网络组织的特性可分为直线形、树形、星形、环形以及网络状等不同形式。直线形布局是基于多点连接的拓扑结构，将一些重要的地下空间建筑节点直接相连，形成地下空间建筑系统（如地下轨道交通）。这种布局模式简单灵活，有针对性，便于扩充，但一般辐射范围小，较难满足周边区域的功能需求。树形布局是直线形的扩展，是将直线网进行再分支而形成的，其结构上可有多条分支，但不形成闭合回路。树形布局是种分层结构，可通过不同重要等级、规模的地下空间建筑将各个建筑空间连接起来，形成主次有别、层级分明的地下建筑空间结构。星形布局是一种以特定地下空间建筑为中心，把若干外围地下空间建筑连接起来的辐射性互联结构。各种地下空间建筑功能区通过星形结构与中心区在空间上呈放射性分布。环形布局中各地下空间建筑通过环状隧道连在一条首尾相连的闭合环形系统中。这种布局使得外围地下空间建筑围绕核心区呈圈层式扩展，各地下空间建筑的联系相对均等，重要地下空间建筑之间互联互通。网络状布局又称无规则布局，各地下空间建筑之间的连接看似任意、没有规律，主要是将直线形、树形等简单结构连接起来构成网络结构。这种空间布局将地下空间建筑组织在一张“网”中，交通、信息、物流等基础设施系统庞杂，各类地下空间建筑之间联系紧密。网络状布局是种超稳定结构，具有可持续发展性。

值得注意的是，在深层地下空间建筑开发与设计中，上述的各种地下空间建筑布局类型常常并不是只有单一类型，而是常常呈现为多种类型的复合。就具体布局类型而言，也不仅仅呈现在横向（水平方向）上，而是可以呈现为竖向（垂直方向）以及斜向，或横向与竖向、斜向的交织上。

3）功能系统开发层次分类

根据深层地下空间建筑各功能系统在地下空间开发建造层次和顺序的不同，将深层地下空间建筑开发模式分为分建式、合建式、混合式三种。分建式是指不同的深层地下空间建筑分别建设独立的系统，相互之间没有关联，每个单一深层地下空间建筑占据地下某一层次，每个系统根据其需求分别与地面相联系。该模式的主要优点是各类深层地下空间建筑功能均较为独立，根据需求逐层开发，建设时序较易安排，但存在空间资源集约性差的问题，不利于地下空间建筑的可持续发展。合建式是指将各类不同功能的深层地下空间建筑集中建设于一个大型的复合系统中，该系统与地面连接的节点也具有复合功能，成为地面空间各种功能的中转站。该模式具有空间资源集约性好、与地面空间联系的节点较为集中的优势，但由于系统规模巨大以致实施难度大，而且各类功能的复合必须在系统建设之初就有周全、细致的计划，设计难度较高。混合式是指部分在深层地下空间建筑建设之初即将能够考虑到的功能合并建设，而部分不兼容于复合系统的深层地下空间建筑独立建设的开发模式。该模式综合了分建式与合建式两者的相对优势，使得空间资源集约性和建设可操作性得到适当平衡。综合考虑，将分建与合建形式相混合是目前较为推荐的深层地下空间建筑开发模式。

3.深层地下空间建筑的发展

很多发达国家已经将对地下空间建筑的开发与建设作为解决城市人口、环境、资源三大危机的重要措施和医治城市综合征、实现城市可持续发展的重要途径。发达国家把地下空间视为重要的新型国土资源，因此地下空间建筑受到越来越多的重视。

自1997年在瑞典召开第一次地下空间国际学术会议（RockStore77）以来，已召开了多次以地下空间为主题的国际会议，形成了许多呼吁开发利用地下空间的决议和文件。例如“RockStore80”国际学术会议公开发表了一个呼吁世界各国政府开发利用地下空间资源为人类造福的建议书。1983年联合国经济社会发展理事会通过了利用地下空间的决议，决定把地下空间的利用包括在该组织下属的自然资源委员会的工作计划之中。1991年在东京召开的城市地下空间利用国际学术会议上通过了《东京宣言》，提出了这样一个观点：21世纪是人类地下空间开发利用的世纪。国际隧道协会也提出了口号“为着更好地利用地下空间”，为联合国撰写了题为“开发地下空间，实现城市的可持续发展”的文件，其1996年22届年会的主题就是“隧道工程和地下空间在可持续发展中的地位”。1997年在加拿大蒙特利尔召开了第七届地下空间国际会议，其主题是“明天——室内的城市”，1998年在莫斯科召开了以“地下城市”为主题的地下空间国际会议。在工程实践方面，瑞典、挪威、加拿大、日本、美国和芬兰等在城市地下空间建筑领域已达到相当的规模和水平，城市地下空间建筑的开发建设已成为世界性发展趋势，并作为衡量城市现代化的重要标志。

日本是世界人口密度最大的国家之一，地下空间的利用也最发达。日本的大部分城市多建于沿海地区的冲积平原，地基较软，而且地震频繁，但地铁、地下街、地下停车场等地下设施由于不受气候、汽车噪声等干扰，建设的数量和规模都非常可观。东京的神奈川地下调节池、市营地铁12号线均修建在超过50m的大深度软土地下空间中。日本政府、建设开发业者、科技工作者以及社会各界都在积极推进基础设施向地下化、深度化方向发展。

欧洲各国利用地下空间的目的主要是为了保护城市环境、自然景观和有效利用城市地下空间资源。从世界最先运营的伦敦地铁（1863年）到巴黎利用废弃矿井改建地下水道，从巴黎雷亚诺中央广场和拉德芳斯新区的高架及地下交通枢纽的立体化开发到综合应用地下街、地铁、地下娱乐设施、地下道路、地下停车场等的地下综合体巴黎卢浮宫，欧洲一直不断地进行着地下空间的开发。

北美利用地下空间的目的主要是克服恶劣气候、创造舒适生活环境，如加拿大的蒙特利尔和多伦多。美国波士顿中央大道地下城建设，是当时西方工程量最大、工期最长、投入资金最高的地下城项目。

我国对于地下空间的开发利用由来已久，古代的帝王陵寝、输水暗渠、过人过车隧洞等，都是中国早期地下空间利用的先驱。我国不少城市如哈尔滨、上海、常州、沈阳、成都、武汉、石家庄、乌鲁木齐、西安等都建有数万平方米的地下综合体和地下街。哈尔滨的地下综合体和数条地下街已连成一片，形成了25万m^2的地下城。位于大连市站前广场的城市地下综合体——“不夜城”建有5层地下车库，还有购物中心、文化娱乐中心、餐饮中心等。随着中国城市化进程的日益加快，我国已迈入地下空间开发利用的关键阶段。国家“十四五”规划及2035年地下空间开发和发展规划，都要求提升地下空间的治理能力，明确研究地下空间的目的是可持续发展，达成以绿色、生态、资源、环境相协调的宗旨。

深层地下空间建筑作为开发地下空间的重要组成部分，一段时间以来受技术、经济等客观因素的影响，目前刚刚步入规模化建设的初始阶段，深层地下空间建筑除了拥有一般地下建筑的特点之外，相对于浅层地下空间建筑更具有完整性（开发时所遇障碍少）、密闭性（安全抗干扰能力强）、无界性（空间资源潜力大）等优势。随着人类社会的发展和技术进步，在未来，深层地下空间建筑势必迎来大规模开发建设的热潮。在充分掌握深层地下空间开发工程技术的前提下进行深层地下空间建筑开发建设，对未来人类的居住环境而言有着广阔的利用价值和长远的战略意义。目前，深层地下空间建筑的开发与建设已经成为许多国内外城市未来发展的主要课题，国内类似北京、上海、广州等一线城市，已经将深层地下空间建筑作为交通组织体系的重要建设内容。

根据国内外城市地下空间建筑发展的一般规律，可将其归纳为3个阶段。第一是“浅层地下空间建筑”发展阶段，重点开发城市基础设施，例如地下管线和简易的地下室等；在城市基础设施能够基本满足城市发展的前提下，逐步进入第二个“中层地下空间建筑”发展阶段，即开发有人地下空间，如地铁、地下商场等；第三是以“深层地下空间建筑”为主的发展阶段，这一阶段将以建设人工环境与自然环境充分协调的包括多层次地下空间建筑的“立体化城市”为目标，将传统的城市水平分割的功能布局方式与高层建筑、地下建筑的竖向布局相结合，进一步拓展人类居住空间，实现人类社会与自然环境高效、可持续发展的目标。在上述3个阶段的演变中，对深层地下建筑的开发利用的深度和广度在不断扩展。总之，目前我国城市地下空间建筑的开发和建设已经渐渐呈现出空间上多层次化和功能上多样化的特征。

2.2.2 未来深层地下空间建筑设计策略

1.深层地下空间建筑的选址

由于深层地下空间建筑与地上建筑存在差异，深层地下空间建筑的规划和选址方式与地面建设所采用的方法不尽相同，规划和选址可能更需要考虑项目所在特定区域的特点，因此在深层地下空间建筑设计时更需要充分考虑生态环境评价、地质水土、交通状况和地下综合管网等因素。

通常在对深层地下空间建筑进行规划与选址时应注意以下几点：

（1）尽量选择无地上建筑或较少地上建筑的人口密集区域的边缘地块，尽量不占用或少占用现有主要商住、工业或其他枢纽型建筑用地；

（2）保证与其他运输途径对接的交通便利性；

（3）保证不对城市地下管网产生重大影响；

（4）选择地质情况良好适于深层地下空间建筑开发建设的场地。

许多现有的大型深层地下空间建筑都不是完全独立的新建项目，通常是通过旧有空间改造再利用，如矿井深坑、废弃发射井等，将现有的地下空间进一步拓展成新的深层地下空间建筑。美国肯塔基州的路易斯维尔市利用地表以下100多英尺（30多米）的旧矿场，建设了一个大型地下自行车公园。这一深层地下空间建筑充分利用其独特的地理位置，形成一个保护车手全年免受风、雨和温度波动等影响的自行车训练场。并且这个地下自行车公园利用土壤和原石灰石为自行车运动提供了模仿山地越野的小道，拥有斜坡和跳跃的场地。这一深层地下空间建筑面积32万平方英尺（29729m^2），是目前世界上最大的室内自行车公园。

2.深层地下空间建筑的交通运输系统

深层地下空间建筑的开发与建设需要考虑不同水平与竖向等多种不同建筑空间中人与物的交流运输关系，创造出具有高效性与便利性的深层地下空间建筑的客运、物运体系。针对客流运输而言，建筑内外部的客流行为特征，主要由水平交通与垂直交通两部分组成，其中深层地下空间建筑的运输问题主要存在于面向地下的垂直运输方面。对于深层地下空间建筑而言，通常水平交通距离较短，可以步行或以轻型交通工具为主；垂直交通距离则由于高度的原因可能大于水平交通，而且需要借助于垂直交通运输工具，可能相对复杂。随着深层地下空间建筑开发的深度增加，依靠楼梯组织人流交通的困境渐现，因此深层地下空间建筑将主要依靠垂直电梯系统进行客流运输，而楼梯系统则主要应用于安全疏散等方面。

以南京市江北新区地下城的地下交通运输系统设计为例。南京市江北新区的中央商务核心区的地下城，最深处达48m，层数多达7层，由地下综合管廊、地下商场和商业街地下停车场、地下公共空间以及4条地铁线的换乘点组成。该地下城的地上建筑与地下空间统一设计、建设，并统一运营维护和管理，是国内大型地下空间一体化开发建设的探索者。

地下城的市政工程系统包括雨水舱、燃气舱、环卫医疗舱、综合舱，将水、电、气、通信、空调、垃圾等9种管道纳入“地下走廊”。针对货物运输建设了地下物流系统，先将城外的货物通过各种运输方式运到位于城市边缘的机场、公路或铁路货运站、物流园区等，经处理后进入地下物流系统（Underground Logistics System，ULS），运送到地下城内的各个客户（如超市、酒店、仓库、工厂、配送中心等），城内向城外的物流则采取反方向运作。

事实上，由于技术和经济等方面的原因，除了少数大超市、仓库、工厂等之外，深层地下空间建筑地下物流系统不可能连接每个最终客户。通常是合理规划建设一些与地下物流系统相连的区域配送中心（Distribution Centers，DC），通过地下物流系统将运往同一区域的货物运到该区域的配送中心，再由区域配送中心负责向最终客户配送。深层地下空间建筑地下物流系统与城市地铁系统很类似，只是用来运输货物而不是人。深层地下空间建筑的地下物流系统具有如下优点：

（1）几乎无噪声和空气污染、能耗低；

（2）与地面交通互不干扰；

（3）可实现全自动、智能化、连续稳定运行；

（4）运行速度快、准时、安全；

（5）运载工具寿命长，不需要频繁维修；

（6）不受气候的影响等。

与此同时，深层地下空间建筑的地下物流系统建设也存在一些难点，如建设成本较高、物流运作过程复杂、受地质条件与市政管网的影响大等。

3.深层地下空间建筑的空间利用

随着城市的快速发展，地面建设用地的减少，土地价格的上升，经济效益不可避免地成为城市发展的首要考虑问题；另外，随着城市建筑向高层发展的受限，浅层及中层地下空间已得到比较大规模的开发，要想得到更高的建筑集中使用效率，人类居住空间向着深层地下空间发展已经成为城市建设的必然趋势。深层地下空间建筑可以综合经济效益、区段效益、社会效益、环境效益等多方效益进行聚集布置。未来的深层地下空间建筑不仅适用于较大的场地区域也适用于较小的地上建筑密度较高的场地，在较小的场地建设深层地下空间建筑常常可以更好地提升建筑空间利用效率。

在未来的深层地下空间建筑中，建筑空间的立体聚合是主流方向，它将各种功能要素有机集合，在地下深层处实现空间的立体组合，使得深层地下空间建筑的功能构成摆脱单一化，转向多元化。深层地下空间建筑的空间立体聚合首先需要在地下设计出适宜的平面空间聚集类型，它是空间构成立体聚合设计的重要基础。其次是对深层地下空间建筑的竖向空间进行合理划分，明确空间的竖向组合逻辑关系，将平面空间转向立体空间。要实现深层地下空间建筑的多维空间共享，主要是要充分利用高度空间，提高空间利用率，实现深层地下空间建筑空间的高密度化。最后，综合平面空间聚集类型与竖向空间划分层次，优化整体深层地下建筑空间的立体布局。深层地下建筑的空间立体聚合不是简单的空间堆砌，而应该是通过巧妙的建筑设计手段，构建高效、丰富的深层地下建筑空间。

杭州密渡桥路地下停车库位于杭州市政府大楼北门、湖墅南路和密渡桥路交叉口西北侧的绿地下，是一种新型井筒式地下立体车库，车库一共有 19 层深，占地面积 900m^2。密渡桥路井筒式地下立体车库属于三联井筒式停车库，即在整个停车库中设 3 个井筒，安装 3 套垂直升降停车设备，独立运行。整个停车库也相应设置 3 个出入口，全部位于密渡桥路上。车库的每个井筒内，两边为停车泊位，中间是提升通道，每个井筒内可停放38 辆车，3 个井筒内共有 114 个机械停车泊位，在地面还有 11个地面周转停车位，整个停车库一共可提供 125 个停车泊位。该设计方案充分体现了深层地下空间建筑的优势：节约土地资源，停取车方便，占地少，相对传统地下车库，更节能环保。

4.深层地下空间建筑的环境营造

地下建筑空间环境的营造主要是指针对其室内环境的筹划与设计策略。影响深层地下空间建筑环境舒适度的因素很多，深层地下空间建筑不同于一般的地上建筑，为使用者提供舒适的生产生活环境是十分重要的，也是深层地下空间建筑设计必须予以特别关注的重要方面。当人们较长时间处于地下空间时，常常会出现一些被称为地下空间综合征的状况：乏力、头痛、鼻炎、眼炎、喉炎、皮肤炎、呼吸系统失调、发烧、恶心等。这些症状会使人们的工作效率下降，生理不适感增加。一般情况下，引起地下空间综合征的原因主要有两个：一是地下空间工作的心理效应。地下空间因缺乏窗户（主要指采光窗口）。在人们休息时无法实现地面与窗户的"转换效应"，使得人们在地下估计时间不如地面上准确，由此人们容易产生压抑、孤独感。二是地下空间很难像地面建筑那样，用开门、开窗等简单的办法直接改善室内空气质量，直接的空气交换受阻，其结果是增加了具有潜在危害的室内污染物的浓度，这是引起地下空间综合征的重要原因。

因此，为保证深层地下空间建筑中使用者获得良好的环境感受度，针对深层地下空间建筑的室内环境需要在空气循环、采光通风、交通运输等方面进行充分的考量并提出有效的设计策略与方案。未来的深层地下空间建筑还需要利用先进的环境感知调控技术，针对不同的地下空间室内环境实施实时监测，并通过调节、移动、变形等不同技术手段，保证深层地下空间建筑始终能够处于正常运行状态。具体而言，针对深层地下空间建筑室内环境问题，应重点关注以下三个方面：

1）深层地下空间建筑的室内空气品质

影响深层地下空间建筑室内空气质量的因素很多，最主要的有空气成分、有毒有害气体的含量、空气温度、空气湿度、空气扬尘、放射性物质、微生物、空气有机物耗氧量、噪声、照度等，其中空气成分的改变和有毒有害气体对地下建筑使用人群健康的影响尤为直接。为此，国家对地下建筑室内空气的成分，有毒有害气体的含量均颁布了国家标准，强制执行，以维护地下空间的环境质量。

在未来的深层地下空间建筑中，需要按一定规律布置能够自动调节空气成分、比例、温度、湿度以及压强的智能自动化生命保障系统，其中包括过滤和吸收有害气体、加强地下与地面间空气循环等的系统设备，以确保深层地下空间建筑内部空气的稳定。另外，使用适宜的绿色植物也是一种非常重要的方法。绿色植物不但能为深层地下空间建筑内部提供一个稳定的生态环境，还能有效调节深层地下空间建筑内部的空气质量。此外，结合智能化的灌溉系统，在深层地下空间建筑内部种植果树以及蔬菜等，形成深层地下种植园，为人们提供食物补给，更好地满足人们生活需要。

2）深层地下空间建筑的光环境

深层地下空间建筑无法获得类似地上建筑的自然光源照射，因此，在深层地下空间建筑的内部，需要提供充足的人工光源以保证人们正常的工作和生活。另外，深层地下空间建筑的环境对灯具及线路影响较大，地下照明使用时间长、对照度和可靠性的要求也很高。目前，地下建筑的照明设计常常沿用地上建筑的设计标准，照明效能一直没有得到很好的发挥。未来的深层地下空间建筑将具备环境自控系统，包括计算机网络、设备监控、火灾自动报警、安全防范、智能照明等子系统。随着科技进步和社会发展，未来对深层地下空间建筑照明系统的节能和科学管理也提出了更高的要求，这是因为深层地下空间建筑照明能耗占电力能耗的比重很大，在深层地下空间建筑设计中，应把智能照明作为智能化系统重要的组成部分来考虑，合理选用光源、灯具及性能优越的照明控制系统，提高照明质量和节能效果，避免产生光污染，如眩光、频闪、显色失真，同时也要避免产生一些人们不需要的热量、红外线和紫外线等。未来的深层地下空间建筑光环境智慧系统还应具备完备的控制功能和预置的多种可切换场景，以满足人们不同的需求。智慧控制系统包括：集中控制、现场控制、遥控、时间控制、电话控制、可视化软件控制、场景设置、灯光软启动、调光、亮度记忆等。

深层地下空间建筑光环境的设计应重视考察地下建筑的性质、规模、特点和要求，认真听取使用者的感受和建议，切身体验照明效能的实现，通过大量的试验，得出不同地下建筑、不同功能单元及同一地点不同时间、不同人流量时的照度标准和环境模式。并在设计中兼顾科学性和艺术性，体现人和环境的相互关系，保护人们的身心健康，提高工作效率。深层地下空间建筑光环境设计建议采用以下策略：一是通过新型采光方法和材料有效地利用天然光；二是在人工照明中选用高品质的照明光源；三是对各类灯具进行无级连续调光和缓和的场景切换控制。

3）深层地下空间建筑的热湿环境

在深层地下空间建筑的热湿环境设计中，空调将是深层地下空间建筑的重要组成部分，未来的深层地下空间建筑的热湿环境设计应通过新技术尤其是计算机网络化整合调控手段实现人体负荷、照明负荷、设备负荷以及新风特有负荷等的有机融合。在深层地下空间建筑的热湿环境设计中，定量与变量的具体设计条件是不同的，一般情况下，将深层地下空间建筑的围护结构等作为定量，将深层地下空间建筑中的人体负荷以及新风负荷等作为变量，从而在深层地下空间建筑的热湿环境设计中通过定量与变量的协调配合，全面提高的深层地下空间建筑湿热环境的整体效果，保证相关系统运行的安全性和稳定性。

另外，深层地下空间建筑的热湿环境设计还需要注意季节性因素。深层地下空间建筑的湿热环境设计在夏季往往具有一定特殊性，尤其是受到深层地下空间建筑围护构架以及小负荷等因素的影响，使得深层地下空间建筑的热湿比较大，使深层地下空间建筑的热湿环境设计往往存在较高的除湿要求，此种情况下会使得相应的设计难度较大。而在冬季环境条件下，深层地下空间建筑的湿热环境设计则存在明显不同，并不会受到来自室外空气的影响，此种状态下深层地下空间建筑的湿热环境系统会比较稳定，因此在深层地下空间建筑的湿热环境设计中，应该适当调整空调等相关系统的运行，预设过渡季以适应季节性的湿热环境变化。需要注意的是，深层地下空间建筑湿热环境设计要在保证设计合理性的基础上，切实降低能源消耗，倡导可持续发展。

2.3 太空空间建筑

2.3.1 太空建筑的发展

1. 太空建筑的定义

太空，是指地球大气层（距离地球海平面100km）以外的宇宙空间，太空建筑则是指建造在大气层空间以外的整个宇宙空间中的建筑物。通常意义上的太空建筑包括两大类型：一种是着陆式（固定式）太空建筑，一般是指在特定星球上建造的建筑物；一种是环绕式（或悬浮式）太空建筑，一般是指在宇宙真空中或不依附于特定星球表面的建筑物。

人类对地球之外的宇宙空间的好奇、想象、探索由来已久，随着人类社会的发展以及科学技术的进步，人类必将不断关注、拓展自身的生存空间，冲出地球遨游太空也将成为人类社会可持续发展的必然趋势，太空建筑将成为未来建筑工程领域新的重要研究方向之一。

2. 太空建筑的发展

未来的设计就是对现在的幻想。宇宙是受到人类社会持续关注的一个永恒主题，探索宇宙则是人类社会发展的一个共同使命，也是各民族直至全人类的共同事业。一代又一代科学家与建筑师们受到整个社会时代大潮的影响，以及科技发展的推波助澜，都对太空探索以及太空建筑倾注了大量精力与心血，提出了种种创造性地方案。

以加琳娜·巴拉绍娃（Galina Andreev Balasova）为首的苏联宇航建筑师，致力于研究飞船和航天器的装置布局、合理的内部功能分区和空间布局，以及色彩、灯光等一系列的设计。例如她设计的“和平号”宇宙空间站，空间站拥有完整的功能分区——工作舱、休息区、卫生角和睡舱，旨在缓解宇航员长时间承受的压力、孤寂感和恐惧感，营造出适宜宇航员在太空的极限条件下长期生活的人性化舒适环境。以加琳娜·巴拉绍娃为首的建筑师们将建筑学应用于卫星和载人飞船等航天器的设计中，证明了丰富的建筑经验在航天领域具有非常实际的意义。

伊戈尔·科兹洛夫（Igor Kozlov）设计研究内容包括从“驻月基地”项目中的“标准单元”，到这些“标准单元”的太空运输及组装的模型研究；从“和平号”太空站的“微气候模拟”到灯光色彩的模拟实验；从宇宙“多坐标空间”理论的提出再到“三维地面”的模型实验。伊戈尔·科兹洛夫的贡献不仅于此，以其为代表的第三代宇航建筑师已经不满足于作为“配角”追随太空科技的发展，不再局限于仅在现有技术支持下设计太空建筑的室内空间布局和构件装置，而是开始构想并设计真正的人类外太空的聚居地。芬兰的“宇宙中心”（Center of the Universe）、“超现实城市”（Surreal City）和“宇宙之旅”（Cosmic Journey）的太空展览综合体，展示了伊戈尔·科兹洛夫对宇航建筑的热情与才华。由此，人类对于太空建筑的探索与研究从外太空的小型空间模拟地球自然状态的阶段进入到费奥多罗夫所预言的“人类战胜死亡并征服宇宙”的“终极阶段”。直至今天，这些人类太空建筑师在哲学和理论层面上提出的人类进入宇宙甚至定居外太空的可能性和必要性一直影响并激发着一代又一代的科学家与建筑师们。

在这种背景下，20世纪六七十年代，苏联完成了宇宙飞船、星际空间站、月球移民计划以及与之相关的许多建筑空间及设备设施空间安装组合的设计。在1971年4月19日，苏联发射了世界上第一座空间站“礼炮”1号，开辟了载人航天的新领域。“礼炮”1号重18425kg，运行到1971年10月11日。1986年2月20日，苏联成功地发射了“和平”号（Mir）空间站的核心舱，从此开始了新型空间站的建设。在“和平”号空间站运行的15年期间，共有31艘载人飞船、62艘货运飞船与其对接，28个长期考察组和16个短期考察组先后访问过“和平”号空间站，共进行了16500次科学实验，完成了23项国际科学考察计划。2001年3月23日，“和平”号空间站成功坠落于南太平洋预定海域，成为人类历史上飞行时间最长的空间站。

美国早在1915年3月3日就成立了国家航空咨询委员会（NACA）；1958年2月美国发射第一颗环地球人造卫星“探险者1号”（Explorer-1），同年7月29日，美国国家航空航天局（NASA）成立；1961年美国开始实施阿波罗登月计划（Apollo Program），1969年7月首次把2名航天员送上月球，并安全返回地球；从1972年起美国航天活动的重点转向开发和利用近地空间并开始研制航天飞机；1982年11月航天飞机进行首次商业飞行；1984年1月美国国家航空航天局开始研制永久性载人航天站；2004年，美国政府提出了猎户座飞船计划（Project Orion）；2018年2月22日，美国太空探索技术公司SpaceX成功地发射了一枚“猎鹰9号”（Falcon 9）火箭，开始搭载由约1.2万颗卫星组成的太空“星链”（Satellite Network）；2020年2月18日，美国太空探险公司宣布与SpaceX签订合约将启动私人太空旅游计划，同年美国国家航空航天局新一代火星探测车“毅力”号（Perseverance）搭乘“宇宙神”–5号（Atlas-V rocket）运载火箭升空，2021年2月成功登陆火星。从2003年起，美国休斯敦大学在建筑系课程设立了一个新分支——太空建筑学。这门课程最早只是为在NASA供职的宇航工程师、科学家和其他专业技术人员开设的，现在面向的学生则更广泛。这门课程的主要任务是以NASA的航空产业为背景，与美国和俄罗斯的航空部门都保持密切的联系和合作，为休斯敦大学提供太空建筑研究和实践方面的支持。与普通的建筑系学生不同，他们的课程设计题目多是设计月球探路飞船或是为火星的未来居住者设计房屋。

中国于1956年组建了国防部第五研究院，是现在中国国家航天局的前身；1970年4月24日，中国发射第一颗人造卫星“东方红一号”；1999年11月20日，中国成功发射并回收第一艘神舟号无人飞船；2003年10月15日，中国第一位太空人杨利伟乘坐“神舟五号”进入太空；2007年10月24日发射“嫦娥一号”，完成首次月球环绕任务；2011年，中国发射了首个实验型空间站“天宫一号”，并成功完成与后续发射的“神舟八号”飞船的对接；2016年，“神舟十一号”飞船将2名航天员送入太空，并与同年发射的“天宫二号”空间实验室进行交会对接，在轨驻留时间长达30天；2019年1月3日，“嫦娥四号”着陆于月球背面的冯卡门环形山，这是人类探测器首次软着陆于月球背面；2020年7月23日，中国发射“天问一号”火星环绕器与着陆巡视器，计划于2021年完成火星环绕、软着陆与巡视任务；预计于2022年建造66t级的中国空间站，可载3人，远期可拓展至180t级。

世界各国都对太空建筑的发展保持着持续的关注与热情，提出了大量充满创意的相关思考与设计方案。如2019年的“外太空建筑”设计竞赛，该竞赛旨在寻求对未来（100～200年）探索太空的提议。比如：什么类型的建筑物将会被开发用于维持人们的生活，居住机器人技术、人工智能、自主航天器和卫星将会如何影响我们的探索进程等。第一名为查理斯·富（Charisse Foo）设计的“劳动纪念碑”。该提案探索构建一个位于未来外太空的由半成品和废弃空间结构组成的网络，在这里，被监禁的劳动者将会使用并振兴这个结构：卫星、监狱、实验室、工厂、城镇、陵墓、广告牌、景点和标志。这种叙事方式将梦想与实验性相结合，在太空中创造了一种乌托邦式的可能性。

2.3.2 未来太空建筑设计策略

太空建筑的设计面临着一系列非常复杂的问题，这是由于太空中各星球以及相邻的太空区域的环境条件具有很大的差别，而且太空缺乏地球环境中的很多人类生存所必需的条件，如氧气等。因此，太空建筑本身因其所处环境的不同具有很强的特殊性，在需要对太空的环境进行合理隔离的同时，也要善于利用太空中的优势资源。按照太空建筑的选址方式，可将其分为环绕式（悬浮式）和着陆式（固定式）两种，其中，环绕式的太空建筑是悬浮于太空中的建筑，而着陆式太空建筑则是选定某一个适宜居住的星球并在该星球表面建造的建筑。

1.环绕式太空建筑

1）选址

由于太空是由无数个天体组成，天体自身会对外物产生一个引力，引力大小与天体质量成正比，与距离天体距离的平方成反比。就质量一定的天体来说，物体离它越远，受它的引力作用越小，即重力越小，众多天体的引力会形成一个引力场。太空建筑处在这样一个引力场中，会受到各类天体引力的作用，因此为了使太空建筑具有一定的稳定性，在太空的引力场中为太空建筑的建设选择一个合适的受力平衡点，即拉格朗日点（Lagrange Point，又称平动点），就会显得格外重要。

在天体力学当中，拉格朗日点是限制性三体问题的5个特解，在这5个点上，可以建设环绕式太空建筑，并且让其保持在2个宇宙天体的相应位置上，典型的例子有地月系统的5个拉格朗日点，也就是L1 ～ L5。在这些点上，环绕式太空建筑可以在2个天体的引力作用下，保持大致的稳定，但是由于平面圆形限制性三体问题，在5个特解中，有3个直线解和2个等边三角形解，只有2个等边三角形解是稳定解。在这2个稳定解上，只要太空建筑、行星与太阳这三者形成了一个等边三角形，环绕式太空建筑和行星就基本可以永远同步地围绕太阳旋转，永远不会偏离。而另外3个直线解则是不稳定的，在上面的环绕式太空建筑，还会受到摄动和引力扰动的影响，所以需要设置智能自动化的轨道修正系统，以及喷射引擎，以时刻对轨道做出合理的修正，防止偏离原来轨道，而这就涉及智能自动化的遥感探测与控制问题。除了地球和月球之间的拉格朗日点外，太阳和地球甚至是太阳系中的其他行星及其卫星，都可能形成引力平衡点，这些都是环绕式太空建筑可以选址的位置。但是要注意的是各种星体之间的引力扰动，例如，如果环绕式太空建筑位于太阳和木星之间的拉格朗日点上，就有可能受到火星或者土星的引力扰动影响，所以还需要利用计算机进行太阳系行星公转轨道的智能化预测工作，以确定最佳的拉格朗日点。

2）重力结构

人类由于长期生活在地球上，早就已经适应了地球的重力环境，而宇宙空间的近乎零重力环境，将会对人体产生明显的影响，并且产生一系列的生理及心理反应。因此，人类要想在环绕式太空建筑当中生存，就需要让建筑自身产生重力。为了通过环绕式太空建筑的自转产生重力，一种如同自行车车轮般的轮状结构建筑被设计出来。根据向心力公式：$F=mv^2/r$和$F=mw^2r$及$F=mg$可得出太空轮状建筑的重力加速度公式$g=v^2/r$和$g=w^2r$。

环绕式太空轮状建筑为了维持重力加速度g，在平时的运行过程当中，就需要智能自动化地控制其自转的线速度v或者角速度w。也就是说，控制位于环绕式太空轮状建筑最外侧的喷射引擎的喷射功率，让环绕式太空轮状建筑物的重力加速度保持恒定数值，而在环绕式太空建筑需要扩建的时候，为了保持半径r不变，可以往垂直于半径的方向扩建，并逐渐形成圆筒状，形成环绕式太空筒状建筑物，看上去像是很多个自行车车轮叠在一起，这种扩建方案比沿着半径方向往外扩建要好得多，空间也能够得到最大程度的利用。

当然，环绕式太空建筑也可以在一定程度上沿着半径方向往内外方向扩建，但是稍微靠内一侧的重力就会小一些，而靠外一侧的重力就会大一些，因此靠内侧的区域，可以安排仓库、建筑设备、能源生产等人员活动较少的功能用途，而外侧的可以用作居住、商业、工业以及办公等用途。

由于在环绕式太空建筑筒体的内表面会产生一个垂直于筒体内表面往外的重力，为了平衡这种重力，就需要在太空建筑筒体的内部，设置抗拉核心筒，这种抗拉核心筒的形式，就如同自行车车轮的辐条，而这个太空建筑的筒体结构，则可以看作是由许多个自行车车轮叠加而形成的。

3）结构扩展

环绕式太空建筑的扩展模式，可以采用蜂巢形状的预制装配高强组合结构，这种结构不但强度和刚度较大，也易于房间布置，便于利用工业化进行批量生产，还可以进行快速的建筑施工。在施工的过程中，还需要考虑建筑材料的拼接和对接等接口问题，由于圆筒形太空建筑的表皮是类圆环形的，这种蜂巢形状的预制装配化高强组合建筑结构，结构杆件长度部分是不一样的，就需要使用计算机进行预先的设计，然后再拆解成一个又一个的组拼装部件或者是蜂巢状的舱体模块，并且在地球或太空工厂当中进行批量化生产。安装时，可以配合运输机、运输舰及大型机械臂。这类模块化的太空建筑扩展模式将会成为未来太空建筑建造和扩展的主要途径。

环绕式太空建筑的建造与扩展一般遵循这样的程序。在初始阶段，太空建筑是一个圆环形的如同车轮般的建筑物，外围的“轮胎”就是人类活动的场所，内部的“辐条”就成为这个太空建筑抗拉的核心筒构件，在这种核心筒构件的内部，可以布置太空建筑内部电梯。当扩建开始时，太空建筑往垂直于“轮胎”平面的方向叠加，许多“轮胎”被叠加在一起，并且逐渐形成了一个类似轮胎筒般的巨型圆柱体，这个巨型圆柱体的内部也具备许多的“辐条”，扩展到一定程度后，这个圆柱体的上底面和下底面就可以进行密封，并且设置进出港构件，这样一个密封的巨型圆柱体太空建筑就形成了，其内部还可以填充空气，形成一个密封的太空生态系统。当这个通过旋转而产生重力的圆筒形太空建筑的内部填充了空气之后，圆筒的内部可以如同在地球的表面一样设置各种类型的建筑及交通道。

4）结构材料

对于太空建筑的设计与建造，选择材料的问题非常重要，尤其是外围护结构的材料。太空建筑外围护结构的材料不但需要阻隔太阳辐射以及宇宙辐射，还不能导电，以防止宇宙的高能带电粒子对太空建筑结构产生各类的电磁效应，对结构造成破坏，因此可考虑采用合成的高分子绝缘建筑材料作为太空建筑的外围护结构。

由于太空建筑有内部压强存在，所以也会对外围结构材料产生一个向外推力，从而产生对这些材料的拉力，这相当于一个膨胀的气球，气球内部的空气不但会对表皮产生推力，还会让表皮产生拉力，这就要求太空建筑的外围护结构的材料需要有足够强的抗压与抗拉性能，必须采用高强度材料。

2.着陆式太空建筑

1）有人月球建筑

作为人类走出地球家园、建设未来太空新家园的重要一步，建立有人月球建筑（基地）能将人类的活动区域扩展到月球，进而开发和利用月球资源，服务于人类社会的可持续发展。有人月球基地的构建涉及地月空间运输、基地选址、月面活动、月面资源利用等诸多方面。

有人月球建筑的建设地点不仅取决于建设的目的，而且还要考虑到有利于建筑运行的各种因素。若是为了开发和利用月球资源，则应建在月球资源丰富的地区；若是为了科学研究，特别是天文观测，则应该建在月球的背面。研究发现，在月球两极选址也有诸多好处，不仅有利于月球飞船的起飞和降落，而且月球两极充足的阳光对建筑的能源供应也非常有利。

2019年SOM建筑事务所公布了其“月球村”（Moon Village）的设计愿景，即在月球表面建设第一个永久性的人类居住区。SOM与欧洲航天局（ESA）和麻省理工学院（MIT）合作规划了该设计项目。月球村的设计围绕自给自足和自我修复的原则，由恒定日照时间决定，总体规划选址在月球南极附近的沙克尔顿陨石坑的边缘。水储存在南极洼地中，用以生产可呼吸的空气和火箭推进剂。

我国对建设有人月球建筑也做了很多研究，并提出了有人月球建筑构型的四种方案设想，主要包括刚性舱构型、刚性+柔性构型、建造式构型以及综合式构型方案。

刚性舱构型方案继承了我国空间站工程多体单元化的设计思想，为满足科学研究和舒适生活的需求，初期有人月球建筑配置3个密封舱，即生活舱、工作舱和支持舱。各舱段之间工作既相对独立，又有联系，L形布局确保每个舱段均有双重出口，便于应急救生，并易于维修和以后的建筑规模扩展。

刚性+柔性构型方案以刚性舱方案为主体，以柔性舱为扩展。柔性结构舱段作为航天员的居住舱。刚性舱负责整个基地的运作，生保系统、通信系统、主计算机、中央控制系统、后备能源系统等均布置在该舱段。柔性舱段为航天员的生活区，包括厨房和餐厅、卧室、健身房、卫生间等，该舱段为充气式舱段，体积较大，其中一端与刚性舱连接，另一端与节点舱连接，作为基地后续拓展使用。刚性+柔性舱结构的优点体现在构建建筑的主结构单位活动空间的质量小、建筑体积和质量受运载器限制较小，难点体现在构建材料、密封、防护等需要进行关键技术攻关。

建造式构型方案在刚性舱构型方案或刚性+柔性构型方案的基础上，主要采用3D打印技术实现建筑外围防护层的建造，3D打印而成的外围护层铺设在刚性舱或柔性舱的外表面，用于防护月面恶劣的辐射、高低温和空间碎片。

综合式构型方案考虑到人们在月球的长久生存需求与应急救生等因素，在刚性舱构型的基础上，利用建造式月球建筑的构建技术建设外部主体结构。建筑顶端设置密封舱，用于种植绿色植物，其密封结构采用透明材料，便于利用太阳光。建筑附近放置一艘应急救生飞船，方便基地建筑内外人员的紧急逃生。综合式有人月球建筑还采用了人机协同的设计原则，满足短期有人照料、长期无人自主运行的目标。

2）有人火星建筑

在对有人月球建筑进行研究探索的同时，人们也在尝试探测和研究人类在火星上的未来居住可能性。相比其他行星，火星具有很多优势，足够大的质量使其能容纳足够的人口，大气层具有充足的二氧化碳，有与地球相近的昼夜长短以及几乎相同的季节变化等，这些优势还使火星具备了未来进行地球化改造的潜在可能性。关于移民火星一直是科学界探讨的热门话题，1998 年在莫斯科召开了“火星探索国际会议”，2003 年 8 月在美国召开了“火星移民研究国际会议”，这些国际会议展示了人类开发火星的愿望和决心。探索火星是太空领域发展极其重要的一步，研究人类如何在火星上驻留、生存，并设计出具有宜人环境的建筑将是未来太空建筑研究的重要课题，涉及建筑设计的诸多领域。

（1）人居环境

未来，人类移民火星后将必须生活在一个封闭环境中，生活依赖于自成体系的水、食物和能源系统。封闭系统可能是初期人类火星栖息地建筑可采用的模式，但不是可持续发展的解决方案。为了生存和发展，人类的火星移民不能完全依靠地球的远距离供应，比如对于人类存活离不开的水，如果从地球上运到火星就需要9个月以上的时间。因此，人类在火星的可持续生存与发展必须逐步减少对地球资源的依赖，充分利用火星的自身环境。

未来在火星上建造建筑物将不同于修建太空站。火星的大气层可以满足人们对燃料和氧气的基本需求。来自地球的氢气可以与火星大气层中的二氧化碳气体相结合并产生甲烷和水。液态甲烷可以储存，电解水中产生的氧气则可以循环再利用。从土壤中提取水的技术也将应用于火星的温室农业生产。

火星上并没有液态水，火星的气候条件决定了水在火星上只能以气体或冰的形式存在，并且也只有少量的蒸汽存在于稀薄的大气中。火星上的水环境势必对建筑设计产生影响，在建筑的选址时就要考虑到周边是否有可供直接或间接使用的水源，比如在相当深度的地下能否发现地下水。

人类移民火星不仅需要使用便捷有效的供水系统，还必须具备完善的水回收系统。至少在人类移民火星的初期，任何液体都不会被浪费，甚至汗液、泪水、尿液都会被环境控制和维生系统收集后循环利用。经由回收系统，过滤后再次被投入使用。

太阳能板和风力发电等可以为火星建筑提供能源供应。火星比地球距离太阳更远，日照强度较弱，可利用的太阳能占能源供应的份额很低，却仍是车辆等小型机械的理想能源。此外，一年中出现数十次的尘暴能够产生风能。研究表明，火星的火山很可能是活动的，利用其地下贮存热量就成为可能。火星上氘的含量是地球的5倍，氘是核聚变反应堆的基本燃料，可为未来的建筑提供所需的能源。

（2）建筑材料

对于火星建筑而言，针对不同部位使用何种材料进行建造是有待于深入探究的问题。在火星上修建建筑物应注意减少对行星表面环境的破坏。充分利用火星土壤制造建筑材料的同时保护火星的环境。对于火星建筑而言，采用能隔绝辐射与温度的材料对于保护建筑至关重要。其次，建筑自身也需要保护，除了应对火星上温度每年、每季节、每日甚至是瞬时变化的大幅波动。由于火星上的温度还取决于火星表面的高度，在不同高度的设施位于不同的温度环境，建筑本身受到压力也会不同。考虑到这一点，建筑材料在抗压方面必须要有耐久性。

作为建筑结构材料，首先会考虑到的是金属。外太空的独特之处在于行星中含有一些纯金属，主要是铁和镍，还有相当稀有的金、银等。特别是富含铁的陨石比地球上丰富得多。在太空中人们将可以使用在地球上不可能的制造工艺，制成纯净的金属，而不是其氧化物。

火星上的水大多以冰的形式存在，未来在火星上恒定温度低于0℃的地区冰本身就可以作为适宜的建筑材料或建筑辅助材料。而在其他地区则要注意在表面增加一层防止其升华的覆盖材料。之所以选择冰作为建造材料，是因为冰在火星表面储量很多，而且在火星上冰这种材料能够帮助人类遮蔽许多宇宙射线。

在未来，一些建筑材料也可从火星土壤中获得。砖材可将地面土壤加水后放入模子中加压，接着在300℃条件下干燥和烘烤。黏结砖的灰泥通过混合水和细粉状含铁的黏土制作。在火星环境中提取的人工合成聚乙烯可以作为建筑胶粘剂，用来粘结火星土壤制成复合材料。塑料是用氢和二氧化碳以3:1的比例生产出的乙烯，可用来制造服装、袋子、绝缘体、餐具、工具、医疗设备等。火星的土壤中40%是硅。使用砂熔技术就可生产出陶瓷。玻璃可通过将氧化铁和一氧化碳一起加热来生产。火星上的赤铁矿可以用来生产钢材。占火星4%重量的氧化铝可生产出铝，用作电线和飞行系统组成部分。硅则能用来制造光伏板。在火山岩浆底部发现的硫化铜还可以提取铜。

从节约资金与技术便利性的角度考虑，直接利用火星本身进行火星建筑建造是未来可能的技术途径。火星表面有众多硬质火山岩，可以通过挖掘或钻孔的方法，形成洞穴、矿井或者地下通道。如果岩层厚而均匀，那么在其中钻出的隧道可以做到自支撑。在火星上发现的大型冰岩石内同样可钻探出可居住隧道，上面的冰层将是一个很好的太阳辐射屏障，这也是太空建筑深入地下的优势之一。

（3）结构技术

可扩展的建筑结构是解决火星建筑从生产、运输、安装到扩建所需便捷性的一种非常有前途的解决方案。可扩展的建筑结构的类型很多，但都具备一个共同点，就是它们都能从小体积扩展到更大的阶段。可扩展的结构重量轻，并可以反复折叠和快速展开。因此方便创造太空建筑所需的内部空间。可以满足人们对太空建筑的多种需求。目前主要有4种比较常用的可扩展建筑结构，分别是折叠结构、可充气结构、可膨胀刚性结构和形状记忆结构。

折叠结构——常见的是由塑料或金属制成的刚性杆构成的折叠结构，运用类似折剪的工作原理，一些重复部件折叠或展开，并使用节点连接在一起。通过不同类型杆的搭配和可移动刚性的连接构件，能够创造出多种多样的可折叠结构建筑。其中，霍伯曼球面就是由杆件构成的结构所形成的折叠桁架结构的例子之一。

可充气结构——一种通过精确设计以填充气体来展开的特殊空间结构。密封抗拉伸特性使其可以应对内外气压的差异，同时它能够提供非常宽敞的使用空间，也可作为充气罩或充气肋结构使用，充气膨胀展开结构技术构建的空间结构具有发射体积小、发射质量轻、便于携带、动力学特性好、贮存期长、研究和制造成本低等特点。当太空建筑将此类结构展开，形成所需的形状时，就必须长时间保持这些结构的形态不变，因此需要通过采取可控的刚性结构来保持其空间的持续稳定。

可膨胀刚性结构——针对复杂多样的空间任务需要分别采取能够相互切合的展开方式和与之相对应的刚化技术和材料。这种结构是首先使用充气结构作为建筑的扩展方式，然后对充气结构所采用的复合建筑材料进行固化使其成为具有良好性能的刚性结构。

形状记忆结构——主要是由各式各样有形状记忆功能的聚合物制成。通过特殊的加热和冷却过程可以将它们压缩或折叠为较小体积以便于运输，到达安装位置后还原成原来的形状和大小。这种结构采用一种类似于橡胶的坚固、耐用、坚硬的可膨胀柔性材料，形状记忆结构具有良好的隔热、低电导率、抗辐射性和冲击耐久性的特点。

除此之外，随着许多新型技术尤其是3D打印技术的出现和成熟，太空建筑的结构更具多样性。3D打印技术还为太空建筑提供了不同的打印建造方式：全尺寸打印、分段组装式打印、群组机器人集合打印。

诺曼·福斯特（Norman Foster）建筑事务所为美国航空航天局（NASA）设计了使用3D打印技术建造的火星建筑设计方案。这个项目以数字化建造来减少人工操作。首先，由宇航员使用半自动“挖掘机”平整出合适的场地，然后使用3D打印技术融合火星土壤制作建筑材料，这个概念涉及多个微型机器人的协同工作。获得NASA资助的SpiderFab机器人已经可以在没有人类的协助下进行大规模的原件编织，并且可以优化负载。这为提高建筑的组装效率带来了便利。

2018年NASA举行为火星栖息地而进行的设计竞赛，第一名是来自阿肯色州罗杰斯的三人组——佐佩鲁斯队（Zopherus）。该团队设计了三个圆顶状结构，包括一个水培花园和一个巨大的可以作为着陆器和3D打印机的蜘蛛状机器人，创造了一个既实用又能满足宇航员居住需求的建筑设计方案。

3.太空建筑的智慧与可动技术

1）太空建筑的防撞

宇宙包含的各类恒星、星云、小行星，陨石等对太空建筑会产生难以估计的破坏。1998年12月美国航天飞机在执行STS-88任务期间，航天飞机上的舷窗被空间碎片撞击达40次。因此，太空建筑需要有效防止陨石、小行星、星际尘埃、航天器碎片等的撞击。对于快速移动、破坏力巨大的这些太空碎片，需要在太空建筑重要的组成部分设计安装特殊的防护结构来应对。常见的防护结构是由2块中空的铝板组成，类似防弹玻璃一样，并在靠近建筑的铝板中空的地方铺上一层克维拉纤维，来保护建筑本身不被这些难以预测的太空碎片所破坏。

由Eleven杂志网站主办的国际理念和空间建筑设计竞赛“月亮乌托邦”（Moontopia）的第一名是由波兰、德国和意大利建筑师携手完成的“月球实验基地”方案。该方案提出在“豆荚舱体”和最外层的保护膜之间设计出一个介于可居住和不可居住空间之间的保护性“灰空间”。它最重要的结构是外保护膜，基于简单的折纸原理，可以3D打印并且在现场自动组装。这是一种通过感知太阳风的压力变化而不断塑形的编程化的碳纤维材料，由于其强大的可塑性足以应对来自太空中大小各异的碎片。

除去给建筑加“保护壳”以抵抗陨石、小行星及星际尘埃撞击的方法以外，人们还设想加设一些预防性的防控装置。防护装置使用全自动全天候多角度的智能遥感探测系统，一旦发现太空碎片靠近太空建筑，智能遥感探测系统就可以通过发射带有喷射引擎的推动装置把这些太空碎片推离太空建筑的区域，不采用撞击爆破等方法是为了避免制造出更多的太空碎片垃圾，造成其他的安全隐患。另外，还可以在太空建筑的外围，设计安装一些陨石、小行星和太空垃圾探测装置以及智能监控站，有效预测陨石、小行星和太空垃圾的撞击，为建筑与人员防护提供预警。

2）太空建筑的采光

为了满足人类的生存，太空建筑还需要合理的采光设计。为了实现这个目的，需要在太空建筑的外围护结构上合理地采用高强采光玻璃。由于外太空没有臭氧层的保护，设置这些高强采光玻璃需要注意以下两点：第一必须能够阻挡太阳光以及宇宙辐射，防止对人体健康造成危害；第二必须确保其保温隔热性能，防止太空建筑外部的极寒或者极热入侵到太空建筑的内部。

伴随着石墨烯材料以及高强纳米科技的发展，一些透明高强采光玻璃的技术将会日益成熟起来。其安装位置通常是太空建筑的内表面和外表面上，而这些高强采光玻璃所夹着的内表面到外表面之间的区域，则应设置大型气闸进出港，这些大型气闸进出港可以安排在圆筒形太空建筑的侧面或者是两个底面之上，这样太阳的光芒就可以透过大型气闸进出港，从而入射到太空建筑的内部。

3）太空建筑的保温

建筑处于太空中，巨大的温差可能会破坏机械的灵敏度，也会严重影响人类的生存环境，现有的太空建筑表面多采用耐高温、耐辐射的特种材料，还要在建筑的结构层内布满充满流动液体的管道，通过温度敏感系统自动进行调节，在面对高温的时候加速液体流动快速降温，在温度降低的时候通过对管内液体加热来保证室内的舒适度，从而使人类可以比较舒适地生活在太空建筑中。

4）太空建筑的能源

宇宙中的太空建筑，为了保证其本身各项系统的正常运转、维持人类适宜的生活条件生活，都需要持久稳定的能源供给，因此太空建筑除了自身携带的能源供给系统外，还需要合理地开发和利用太空中的资源。当前，太阳能是太空建筑的主要能源，太空建筑通过太阳能板的吸收和再转化来维持各系统的运转。但是对于太阳系中其他远离太阳区域的太空建筑，它们能接收到的太阳光照强度相比地球弱了很多，常常很难只依靠太阳能提供满足各系统运行的能源。

因此，太空建筑自备能源系统的设计也是非常重要的，目前从性能上看，核电池将是太空建筑自备能源的重要选项之一。核电池不依赖光照，能够自主产生能量，能量密度大，而且稳定性好，工作时间长。例如美国宇航局在1977年发射的旅行者（Voyager）系列飞船均采用了核电池，2015年抵达冥王星的新视野号（New Horizons）探测卫星也安装了核电池。

伴随着核聚变技术的突破与发展，未来核聚变技术将越发稳定，更加安全，完全有可能成为太阳能的替代或补充，为太空建筑提供日常所需的各种能源，并在太空建筑内部创造一种类似地球的生存环境，从而形成稳定的生态系统。太空探索也可以摆脱恶劣环境的束缚，使人们可以将探索的步伐迈向更远的宇宙。

4.太空建筑的人居环境设计

1）太空建筑的空气

氧气是人体新陈代谢的关键物质，人类在太空中居住面对的首要问题就是空气问题。人类的生存需要一定比例的空气，而这在太空中是不具备的，因此在太空建筑的内部就必须要制造氧气，与此同时，混合后空气的成分、温度、比例等都要与地球的基本相同，这样在太空中人们才能更好地适应这里的环境。

当前人工制氧主要依靠电解，电力贯穿再生水的水槽，通过电把水分成氢和氧两种化学元素，然后通过建筑本身特定的管道传输氧气，供给需要的成员。未来的太空建筑同样需要设计安装类似的设备，并需要实时监测、控制、生产氧气来满足人们的日常需求。

未来，随着科学技术的成熟，人们可以长期生活在太空建筑中，太空建筑可以模仿地球营造建筑小型生态系统。2017年，SpaceX创始人兼首席设计师埃隆·马斯克（Elon Musk）宣布地外行星与卫星殖民化计划，其中包括在2022年之前建成的一个月球基地和一个永久的火星殖民地。2017年10月，在上海城市空间艺术季展览中，博埃里建筑设计事务所（Stefano Boeri Architetti）和同济大学未来城市实验室为应对当下的太空探索趋势，设计了一个火星上的“垂直森林”，设想百年后的新上海将诞生于播种在火星表面的一颗生态系统“种子”中，这颗“种子”可以在太阳系空间站之间穿梭，内部会产生大气层和有利于植物、人类生存的气候。

2）太空建筑的供水

人类想要在太空建筑中长久生活，水资源是必不可少的一部分，为了满足太空建筑运营的需要和人类生活的日常需求，仅仅依靠太空飞船从地球将水运送到太空建筑，远远无法满足人类在太空建筑中长期生存的需要。因此，未来的太空建筑不仅需要在太空中水元素丰富的区域提取、转化生产水，在设计中应根据太空建筑中不同的功能区域，设计不同的水资源利用模式，进一步得出不同功能区域的用水定额及额定流量，在设计上达到节水效果。

与此同时，水循环系统设计对于太空建筑也是十分重要的。需要使用智能自动化的系统合理控制水压，控制马桶、洗手池、洗衣机及淋浴设备的流量，采用优质管材防止漏水，并设计合理的污水循环处理利用系统，使废水经过物理化学生物方法处理之后可以返回到太空建筑当中循环使用，节约水资源。

3）太空建筑的垃圾处理

宇航员在太空建筑中日常生活难免会产生工作垃圾和生活垃圾，在太空建筑中，不能将垃圾简单地丢弃或焚烧，这会对太空环境造成巨大的污染，进而危及太空建筑本身，因此垃圾处理的问题成为人类想要在太空中长久生存所必须克服的一个问题。

垃圾处理首先进行垃圾分类。对于湿垃圾，应该通过微生物分解与废弃物循环回收等系统，对其进行降解制成生态肥料。对于有害垃圾，如果空间站功能有限，可以将它们集中回收储藏等待日后处理，或压缩后使用运输舰定期运输到特定太空垃圾处理场。至于其他的垃圾，也需要建立相应的分解系统，将其转化为能源，供给太空建筑使用，实现垃圾的最大化利用。

4）太空建筑的运输

在太空建筑的设计中，运输问题需要特别给予重视。把人员以及各种各样的货物、建筑材料等，运输到不同太空或者是其他星球上，在那里持续扩展人类的美好家园。强大的运输体系，可以为太空建筑的建造、维护和拓展提供强有力的支持，促进补给货物与设备的运输，从而能够迅速带动人类太空社会的经济发展。

气闸进出港是太空建筑对外联系的“门户”，一个太空建筑必须设计足够数量的各种大小的气闸舱，这些气闸舱好比是船闸，当运输机、航天飞机及运输舰入港通过气闸舱的时候，气压将从真空状态上升为高压状态，而离港的时候气压将从高压状态降回接近真空状态。为了方便人员进出太空进行维护等工作，在太空建筑的外表面还需要设置相应的小型气闸舱，使太空建筑的人员可以从太空建筑内部进入太空建筑的外部，进入太空中。

如果太空建筑位于地月系的拉格朗日点，太空建筑就能与地球和月球相对位置保持恒定，还可以修建太空电梯。阿瑟·克拉克（Arthur Clarke）在1978年出版的《天堂之泉》（*Fountains of Paradise*）中曾描写过太空电梯，人们可乘电梯去太空观光并运送货物。太空电梯主体是一条永久性连接太空建筑电梯舱和地球空间站的高强纳米合金钢缆，固定在钢缆上的太空电梯轿厢甚至是太空电梯列车可用于宇航员和物资运输，这样太空电梯可以昼夜不停地进行运输工作，大大降低游客和货物的运输费用，进一步提高人类开拓宇宙疆域效率。

5）太空建筑的人性化设计

太空建筑人类生活环境的设计应尽量贴近人类所习惯的陆地环境。人们想要在太空建筑中长久生活，不仅需要强壮的身体素质，更需要克服巨大的心理压力。建筑师需要设计出满足多种不同需求的空间方案，要进行合理的功能分区，不仅要营造出适宜人类在太空中长期生活，能够缓解在太空中承受的压力、孤寂感、恐惧感的人性化舒适环境，而且还要设计规划出适合人类长期在太空建筑中生活的空间尺度，使太空建筑更加舒适“宜居”。

NASA的太空舱设计方案是对于小型太空建筑空间尺度把握得当的例子。它将人的主要活动限定在一个直径约6m的圆形空间内，包括一层的工作区和医疗区以及二层的休闲区、讨论区都按照人体尺度进行了精确设计，并在设计中对各个区域进行了精细划分；此外，位于主要舱体左侧的气闸舱为直径2.6m的小圆形空间，而卫生空间则是主要舱体右侧的长为4m的矩形空间。由于舱体的空间较小，舱体内的家具尽可能被设计成多用途、可折叠式的，以保证空间利用的最大化。

总而言之，未来太空建筑的发展将会对建筑设计不断提出新的挑战，这也将为建筑学的进一步拓展、突破提供难得的新机遇。千百年以来，建筑学的全部知识都架构在重力与阳光存在的基础上。太空建筑的设计需要的不仅仅是建筑学的知识，更需要实实在在地考虑一些在极端空间环境中最基本的问题。比如，在失重的情况下，人只是飘浮在空中，墙壁、顶棚、地板这些概念都被消解了，人对空间的认知又恢复到最原初的状态，阳光的消失与变化扰乱了人们的方向感与时间感，建筑师将面对如何在这样的空间里体现出人性化关怀、如何更有效地利用空间等大量需要解决的问题。

2.4 未来介质空间建筑设计案例

2.4.1 未来海洋建筑设计案例

全球气候变暖是由于温室效应不断积累，导致地气系统吸收与辐射的能量不平衡，能量不断在地气系统累积，从而导致温度上升，造成全球气候变暖。全球变暖会使全球降水量重新分配、冰川和冻土消融、海平面上升等，不仅危害自然生态系统的平衡，还威胁人类的生存。18世纪中期至今，这个问题变得日趋严重，并呈指数爆炸的趋势上升，预计在不远的将来，冰川将会不断消融直至完全融化，海平面大幅度上升，陆地面积日趋缩小。日趋缩小的陆地面积已经无法满足不断上升的人类居住压力。对陆地的影响不仅限于被海水淹没的区域，还有海潮，潮风暴对未被浸没的陆地空间同样有极大影响，人类必须选择新的生活空间。

相比于移居深空、深地，移居深海对于现存温室效应及能源问题将会有较大的优势。在水中的生活方式将会利用到太阳能、地热能、海面的风能，以及广袤的海洋能源。海洋能源包括潮汐能、海流能、海水温差能、海水盐差能等。这些能源全部是100%的可再生清洁能源，也将会是人类今后的核心能源。从能源使用的根本来解决温室效应和全球变暖的问题，将会是最合理最有效的方式。“深蓝计划”（图2-1）即是基于上述理念设计的未来海洋建筑设计案例。

长期以来，世界各地深受地震、洪水、台风、暴雨暴雪等自然灾害的影响，自然灾害的频繁发生对人们的日常生活和生命安全都造成极其恶劣的影响。在灾后救援的过程中，需要迅速地转移灾民至安全避难点，又要对余震、塌陷、落石

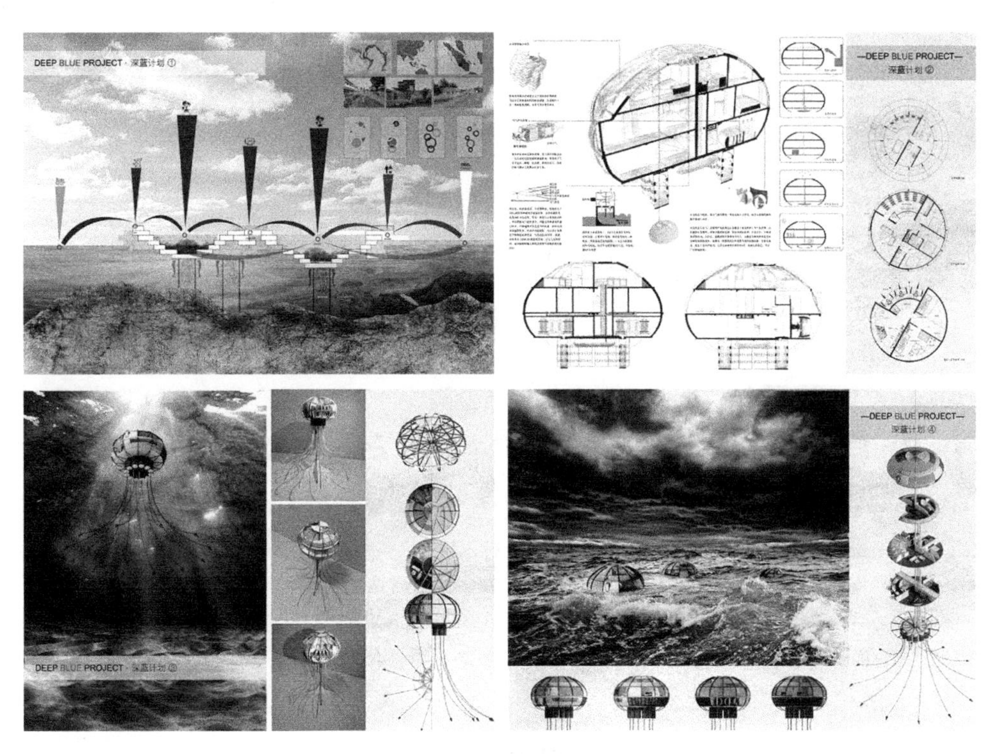

图2-1　深蓝计划

来源：王冰凝、刘莹、姚刚绘制

等会造成灾后二次伤害的情况进行防范，救援建筑时常需要面对恶劣的环境所以需要一定的安全保障，也需考虑使用的舒适性。未来海洋建筑和城市应考虑在灾难如海啸发生时，如何能快速有效地将被困人群转移至舱体空间内。舱体建筑所使用的建筑材料应具有强度高、性能强的优势，且空间密闭性较好，可在灾害中抵挡一定的伤害，安全转移灾民。“易行活城 瞬息浮生”（图2-2）和“Exduos or Reconquest”（图2-3）是近海区域的海洋建筑舱体组合设计模型，探讨了海洋空间成为未来居住、工作和生活的可能性。

2.4.2 未来地下空间建筑设计案例

面向未来，我们真正需要的并不是寻找下一个栖息地，而是保护好我们现存的地球。地下储存丰富的能源，在不久的将来有可能会为人类在地下生存和居住提供有利条件。地下空间具有适宜的温度、湿度环境，不受外界自然灾害的影响，但同时地下空间也缺少阳光的照射，人长时间处在这种阴暗的环境下容易得心理疾病。未来地下空间建筑设计案例“秋叶计划”（图2-4）利用地下稀有土壤资源制成超导材料，以地热能作为能源导线的能量供给来源，用能源导线将地面

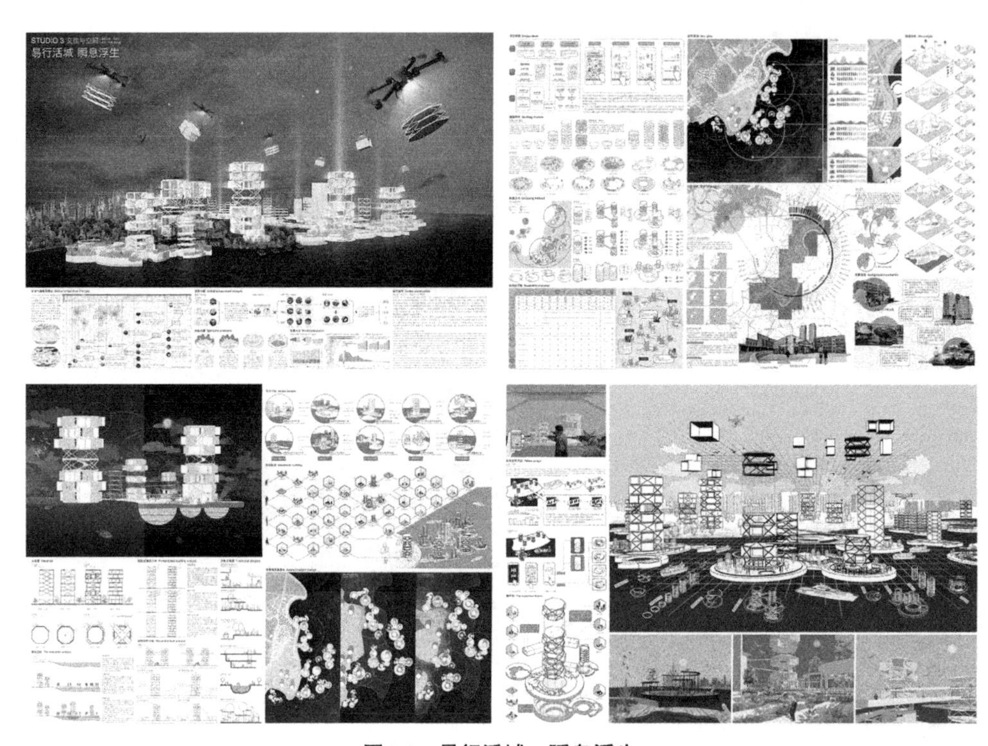

图2-2 易行活城 瞬息浮生

来源：陶涵瑜、印象、刘振宇绘制

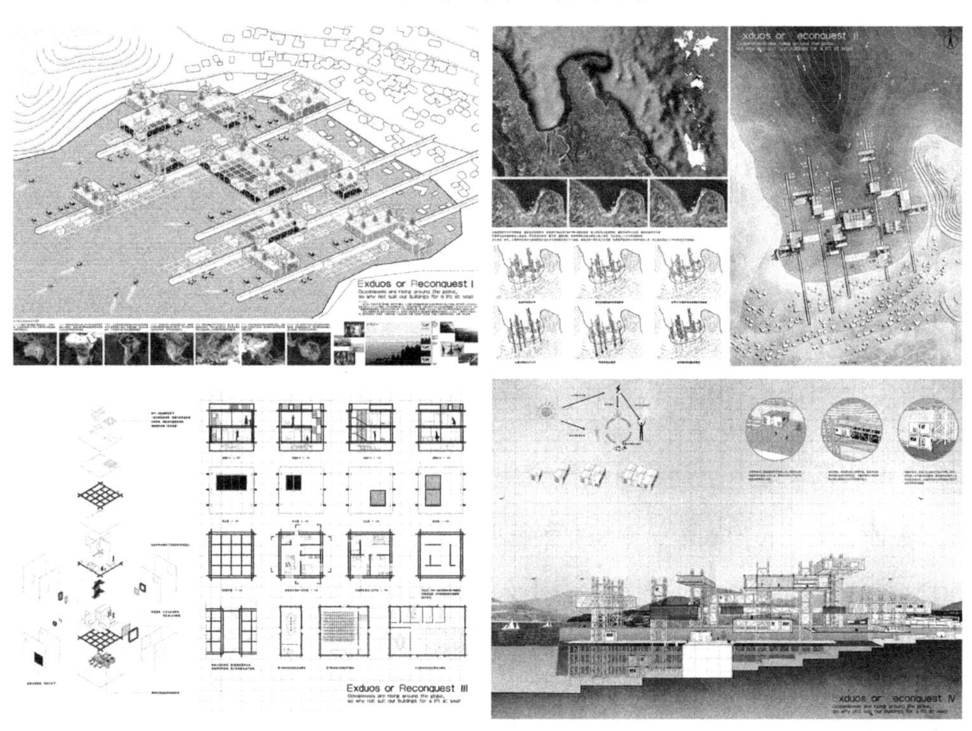

图2-3 Exduos or Reconquest

来源：李舒阳、李慧敏、孙良绘制

与地下连接，使用地面导线端部的光照收集器收集地面的太阳光，再通过导线传导到地下。于是，地下光照问题得到了解决，人类可以在地下感受到光照并且在地下种植植物及农作物。

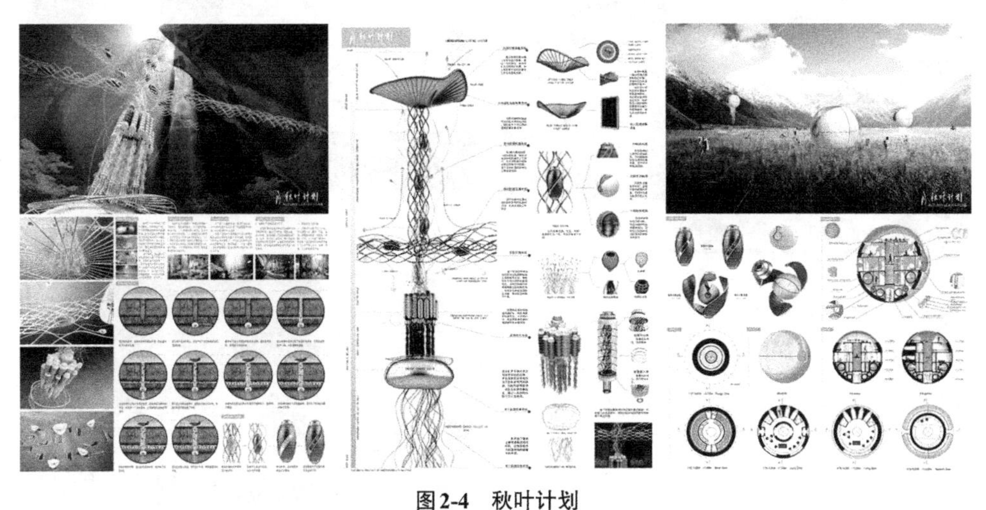

图2-4　秋叶计划

来源：魏志斌、侯冰清、姚刚绘制

能源导线在解决地下光照的同时，也为地下居住环境提供了交通及物流运输服务。3根能源导线便能维持一个舱体的稳定性，同时，这几根导线的螺旋绕动也为这个舱体提供了驱动力。因为舱体在不断运动，为了使内部满足人类居住，舱体内部利用磁悬浮作用放置了一个真正的居住舱体，居住舱体处于绝对稳定状态，不会随着外部舱体运动而扰动。因此，在上班或者郊游的途中，可以待在舱体里面喝杯咖啡。导线还具有物流运输的作用，当然包括清新的空气和需要处理的垃圾袋。推而广之，如何开发利用地下所蕴含的资源、能源和空间，并“反馈”我们数亿年来赖以生存的地球，也是未来建筑与城市面临的一个重要课题。

2.4.3 未来太空建筑设计案例

在太空探索中，建筑需为人们提供一个坚硬的外壳，抵挡太空碎片的撞击，抵御太空辐射，避免重力、压强、光线等因素的不利影响。同时，建筑要具有抵御严寒、适时转移的能力，保证探索过程连续、安全，不受计划外因素的影响。如果真的有一天，人类曾经赖以生存的地球家园不再适合继续居住，我们不得不提前为将来的生存场所进行全面详细的考虑。人类需要选择一个新的生存场所的话，火星和月球无疑是最合适的。“MONTOPIA”“月巢计划”“生物圈Ⅲ号”“火星熔岩管环境改造和综合设计”（图2-5～图2-8）是这方面的有益尝试。

图2-5　MONTOPIA

来源：孙艺、林佳敏、姚刚绘制

图2-6　月巢计划

来源：刘英杰、赵文学、姚刚绘制

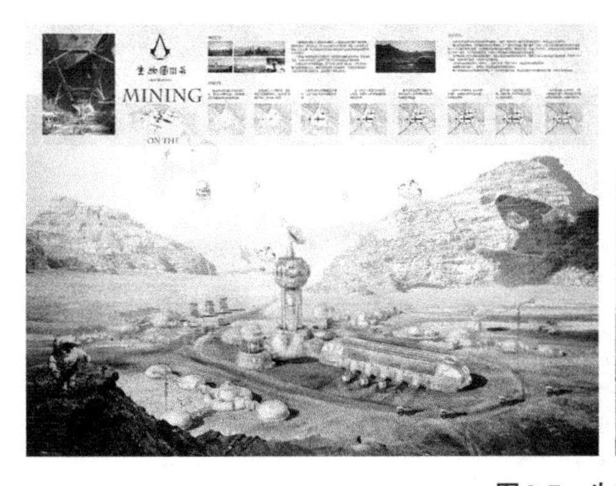

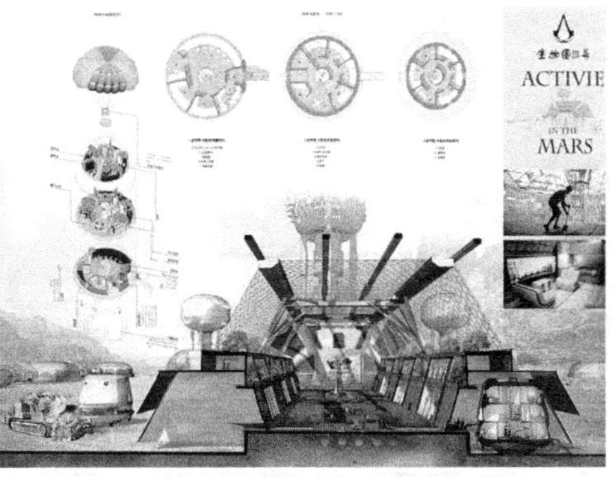

图2-7　生物圈Ⅲ号

来源：苏奕铭、路悦、井渌绘制

生物圈Ⅲ号（图2-7）参照地球上的基地概念，对舱体进行了总体布局与组合。方案利用聚光作用加热地下冰，形成中央生态系统的核心水源。围绕着人类生存必需的水资源展开基地建设，以分层功能圈的结合创造一个功能类型丰富的系统，供人类进行科学研究、作物种植、休闲活动以及基本居住。未来，还将随着人类一批批登陆火星，不断扩大建设规模，人口数量也将不断增加。未来火星城将具备用作教育、管理、科研、农业、博物馆、活动等类型的全面的功能场所，并进一步激励下一代太空探索者。整个基地系统的能源自产自循环，满足至少一周以上的自给自足。

火星熔岩管环境改造和综合设计（图2-8）对舱体进行了详细的研究和设计，材料多样化、环保化、可再生利用化，并且能够抵抗火星的极寒气候。舱体的分层系统设计使人类居住的安全性和舒适性得到了进一步的保障。方案建设了五大类功能舱：能源储备舱——储存生存必需的各类能源；居住舱 A——可供 1 ～ 3 人居住的小面积居住舱体；居住舱 B——可供 2 ～ 6 人居住的分隔式大面积居住舱体；科学研究舱——进行科学实验和研究交流；社交活动舱——休闲娱乐活动和成果展示。功能舱具有三种组合模式，同时，社交平台的搭接和底层共享平台的设计可极大地便利基地内人们的交流。舱体整体结构的抗压能力极强，每个单独模块均能抵抗外力侵袭。舱体设计多样化、环保集约化、模块化、可重拆重组装。舱体智能化、系统化，自适性运行管理，满足远程控制。同时，舱体室内环境与空气可以自营造更新。熔岩管内部的基地建设采用 3D 打印技术，可以实现快速营建，近年来 3D 打印技术得到了蓬勃发展，并逐渐在太空探索领域崭露头角。继为宇航员定制各种称手工具和零件之后，美国宇航局（NASA）尝试寻找通过 3D 打印火星营地的潜在创意。以此为灵感，方案也具备了一定的当下可行性。

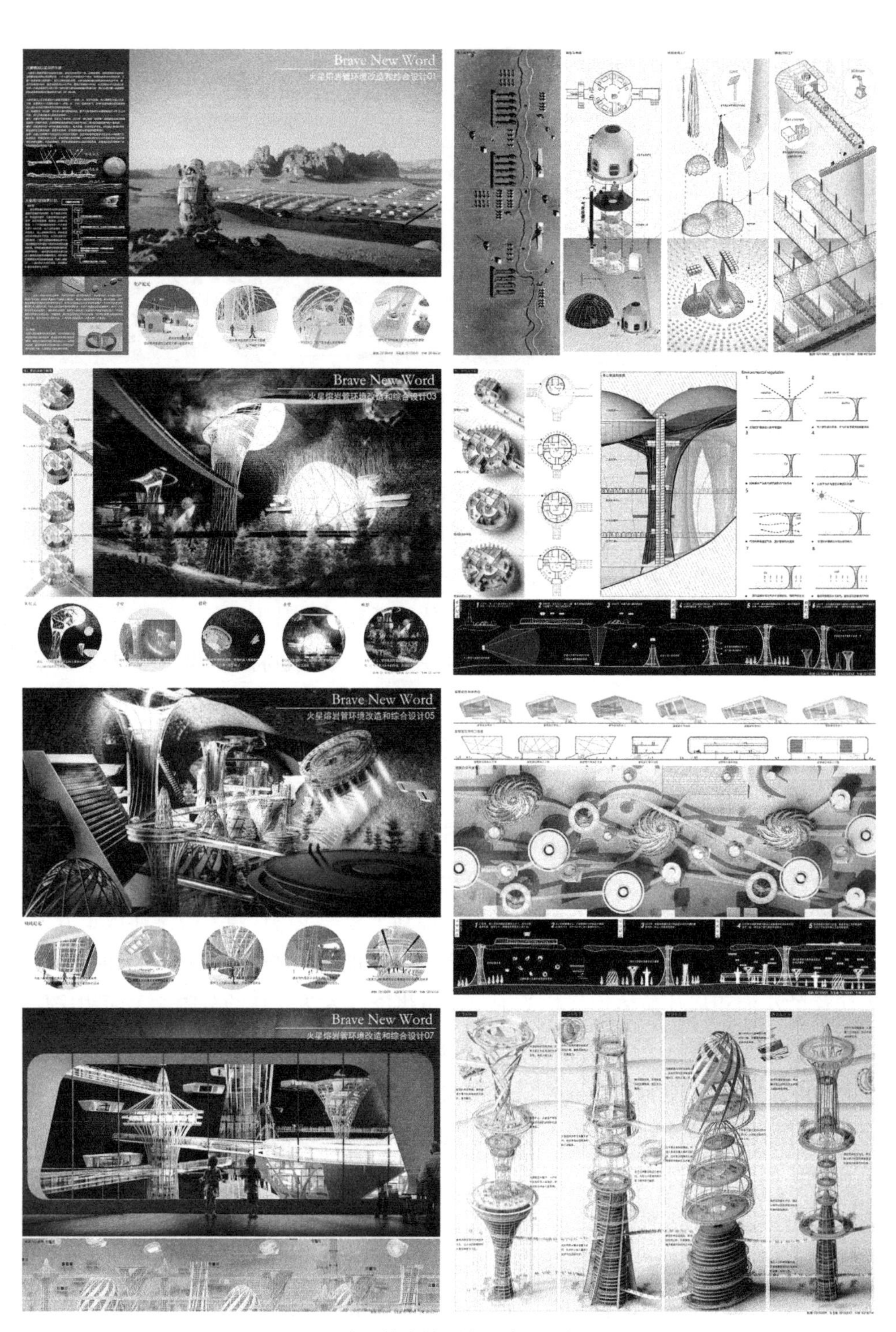

图2-8　火星熔岩管环境改造和综合设计

来源：陈楠、马圣新、牛峥、井淥绘制

2.5 月球建筑光环境宜居性设计范式及准则研究

2.5.1 月球建筑及其光环境概述

航天之父康斯坦丁·齐奥尔科夫斯基（Konstantin Tsiolkovski）说过地球是人类的摇篮，但人类不可能永远生活在摇篮中。孙家栋院士也指出当我们掌握了一定的航天技术以后，人类的探索必然要向深空发展，第一步肯定就是月球。人类在长期进化的过程中，从未停止对居住地的探索、发现和改造。月球是地球唯一的卫星，也是距离地球最近的天体，是人类探索宇宙的第一站。尽管目前载人航天和太空科技取得了长足的发展，但对于月球表面是否可以营造出可供人类中长期居住的适宜性建筑环境，还需要在空间科学与技术的基础上，对月球建筑适宜性设计的基础科学问题进行综合性和整体性的探索与研究。

月球环境中人类建筑很可能属于孟建民院士定义的“奇点建筑”，其设计范式和设计准则具有颠覆性，是地球环境下建筑设计概念和理论体系不能套用和解释的。本项目的研究目的在于探索月球上太阳光照条件的客观规律、人类生命保障和适宜性需求及其背后存在的科学依据，尝试总结出适用于月球建筑光环境适宜性设计的基础理论和范式，并在该理论和范式的基础上初步提出一套适用于月球建筑光环境设计的参考准则和通用模型，为人类在月球上长期生存乃至居住进行前瞻性研究。

从光环境的宜居性角度出发，得到月球建筑光环境设计原则及其与地球建筑光环境设计原则的差异，以居住者视角整理出月球与地球昼夜周期、大气层、主要天然光源、重力和季节变化等方面的差异，分析这些差异对于地球人类的光环境需求在月球建筑光环境设计的过程中会引起怎样的设计原则上的调整，是十分重要且必要的内容。

2.5.2 居住者视角下的地月环境差异

在居住者视角下影响建筑光环境设计的月球与地球主要差异如表2-1所示。

居住者视角下的地月差异　　表2-1

差异	地球	月球
昼夜周期	24h为一地球日，也就是地球的一昼夜	月球上的一昼夜是29.53个地球日
大气层	大气层厚度在1000km以上，主要由氮气、氧气、氩气、二氧化碳等构成，地球建筑气密性要求较低	大气极其稀薄，无法支持人类正常生存，月球建筑气密性要求极高

续表

差异	地球	月球
主要天然光源	地球上主要自然光源为太阳光直射和大气层对太阳光的散射	月球上主要自然光源为太阳直射和月壤对太阳光的反射
重力加速度	地球表面重力加速度为9.81m/s^2，限制了人活动的高度，从而决定了地球建筑的层高等特性	月球表面重力加速度约为地球的1/6，建筑中人的活动范围相对于地球上会有所变化，建筑内部空间也要做出调整
季节变化	地球黄赤交角约为23°26′，导致地球上有季节的变化，不同地区建筑要根据当地气候进行适应性设计	月球黄赤交角为1.54°，表面季节受月表形貌的影响较大，而非太阳。和地球气候适应性设计的设计背景不一样
昼夜温差	地球上的昼夜温差允许人类在大部分陆地建造建筑	理论上目前只能在月球极区等部分昼夜温差较小地区进行建筑选址

2.5.3 月球与地球建筑光环境设计原则差异

通过整理在居住者视角下月球与地球的差异，并分析这些差异对于地球人类的光环境需求在月球建筑光环境设计的过程中会引起怎样的设计原则上的调整，可得到月球建筑光环境设计原则及其与地球建筑光环境设计原则的差异。

1.昼夜周期不同引起的光环境设计原则上的差异

月球的朔望月为29.53个地球日，即月球上的一昼夜是29.53个地球日。人体的生理节律周期已经适应了地球上的昼夜变化规律，在月球建筑光环境设计中应首先考虑如何将光环境营造为适应人体节律的变化模式。

2.大气层不同引起的光环境设计原则上的差异

不同于地球上具有丰富的大气，月球表面的大气极其稀薄。地球上有太阳光直射和大气对太阳光的散射两种主要的天然采光来源，而月球由于其大气十分稀薄，没有大气对太阳光的散射。

3.主要天然光源不同引起的光环境设计原则上的差异

地球天空有大气对太阳光的散射，且地球的地表充满着植被或河流等自然景观，所以地表对太阳光的反射并不是地球建筑采光的主要来源；而经过漫长的撞击作用以及太阳风和宇宙射线的轰击，月球表面的风化层已经高度粉碎，充满月壤和岩石。由于月球表面没有大气对太阳光的散射，月壤对太阳光的反射是月球建筑采光的重要形式，由于月壤对太阳光的反射是由下向上的，光源方向的变化导致在设计如开窗等采光方式时需注意在形式上做出调整。

4.重力加速度不同引起的光环境设计原则上的差异

月球表面的重力加速度大约只有地球的1/6，重力的巨大差异导致了人在建筑中的活动范围会有所变化。活动空间的变化会导致月球建筑中需要照亮的界面与地球建筑有所差异。在月球建筑光环境设计中需注意照明重心的改变。

5. 季节变化不同引起的光环境设计原则上的差异

月球黄赤交角只有1.54°，其表面季节几乎不受太阳的影响而变化，月球上的季节主要由其地貌的特征来决定，在进行建筑光环境设计时应考虑其选址所在地区独特的季节变化来进行地域性的采光设计。

2.5.4 月球建筑光环境设计范式

从建筑设计的角度，以从宏观到微观的设计过程为主体脉络，总结可供参考的月球光环境设计范式。

1. 月球建筑的选址

确定建筑的选址并根据其所在地区太阳光条件的特点来开展设计，是整个月球建筑光环境设计过程中的首要任务。目前研究表明月球南极地区是人类月球基地选址优先考虑的对象。嫦娥四号的着陆点选在了月球南极的艾特肯盆地，美国也计划将月球南极的马利普特陨石坑和沙克尔顿陨石坑作为月球基地选址的候选地，这对月球建筑的选址也具有重要的参考意义。确定选址并得到该地区全面的太阳光照条件是月球建筑光环境设计的第一步。

2. 光源的选择

根据建筑所在地区的特性，应合理地选择建筑采光的光源。目前研究表明在建筑中充分利用太阳光对建筑内部人员的情绪调节、生理节律的调节以及工作效率有着正面的影响。根据月球的特点，在月球建筑光环境设计中太阳直射光、月壤反光和人工照明相结合是比较合理的光源选择模式。

3. 采光方式

基于已选择光源，合理地设计采光的方式是营造一个舒适的月球建筑光环境的必要条件。如果选择太阳直射光、月壤反光和人工照明相结合的照明方式，则需要保留采光窗这一地球建筑的采光构件形式。根据建筑所在地区的太阳光特点来合理地选择采光窗的朝向，并通过采光窗的技术处理来合理地运用自上而下的太阳直射光和自下而上的月壤反射光。通过对自然采光和人工照明的合理运用，营造出一个变化模式适应人类生理节律周期的建筑光环境。

4. 有害光的处理

月球表面的大气稀薄，与地球表面所接收的太阳光照条件有着很大的差异，月球表面收到的太阳光光谱与地球上有所不同，且常年受到太阳风和宇宙射线的轰击。在利用自然光的同时，首先要通过对采光窗透光材料的处理来阻拦太阳直射光光谱中有害的部分，其次要阻挡对人体有害的宇宙射线，最后要通过对窗的处理来平衡月壤反光方向上与人类生理及心理习惯模式的差异性。

参考文献

[1] 马克·库什纳. 未来建筑的100种可能[M]. 靳婷婷，译. 北京：中信出版社，2016.

[2] 阿斯提罗斯·阿格卡西迪斯. 建筑设计中的模块结构[M]. 唐强，孙鸣灿，译. 南昌：江西美术出版社，2015.

[3] 戴维·J，谢勒. 太空出舱[M]. 唐强，孙鸣灿，译. 北京：中国宇航出版社，2007.

[4] 任军. 未来建筑的历史[J]. 建筑师，2008(4)：9-28.

[5] 沈克宁. 城市建筑乌托邦[J]. 建筑师，2005(4)：5-17.

[6] 野城. 建筑时空：重构乌托邦[J]. 世界建筑导报，2017，32(1)：22.

[7] 于丹. 巴塞罗那首席规划师谈未来建筑[N]. 建筑时报，2018-02-05(7).

[8] 张宇星. 虚境：走向新建筑[J]. 新建筑，2018(1)：10-15.

[9] 张颀，许蓁，邹颖，等. 变与不变、共识与差异——面向未来的建筑教育[J]. 时代建筑，2017(3)：72-73.

[10] 王翔. 充气展开太空舱的发展历程[J]. 太空探索，2016(8)：24-27.

[11] ROMAN M C，KIM T，PRATER T J，et al. Nasa centennial challenge：3d-printed habitat[C]//AIAA Space & Astronautics Forum & Exposition，2017.

[12] KENNEDY K，TOUPS L. Constellation architecture team-lunar habitation concepts[C]//AIAA Space Conference & Exposition，2013.

[13] 付剑豪，叶雨辰，陈昊. 太空极端条件下的人性化建筑营造——以火星建筑为例[J]. 建筑与文化，2018，177(12)：159-162.

[14] 李景明，关志业. 太空建筑的人居环境探索[J]. 山西建筑，2016，42(3)：21-22.

[15] 李景明. 太空建筑的选址与结构探索[J]. 山西建筑，2015，41(35)：6-7.

[16] 徐娅，张鸽娟，郝祥. 移民火星的建筑设计探索[J]. 建筑技术，2018，49(8)：854-857.

[17] 韩林飞，李翠. 宇航事业与建筑师——先知先觉者创新的悠悠历程[J]. 世界建筑，2012(1)：119-123.

[18] 朱恩涌，果琳丽，陈冲. 有人月球基地构建方案设想[J]. 航天返回与遥感，2013，34(5)：1-6.

[19] 李志杰，果琳丽，梁鲁，等. 有人月球基地构型及构建过程的设想[J]. 航天器工程，2015，24(5)：23-30.

[20] 邓连印，郭继峰，崔乃刚. 月球基地工程研究进展及展望[J]. 导弹与航天运载技术，2009(2)：25-30.

[21] 韩林飞，郑丽娜. 第三代建筑师的宇宙定居梦想——伊戈尔·科兹洛夫月球定居构想20年[J]. 世界建筑，2012(3)：114-117.

[22] 韩林飞，兰棋. 极端条件下的建筑设计研究[J]. 华中建筑，2013，31(11)：47-51.

[23] 韩林飞，刘航. 建筑学在人造卫星上的应用——第二代宇航建筑师G·A·巴拉绍娃的

贡献[J]. 世界建筑，2012(2)：102-107.
[24] 黄佑凤. 绿色智能建筑对建筑学的设计要求运用[J]. 智能城市，2019，5(14)：74-75.
[25] 周建平. 我国空间站工程总体构想[J]. 载人航天，2013，19(2)：1-10.
[26] 罗伯特·祖布林，理查德·瓦格纳. 赶往火星：红色星球定居计划[M]. 阳曦，徐蕴芸，译. 北京：科学出版社，2012.
[27] 韩林飞，兰棋. 建筑与太空[M]. 北京：中国电力出版社，2016.
[28] 吴沅. 火星：人类的第二故乡[M]. 上海：上海科学技术文献出版社，2017.
[29] 王建军. 关于船舶舱室空气净化策略的思考[J]. 船海工程，2010，39(6)：108-110.
[30] 杨奕沉，戴菁. 散货船机舱通风空气净化系统[J]. 船舶，2002(5)：43-44.
[31] 夏杰，刘斌，杨明坤. 海洋船舶有机硅低表面能防污涂料的研究进展[J]. 材料导报，2018，32(S2)：326-328，340.
[32] 施弘，钟华亮. 喷涂硬泡聚氨酯在建筑节能中的应用[J]. 上海建材，2012(3)：18-20.
[33] 王伟定，梁君，毕远新，等. 浙江省海洋牧场建设现状与展望[J]. 浙江海洋学院学报(自然科学版)，2016(3).
[34] 李立昆. 住宅节能新“利器”聚氨酯硬泡体防水保温一体化材料[J]. 住宅产业，2007(11)：89-91.
[35] 菅原辽，畔柳昭雄. 日本城市河流亲水空间营造动向——水畔社会实验[C]. 水生态安全——2015(第十届)水务高峰论坛，2015.
[36] 谢琦，段斌，马德志，等. 海洋建筑结构用双相不锈钢钢筋2205焊接工艺与点蚀电位的相关性研究[J]. 焊接技术，2018，47(6)：52-54.
[37] 白辰，朱文霜，王瑶. 海上建筑设计——以海洋博物馆为例[J]. 科技创新与生产力，2019(4)：30-32.
[38] 陈正鹏，钱思宇，刘亚楠. 软着底式海上建筑设计探索[J]. 江苏建筑，2018(1)：11-12，16.
[39] 赵捷竹，白璐璐. 我国城市地下物流系统发展构想[J]. 合作经济与科技，2019，604(5)：40-41.
[40] 赵旭，秦宇豪，朱祉彧，等. 基于地下物流系统的管道及车辆的分析与方案设计[J]. 时代汽车，2019(8)：6-7.
[41] 李姗姗，刘延君，秦宇豪，等. 基于地下管道物流运输的轨道线网规划与线路设计研究[J]. 中国管理信息化，2019，22(14)：92-93.
[42] 顾海东. 地下物流运输多面手——Normet Multimec多功能服务车系统探秘[J]. 专用汽车，2015(10)：85-89.
[43] 徐国峰. 城市地下物流系统构架研究[D]. 武汉：华中科技大学，2012.
[44] 曲淑玲. 日本地下空间的利用对我国地铁建设的启示[J]. 都市快轨交通，2008，21(5)：13-16.
[45] 贾建伟，彭芳乐. 日本大深度地下空间利用状况及对我国的启示[J]. 地下空间与工程

学报，2012，8（S1）：1339-1343.
[46] 郝聪勇. 中国城市地下空间开发与利用[D]. 北京：对外经济贸易大学，2007.
[47] 童林旭. 中国城市地下空间的发展道路[J]. 地下空间与工程学报，2005，1（1）：1-6.
[48] 魏记承. 城市地下空间规划与设计[J]. 科协论坛（下半月），2010（7）：95.
[49] NASA. National space exploration campaign report[R]. 2018.
[50] 孟建民. 论“奇点建筑”[J]. 南方建筑，2011（1）：4.
[51] 吴伟仁. 奔向月球[M]. 北京：中国宇航出版社，2007.
[52] 中国国家航天局. 2016中国的航天白皮书[R]. 2016.
[53] ESA. The European Space Exploration Programme Aurora[R]. 2006.
[54] WILHELMS，CURBACH M. Review of possible mineral materials and production techniques for a building material on the moon[J]. Structural Concrete，2014，15（3）：419-428.
[55] Foster+Partners，ESA. Lunar habitation[EB/OL]. 2012. https：//www. fosterandpartners. com/projects/lunar-habitation/.
[56] 哈尔滨工业大学. 国际空间建筑设计竞赛Moontopia月亮乌托邦：建筑师提出9个住在月球上的实施方案[EB/OL]. 2018. http：//space. hit. edu. cn/xuejun/post/807.html.
[57] 加里·戈登. 室内照明设计[M]. 第5版，北京：清华大学出版社，2018.
[58] 盖里·斯蒂芬. 建筑照明设计[M]. 第2版，北京：机械工业出版社，2009.
[59] 庞蕴繁. 视觉与照明[M]. 第2版，北京：中国铁道出版社，2018.
[60] 程维明. 月球形貌科学概论[M]. 北京：地质出版社，2016.
[61] 中国科学院月球与深空探测总体部. 月球与深空探测[M]. 广州：广东科技出版社，2014.
[62] 周建亮，吴风雷，高薇. 月面遥操作技术[M]. 北京：国防工业出版社，2017.
[63] 欧阳自远，刘建忠. 月球形成演化与月球地质图编研[J]. 地学前缘，2014，21（6）：1-6.
[64] 郑永春，欧阳自远，王世杰，等. 月壤的物理和机械性质[J]. 矿物岩石，2004，24（4）：14-19.
[65] 焦维新. 月球文化与月球探测[M]. 北京：知识产权出版社，2013.
[66] WEBB AR. Considerations for lighting in the built environment：non-visual effects of light[J]. Energy and Buildings，2006，38（7）：721-727.

第3章　未来人居

3.1 未来人居生活模式

3.1.1 人居的"内容"与"容器"

关于人居（Human Settlement）的释义先后有两位学者给出过不同的总结。人类聚落学（Ekistics）的开创者希腊学者道萨迪亚斯（C. A. Doxiadis）在其一系列著作中对此有过多次宽泛的描述，归纳之后可以总结为三点，其一，人居是地球上可供人类生活而可以使用的、所有形式的有形实体环境；其二，人居不仅包括人造实体，也包括了周遭的自然环境；其三，人居不仅包括了人类单体的行为，也包括了所构成的社会活动。以上三点可以看出对于道萨迪亚斯而言，任何有人生活居住的地方都属于人居的概念范畴。在这一范畴内道萨迪亚斯又将其解构为"内容"与"容器"两部分，人与自然要素构成人居的内容，社会、建筑与支撑网络要素构成人居的容器。此种分类的目的是在人居范畴内确定了有形与无形要素的共同存在与相互关联。

在道萨迪亚斯开创性工作的基础上对于人居科学做出重要拓展的是我国学者吴良镛教授，其将人居的定位分解为狭义与广义两层范畴。狭义上，"人居是指包括乡村、集镇、城市、区域等在内的所有人类聚落及其环境……包括自然、社会、人、居住和支撑网络五个要素"；广义上，"人居是人类为了自身的生活而利用或营建的任何类型的场所，只要是人类生活的地方，就有人居"。在延续道萨迪亚斯对于人居系统构成的分类基础上，吴良镛教授进一步明确了人类要素在人居科学中的引导性作用，人居"内容"应与"容器"保持良性互动，这为本次研究提供了文脉基础。

3.1.2 未来人居的新"内容"

"未来"本身是一个模糊而又相对的时间概念，在语义学上泛指相较于"现在”时间点之后尚未到来的时段，所以不同时代对于未来的坐标和范围都存在相对差异。在本次研究中所指“未来”具体限定于当前社会正面临的互联网信息化升级的探索阶段，即由20世纪90年代至今并仍在发展的涉及社会全行业信息化革命的时间范围（图3-1）。

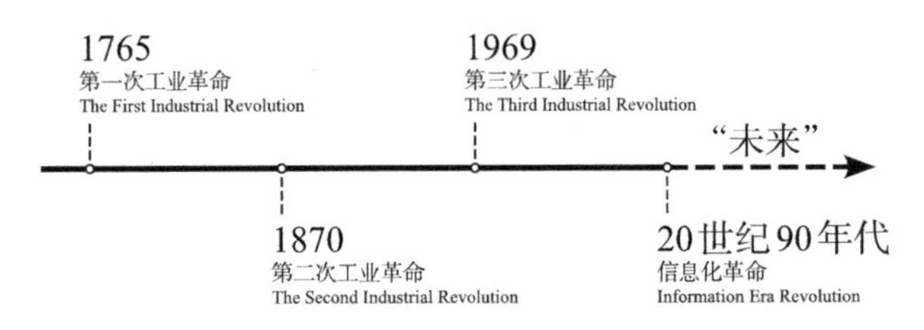

图3-1　对于“未来”基本时间限定

人居生活模式是指在特定历史时期具有代表性的人居行为模式，即人居需求和人居技术的耦合形态。在道萨迪亚斯对于人类聚落学的分类中属于人居“内容”中的“人类”要素范畴。在内容上本次未来人居生活模式研究希望揭示的正是在前述这一时间段内由于信息化加持而产生的人居生活模式层面的演化和嬗变。

1.历史嬗变中的人居生活模式

若要考察“未来”阶段的人居生活模式，逻辑起点便是确立人居生活模式的演化分期和模式转换问题，因为只有借助纵向认知才能建立具有前后关联意义的时间线索从而对未来赋予意义。对历史中人居演化历程进行经验式的整理归纳之后可以看出，以基本聚落形态和社会生产方式为参照，人居生活模式的演化存在4种基本模式的分类区间，即采集狩猎时期、农耕时期、现代工业时期和信息时代。不同时代的人居模型在人居生产生活方式、与自然的关联方式等方面存在显著的模式演化进程，通过对相关特征进行拆解可以初步生成一套人居生活模式演化的参考坐标系（图3-2）。

1）采集狩猎时期：第一自然

采集狩猎时期（旧石器时代）是人类文明蒙昧初开，人居生活模式初见端倪的阶段。这一时期的人居模式体现出的基本模式是以被动群居为基本特征，聚落与自然环境高度融合，同时抵御自然威胁能力较差，聚落选址具有流动性与临时性（图3-3）。

2）农耕时期：第二自然

农业革命之后由于生产方式的转变直接造成了人居生活模式的模式演化。农耕活动使人居行为有条件摆脱逐水草游徙的不稳定态，在依然高度依赖自然条件的同时对自然威胁的抵御能力增强，聚落的主要威胁开始从聚落与自然转向聚落

		采集狩猎时期	农耕时期	工业时期	信息时代
范式内涵	主体	自然聚落	农业城市 乡村部落	现代城市 现代乡村	信息城市 信息乡村 新型空间
	本体	自然	第二自然	自然的对立面	虚拟/真实自然
影响因素	构成	地域性自然条件	地域性自然条件 文化因素	地域性自然条件 文化因素 效率因素	地域性自然条件 文化因素 效率因素 虚拟维度
	限制	自然资源条件	速度：人行、畜行	速度：车行	速度：车行/5G
主要聚落类型		临时性聚落 季节性聚落	半永久性聚落 永久性聚落	区域性聚落	时效性 感知性
人居行为时间		日出/日落	日出/日落 四季	1/3工作 1/3休闲+交通 1/3休息	2/3工作、休闲、学习…… 1/3休息
人居技术特征		原生化 无组织化	地域化 自组织化	大众化 标准化	个性化 定制化
人居生活模式分期		采集狩猎时期 Hunting Age	农耕时期 Farming Age	工业时期 Industrial Age	信息时代 Informatization Era
时间轴		约公元前25万年～前1万年	约公元前1万年～20世纪60年代	20世纪60～90年代	20世纪90年代～

图3-2　人居生活模式参考系

采集狩猎时期人居生活模式：第一自然 As a Nature

图3-3　部分采集狩猎时期人居生活模式

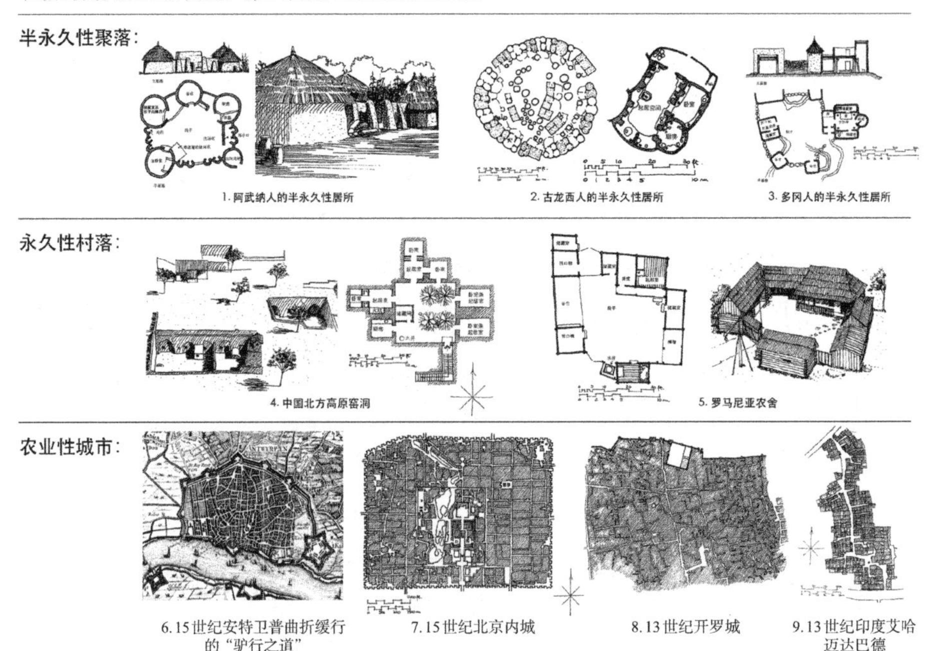

图3-4　部分农耕时期人居生活模式

之间。此时由于利用自然与改造自然能力的增强，为人居生活模式的分化创造了物质条件，稳定的环境催生了农业村落与农业城市的出现（图3-4）。

3）工业时期：自然的对立

在前两阶段的物质和文化基础上，工业革命最重要的影响是在人居生活模式中叠加了效率因素，并成为驱动既有人居环境升级改造的核心因素。人居活动与自然环境的矛盾性开始凸显，人居生活模式对自然的依赖度明显降低。工业化催生的大众性开始削弱地域性对人居生活模式的塑造力（图3-5）。

4）信息时代：虚拟/真实的自然

时至当前阶段，信息化对于人居生活模式的影响尚未充分展现，但也已经初见端倪。在未来可预见范围内，城市将会继续承担人居环境发展的主导形式，信息化催生的虚拟空间有望成为未来人居生活模式中新的行为维度，在新增的“可持续性”因素的引导下对一系列新型人居空间的探索已然进入研究视野之中（图3-6）。

2. 可持续性：未来人居需求的新增关注

在探讨人类人居需求时常常被提及的是由美国心理学家家亚伯拉罕·马斯洛（Abraham Maslow）于1943年在《心理学评论》（*Psychological Review*）杂志发表的论文《人类动机的理论》（*A Theory of Human Motivation*）中提出的人类需求分

现代工业时期人居生活模式：自然的对立面 Opposite of Nature

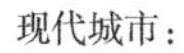

现代城市：

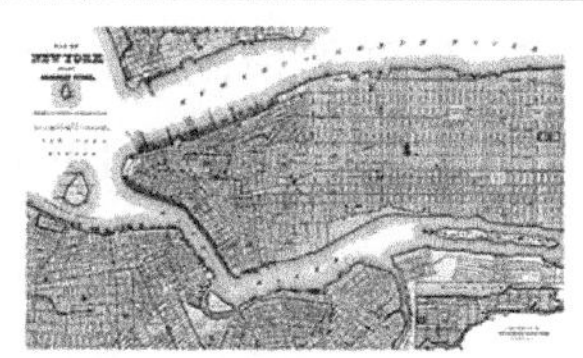

1.19世纪纽约城市布局　2.19世纪受效率驱动纽约城市布局　3.19世纪巴塞罗那城区规划

人居形式：

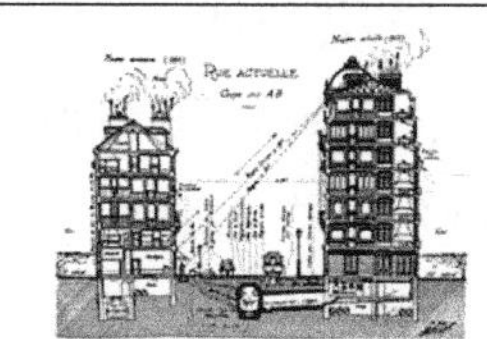

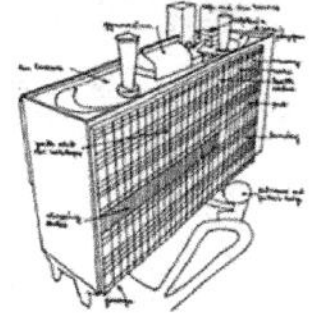

4.19世纪纽约巴黎人街公寓剖面图　5.1894年，K.C.吉列设计的乌托邦住宅方案　6.法国马赛Unite d'Habitation公寓楼

扩张与应对扩张：

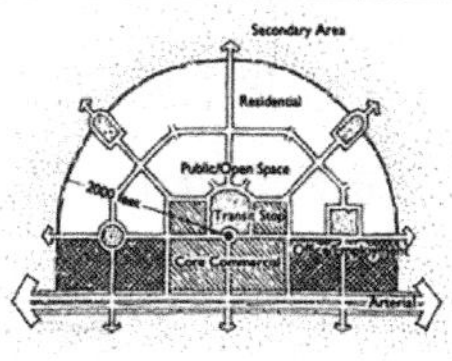

7.20世纪洛杉矶的城市扩张　8.佛罗里达Beachside·新城市主义开端　9.公共交通导向开发模式（TOD）

图3-5　部分现代工业时期人居生活模式

互联网信息时代人居生活模式：虚拟/真实自然 Visual / Real Nature

时效性：

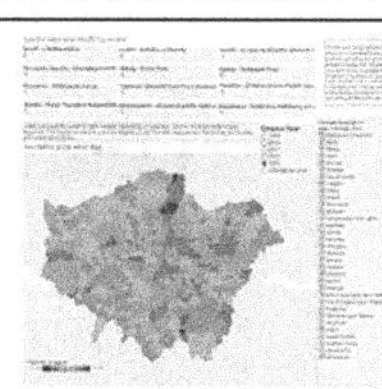

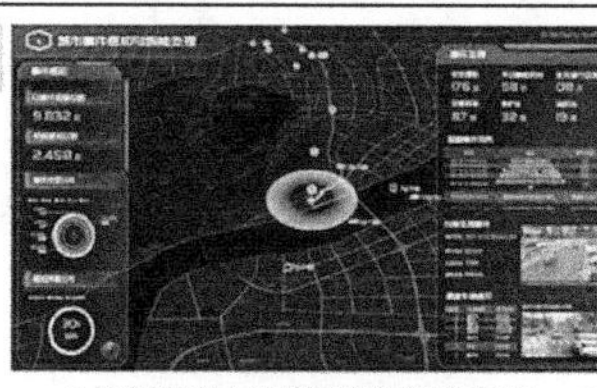

1.伦敦London Datastore项目　2.杭州城市大脑实时交通调控系统　3.立足于共享单车系统的厦门空中单车道

感知性：

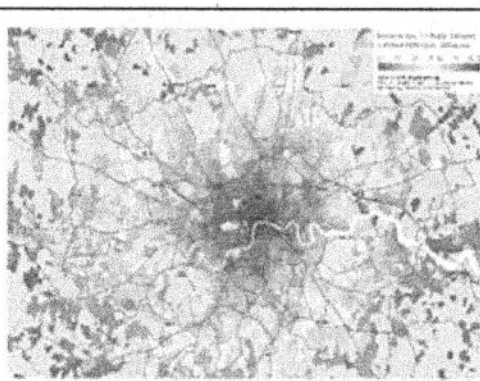

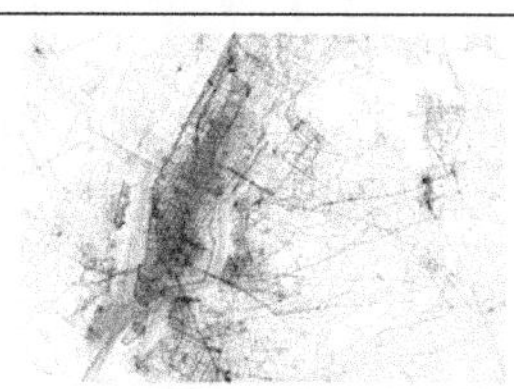

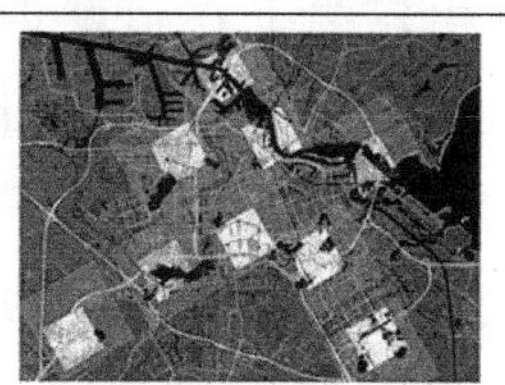

4.2016年伦敦城市交通效率分布可视化分析　5.2019年纽约本地与外来人流可视化分析　6.2050阿姆斯特丹"倾听变化——城市的眼睛和耳朵"

新型空间：

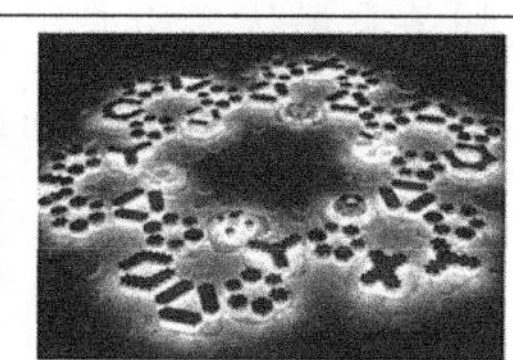

7.2008年迪拜人工岛——杰贝阿里棕榈岛　8.2018年OPEN建筑事务所——火星生活舱　9.2019年BIG建筑事务&联合国人居署——漂浮·模块城市

图3-6　部分互联网信息时代人居生活模式

级理论（图3-7）。他将人类需求和行为动机划分为5个递进的层级，每一个层级发生的前提都是前一个层级的需求被满足，需求发展的最高形态则是第五层级的“自我实现”（Self-actualization）。马斯洛这套需求层级理论在1954年随其著作《动机与人格》（*Motivation and Personality*）出版之后开始在大众文化领域广为流传，却未曾引起学术界的广泛认可。

这套理论的问题首先在于其研究对象的取样不具备普遍性。马斯洛在研究时选取的对象是诸如阿尔伯特·爱因斯坦、简·亚当斯、埃莉诺·罗斯福、弗雷德里克·道格拉斯等，即人群中前1%的精英分子。这样的样本选取显然与人群的正态分布相去甚远。其次是马斯洛提出的递进式的层级机制并不能很好地适应不同地域与社会存在的文化差异，被心理学家霍夫斯塔德（Geert Hofstede）批评为存在种族中心化的倾向。与此同时这种逐层递进的分层结构也无法完整描述不同需求之间复杂的相互关系。

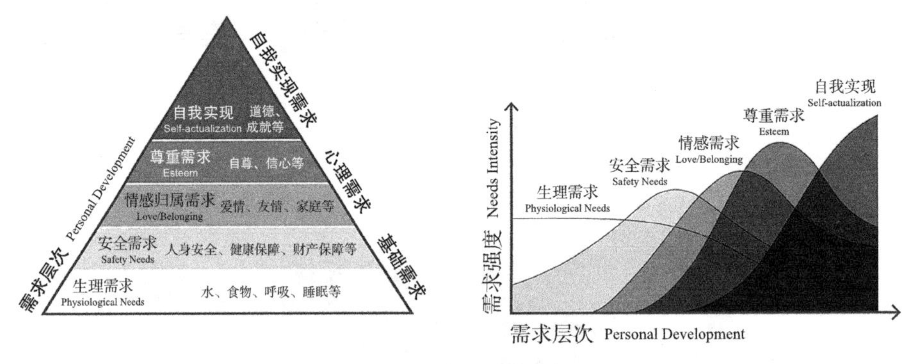

图3-7　马斯洛需求层级

相较之下在道萨迪亚斯的人类聚落理论（Athropopolis，City for Human Development）中，其中重要的论点之一是人通过聚居创造安定生活并克服生存困难从而形成具体的人居表现形式，也即从彼此矛盾和相互制约的角度理解人居需求与人居环境的动态关系。在这一理论下他将人居需求总结为五点原则，即“交往机会最大化、联系费用（能源、时间和花费）最省、安全性最优、人与其他要素间关系最优，以及前四项原则组成的体系最优”。在这五点原则当中需求与条件形成动态权衡与制约，并最终得到一种平衡态也即人居生活模式的范式呈现（图3-8）。

时至当下，由于现代工业时期城市规模急速扩张而产生的效率降低以及由此造成的环境压力，使得诸如“精明增长”（Smart Growth）之类的可持续性发展（Sustainability）议题成为人居需求中新增的关注点。1987年在由布伦特兰夫人（Gro Harlem Brundtland）担任主席的世界环境与发展委员会（WCED）发表的《我

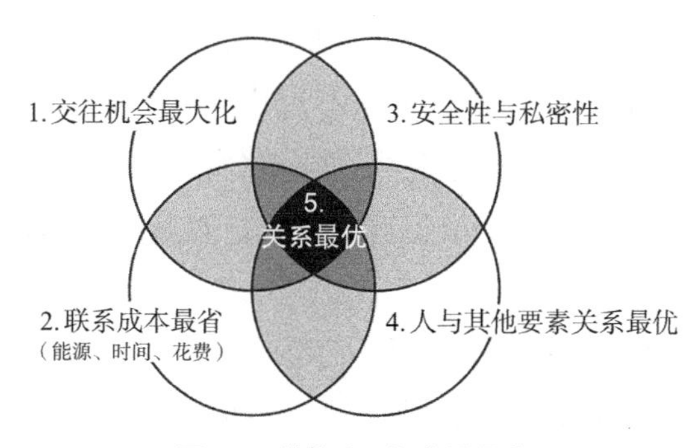

图3-8　道萨迪亚斯人居需求

们共同的未来》(*Our Common Future*)报告当中，第一次正式为可持续发展的概念做了系统性阐述，也是首次提出了针对现代工业文明之后人居建设的行动纲领。在2009年联合国人居署(UN Human Settlements Program)发表的《规划可持续的城市：人居环境权报告2009》中将21世纪最为棘手的人居挑战归纳为“城市环境的无序扩张和盲目开发”。2018年联合国人居署继续针对这一问题发布了名为《可持续发展目标11综合报告》，概述了国际社会针对可持续问题的及时关注和相关进展。

于此背景下，重新审视当前各类新型人居空间的构想和探索活动后不难发现，在道萨迪亚斯于现代主义时期得出的五点归纳的基础上，可持续性理念已然成为现阶段具有时代性的新增人居需求，与原有的各类人居需求共同构成了一套新的平衡体系。

3.2 城村混合地带的空间活力提升

3.2.1 背景

城中村是中国城市化进程的独特现象，且展示强大的空间活力，吸引了学界的目光。但目前的研究只限于公共管理政策，缺少对城中村及周边地区的空间型构研究，尚未从形态学层面对空间型构与空间活力的关系进行梳理，以解析城村混合地带的活力成因。自2016年后，中国逐步尝试街区的去封闭化，城村混合地带因为自身空间特征成为未来向开放街区转型的典型代表。有必要梳理城村混合地带的街区形态特征，为更新设计提供依据。

中国存量环境下的城市更新面临着小区去封闭化的过程，城中村以特殊形态展示开放性特征，城村混合地带在步行范围内呈现开放式街区特征。中国大多数城市的城市化进程伴随着城市包围乡村的发展。北京、上海、深圳、西安等地存在大量城中村，城市更新经历了从拆除整治到保留式更新的模式。随万科集团的“万村计划”改造，中国许多城市的城中村及周边地区的环境品质得到提升。本研究认为，城村混合地带是中国典型的城市特色，它目前不仅展现出异常显著的空间活力，且呈现开放街区的特征，对其周边的社区生活圈产生辐射效应。

空间活力与城市形态存在显著联系。存量时代下的城市更新，是基于城市多种拼贴式现状结构的活力激发行为。形成于不同时间阶段的地块形态构成了城市空间特征，限制或促进城市空间活力的发挥。街区空间形态的组构方式对空间活力的密度分布造成直接影响。有必要研究街区活力分布与街区型构的关系，从空间可达性、街区地块形态特征、功能混合度三个方面，解析深圳市城村混合地带的街区现状及其型构特点，通过研究街区型构和沿街小商业的密度分布规律，制定提升城村混合地带空间活力的策略。

3.2.2 相关概念

1. 空间活力与城市形态

空间活力是衡量城市经济的重要指标，发生在街区之中，且受约束于街区形态。丹麦城市设计学家扬·盖尔（1996）认为，公共空间活力是一种普适的社会生活的活力，与空间交往、通行人流量和非必要选择的停留活动有关。叶宇（2016）认为，沿街小商业（small catering business）能够用来描述空间生命力。封晨、王浩锋（2016）等利用沿街小商业分布分析城市中心区的结构演变。由此看来，沿街小商业的密度分布可以作为描述空间活力分布的重要指标。

在空间活力层面，目前学界主要采用土地利用的功能混合度MIX（Mixed-use Index）、PoI（Point of Interest）数量、手机信令三种手段对空间活力进行量化分析。手机信令主要是以基站为单位计算的，无法对几公顷面积地块的手机信令数量进行准确统计。城村混合地段的现状形态比较复杂。在更新过程中，城中村虽然有社区门禁，但多数时间完全开放，底层商业体有向城市开放的公共属性。加之在深圳近十年的城市建设中，出现真正意义的开放街区，使得城村混合地带呈现传统型、开放型以及城中村向开放街区转型的等多种街区形态并存的现象。

城市形态与空间使用具有二象性。为对街区形态、路网结构划分进行分析，将街区形态划分为若干地块——“面”，将路网结构划分为若干段——“线”。与其对应，本项目采用了商业网点PoI密度作为描述空间活力的指标。PoI地块点密度[地块内商业网点的总数 ÷ 地块面积（个/hm^2）]用于描述每个街区地块内的空间活力——“面密度”。PoI沿街线密度[沿街商业网点的总数 ÷ 沿街长度

（个/km）]用于描述街道上的空间活力“线密度”。

2.开放式街区特征

法国建筑师克里斯蒂安·德·鲍赞巴克（Christian de Portzamparc）提出“开放式街区”概念，主张在保持传统的“区块——街区——建筑”结构形态基础上，把原有的街区封闭性打开，增加与城市的交流渗透。中国现代居住社区经历了封闭式传统居住街坊、开放式住区两个阶段。传统居住街坊兴起于20世纪50年代，受邻里单位理论和苏联式街坊影响，其服务配套设施只服务于本居住区居民。开放式住区受到20世纪90年代的新城市主义理论影响，新城市主义者认为街区不是一个简单的由城市道路所围合区域，而是一个开放的、综合的、组织多样城市活动的生活场所。开放式街区构成了城市的基本单位。新城市主义者强调：①街区是城市的基本组成单位；②倡导土地混合利用；③注重街区的空间活力和良好的步行环境；④提倡网格化道路结合公共交通发展。

3.2.3 研究框架

本书研究框架如图3-9所示。

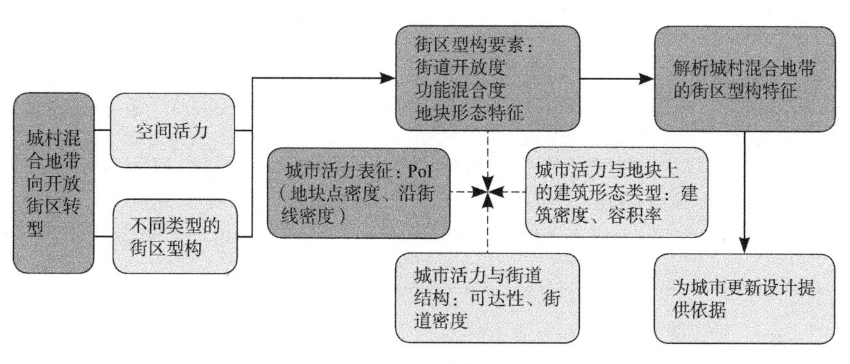

图3-9 研究框架

确定了空间活力的描述指标后，对城村混合地带的街区型构进行城市形态学分析。城村混合地带的空间形态复杂，街道开放度与城市的小商业布局、数量相关，而功能混合度决定了10min步行生活圈的功能定位。因此将街道开放度、地块形态特征和功能混合度作为街区型构（Configuration）三要素。首先利用高德地图API端口，获取PoI数据信息，进行商业网点密度的数据处理，将其作为空间活力指征。之后分别从街道开放度、地块形态、功能混合度三方面，确定城村混合地带的街区型构的具体形态指标。然后选取深圳三个空间活力较高的城村混合地带案例，进行街区形态数据采集与分析，由此展开空间活力密度分布与街道开放度、地块形态、功能混合度的相关性数据分析。最后，基于对空间活力与街区型构要素的多元回归，总结对空间活力起到重要影响的街区型构要素，总结提升10min生活圈的街区空间活力的更新策略。

3.2.4 街区型构三要素

街区型构包括街区开放度、地块形态、混合功能三部分内容。利用街区开放度，研究街道路网的组织方式；利用地块形态，研究各地块新村的形态特征；利用混合功能，研究城村混合地带的功能混合性。由此建立街区型构与空间活力分布的量化关系。

1.街区开放度

1）道路网密度

道路网密度是评价城市道路网是否合理的基本指标之一。它指在一定区域内，道路网的总里程与该区域面积的比值，用km/km^{2}来表示。在本研究中，将道路网密度从规划领域指标延伸到步行街区尺度，用来作为描述街区开放度的数值（表3-1）。

道路网密度分析　　表3-1

案例	占地面积（km^2）	道路类型									
		全部道路		交通型主干道（包含快速道）		交通型次干道		生活型次干道		生活型支路	
		长度（km）	路网密度（km/km^2）	长度（km）	路网密度（km/km^2）	长度（km）	路网密度（km/km^2）	长度（km）	路网密度（km/km^2）	长度（km）	路网密度（km/km^2）
南头古城区域	2.3	41.20	17.91	6.33	2.75	1.95	0.85	2.20	0.96	30.72	13.36
桂庙新村区域	2.63	56.57	21.51	7.30	2.78	0.63	0.24	3.98	1.51	30.56	11.62
水围村区域	2.51	34.38	13.7	6.03	2.4	3.04	1.21	2.73	1.09	22.58	9.0

注：道路网密度=总长度/区域面积（km/km^2）。

来源：作者自绘

深圳市为多组团的道路结构，其道路网密度位于全国特大城市和大城市路网密度之首。三个案例的城村混合地带的主干道路网密度2.4～2.8km/km^2，次干道路网密度1.8～2.1km/km^2，支路密度9～13.4km/km^2，均是《城市道路交通规划设计规范》GB 50220—95的2倍（表3-2）。深圳市生活型支路的路网密度相对较高，软件产业基地开放街区的道路交叉口间距约80m，水围村与城市支路交叉口间距约150m，对外开放的桂庙新村两开口间距约200m。在城村混合地带的开放街区入口间距均在150～200m，而周边普通封闭社区的沿街长度为350～400m。

城市道路网密度（km/km^2）规范要求 **表3-2**

城市规模与人口	快速道	主干道	次干道	支路
大城市（＞200万）	0.4～0.5	0.8～1.2	1.2～1.4	3～4

来源：《城市道路交通规划设计规范》GB 50220—95

深圳城村混合地带的步行路网尺度远低于国外水平。德国步行街区的尺度在50～150m，新加坡的开放街区步行尺度在30～100m，美国纽约第五大道的街区尺度在80～400m，日本大阪的街区尺度在50～100m。

2）空间可达性

街区抽象的道路组构形态可以通过空间句法的整合度、选择度来分析。空间句法是由比尔·希列尔（Bill Hillier）于1970年提出的空间分析方法。它将空间之间的相互联系抽象为连接图，再按图论的基本原理，对轴线或特征各自的空间可达性进行拓扑分析，最终导出一系列的形态分析变量。为说明城村混合地带在区域、案例范围的空间可达性，本项目分别以步行1h、30min、10min的出行距离为半径，即2500m、1200m、500m为半径，分析街区的整合度、选择度量值，从而求得城村混合地带路网结构的差异。

整合度值反映了空间系统中，所有空间的集聚或离散程度，即通过对轴线转折次数与转折角度的计算，反映街道结构组织中的空间可达程度；选择度是指空间系统中某一个元素作为两点之间最短拓扑距离的频率，根据对空间出行最短路径的测算，反映空间被穿行的能力。整合度越高，空间的可达性越好；选择度越高，穿行空间的可能性越强。

将轴线图录入到DepthMap软件后，数据显示：随半径从2500m、1200m到500m的降低，在前10%的选择度、整合度数值中，城市干道（交通型道路）的比重逐渐降低。虽然500m半径范围内，交通型道路占前10%选择度、整合度的比例仍达50%，而生活型道路在高整合度中的占比从2500m半径的10%～26%增长至50%～90%。这说明，在城村混合地带，生活型道路的交通可达性非常高。路网密度数据显示，生活型次干道与生活型支路的长度比约为1:9～1:14。由此估算出，生活型支路在前10%选择度、整合度的占比为45%～46.7%。城村混合地带的生活型支路的可达性较高，且穿行性好。也就是说，目前深圳约150～400m长度下生活支路在整体路网结构中的可达性较好（图3-10、图3-11、表3-3）。

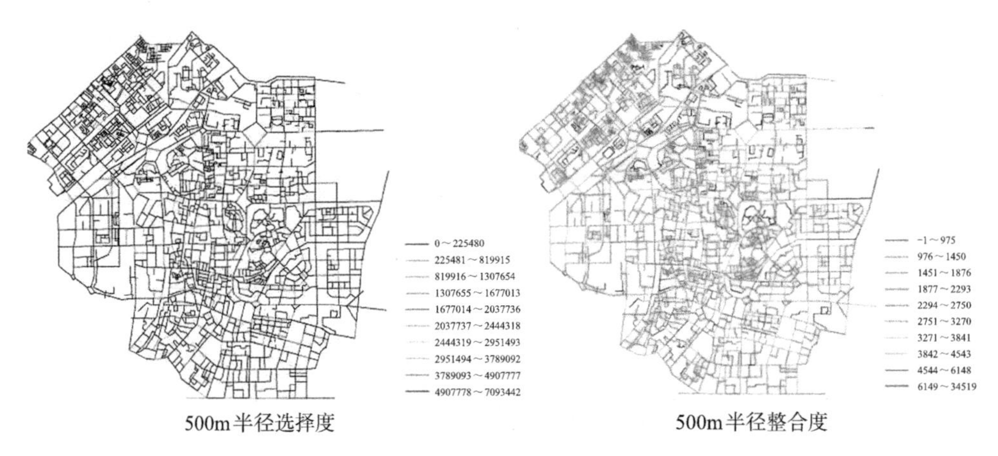

图3-10　南头古城、桂庙新村500m半径选择度、整合度

来源：潘宇航绘制

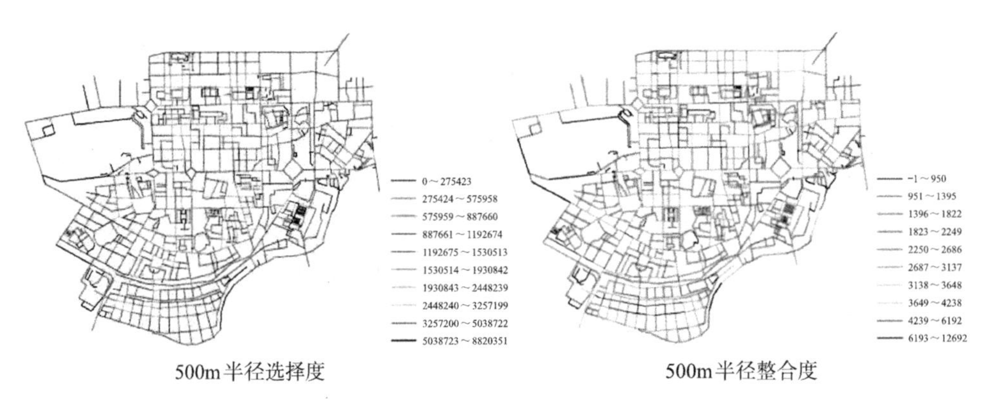

图3-11　水围村500m半径选择度、整合度

来源：潘宇航绘制

三个案例的空间句法属性对比　　表3-3

案例	类型	句法属性					
		前10%的选择度*占比			前10%的整合度*占比		
		半径2500 m	半径1200 m	半径500 m	半径2500 m	半径1200 m	半径500 m
南头古城区域	交通型道路	754839657	68978374	3433643	44691	16212	4582
		88.84%	76.22%	45.49%	68.80%	81.33%	45.49%
	生活型道路	599656863	56364572	3064684	45322	16417	4310
		11.16%	23.78%	54.51%	31.20%	18.67%	54.51%
桂庙新村区域	交通型道路	793900423	73594486	4178231	49399	16968	4776
		89.05%	62.14%	49.04%	62.78%	60.98%	50.99%
	生活型道路	794587460	75053743	3992372	51699	17101	4768
		10.95%	37.86%	50.96%	37.22%	39.02%	49.01%

续表

案例	类型	句法属性					
		前10%的选择度*占比			前10%的整合度*占比		
		半径2500 m	半径1200 m	半径500 m	半径2500 m	半径1200 m	半径500 m
水围村区域	交通型道路	532037170	51477764	2929362	43908	14184	4109
		74.17%	50.29%	10.31%	70.47%	73.97%	56.98%
	生活型道路	545688075	54576705	3452853	43644	14822	4197
		25.83%	49.71%	89.69%	29.53%	26.03%	43.02%

*选择度(Choice)是指空间系统中某一元素作为两个节点之间最短拓扑距离的频率；整合度(Integration)是指空间系统中某一元素与其他元素之间的集聚或离散程度，通过转折次数计算。

2.地块形态类型特征

1)地块形态

按照街区是否对城市开放，街区地块分为封闭式和开放式街区；城村混合地带的地块形态各异。按照建筑布局和城中村形态特性，地块可分为点式(普通住区)、点式(城中村)、板式、围合式；按建筑高度可分为多层、高层、超高层。以此为依据，发现目前城村混合地带有8种形态特征(图3-12)。

(a)高层点式

(b)高层板式

(c)高层围合式

(d)高层点式+多层裙房

(e)多层点式

(f)多层板式

(g)多层围合式

(h)低层板式

图3-12 典型地块空间形态特征

来源：百度全景地图

2)形态密度

空间密度是近十年来在城市形态学上对地块尺度空间形态的分析方法。康泽恩(M. R. G. Conzen)在1960年城镇平面格局分析中建立了平面格局三要素分析法，认为街区形态可分为街道、地块、建筑基地平面三种要素。街区内的街道结构或地块组构方式代表了街巷肌理，地块内建筑基底平面代表了地块内建筑的组织方式。平面格局三要素分析法从区域、地块、建筑尺度上对城镇结构展开了严谨的量化分析。在此基础上，梅塔·伯格豪斯·庞德（Meta Berghauser Pont）、佩尔·豪普特（Per Haupt）于2010年建立了Spacematrix模型。他们提出用空间密度，即建设强度来描述地块空间形态的方法，并用FSL（容积率）、GRS（建筑密度）、OSR（开放空间比）和L（建筑层数）四个指标来建立空间矩阵。在城村混合地带，城中村、传统社区、现代居住社区、开放街区等形成于不同历史时期地块的容积率、建筑密度存在差异，因此本项目在进行道路网分析后，采用容积率、建筑密度作为各地块的形态指标。

对各地块的容积率、建筑密度和建筑类型的统计结果显示，点式、板式、围合式的建筑布局在单位地块的容积率、建筑密度依次降低。这说明，理想地块上，点式、板式、围合式的建设强度依次降低。点式高层的容积率5～7.3，板式高层的容积率3.6～6.4，围合式高层的容积率2.3～3.9。城中村的建筑密度0.24～0.54，容积率1.7～3.2。容积率较高的城中村、居住社区多位于城市次干道两侧（图3-13）。有关形态密度和路网结构的联系，将在之后论证。

3.功能混合度

城村混合地带具有居住、工作、服务配套的混合功能。各种混合功能的面积比例（*MIX*）是土地利用混合程度的衡量指标。街区形态具有形态、功能的二象性特征。对城村混合地段的三种功能类型进行建筑面积计算，并与PoI密度进行相关性分析，有助于研究城村混合地带街区型构与功能的联系（表3-4）。

"居住"包括多种类型的居住建筑，如公寓、宿舍、住宅；"工作"包括办公、厂房、实验室等；"服务配套"分为商业、教育、休闲娱乐三种。为说明城村混合地带的沿街小商业和商业综合体的区别，商业对应商业综合体、沿街小商铺两种类型，教育包括托幼、中小学、大学等，休闲娱乐包括体育馆、电影院、展览馆等。

三个城村混合地带的居住面积均不低于50%，均具备高度功能混合度。桂庙新村邻近深圳大学和软件产业园基地，工作面积占比29%，服务配套功能占比仍在15%～20%。这说明城中村内部的生活商业服务、软件产业基地开放街区的底层生活商业服务、水围村的商业餐饮在街区范围内起到服务配套功能，且通过生活型支路对周边产生辐射外溢效应。城村混合地带的空间活力与充足的服务配套面积比例有关。

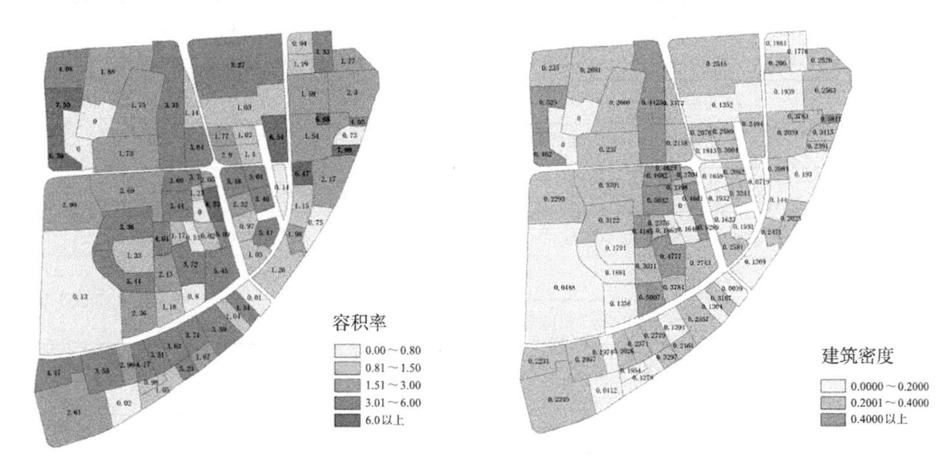

（a）水围村

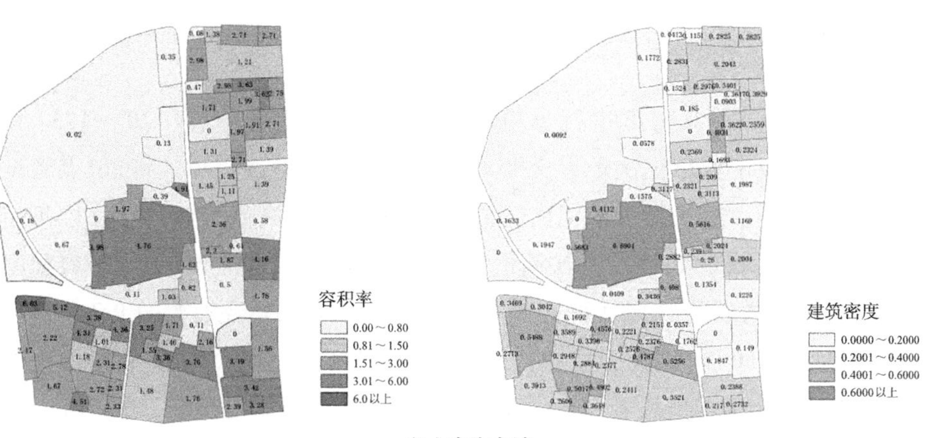

（b）南头古城

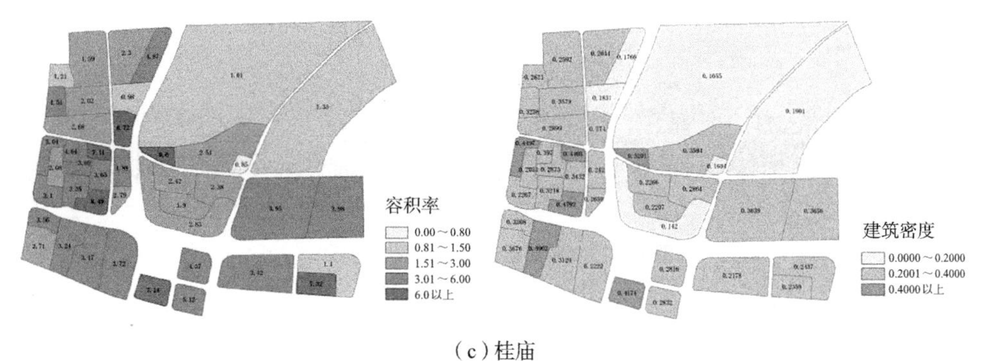

（c）桂庙

图3-13　各地块的容积率、建筑密度

来源：潘宇航绘制

三个案例的混合功能面积比例 表3-4

案例	总建筑面积（hm²）	其他说明	居住面积（hm²）	工作面积（hm²）	服务面积（hm²）	混合度 *MIX*
南头古城区域	323.65	各功能类型面积	234.01	27.97	61.67	72/09/19*
		各功能面积占总面积比例（%）	72%	09%	19%	
桂庙新村区域	589.68	各功能建筑面积	300.14	171.10	118.44	51/29/20*
		各功能面积占总面积比例（%）	51%	29%	20%	
水围村区域	534.63	各功能建筑面积	417.43	35.30	81.90	78/07/15*
		各功能面积占总面积比例（%）	78%	07%	15%	

* *MIX*（混合度）=居住面积%/工作面积%/服务面积%。

3.2.5 影响空间活力分布的形态要素

1.数据分析

1）PoI点密度

对PoI数据分布及密度进行分析，发现PoI点密度最高值（120～175）是商业综合体，位于城市主次干道交叉口或沿城市生活型次干道。将PoI点密度与地块形态类型、地块形态密度比较，发现PoI点密度高值（80～120）位于高层建筑的底商区域，PoI点密度次高值（60～80）位于城中村底商区域（容积率3.4～4.7）和普通居住社区底商区域（容积率3.1～6.4）。还有部分PoI点密度的中间值（40～60）分别位于城中村、普通住区的底商部分，主要为生活服务类功能。PoI点密度与地块容积率、地块所处的位置呈现显著关联（图3-14～图3-17）。

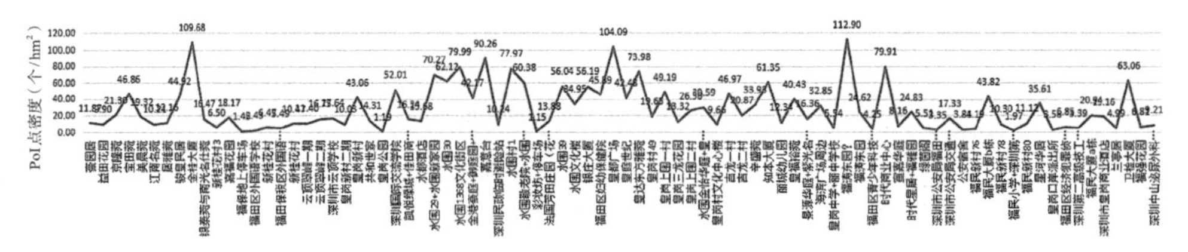

图3-14 水围村区域PoI点密度分析

来源：潘宇航绘制

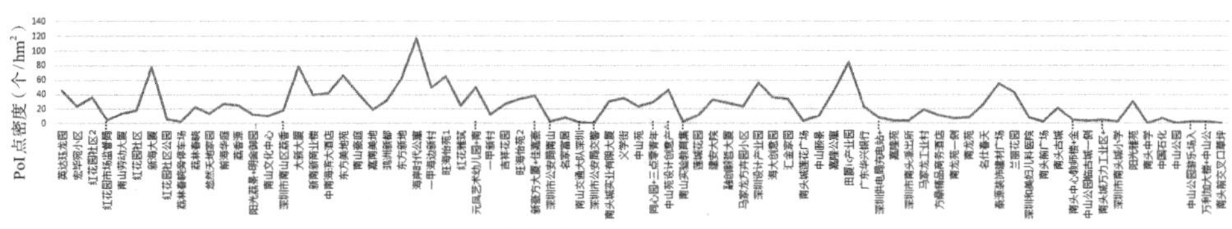

图3-15 南头古城区域PoI点密度分析

来源：潘宇航绘制

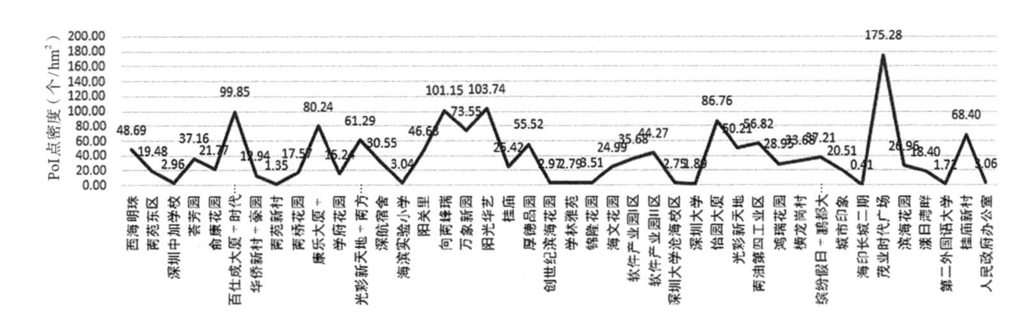

图3-16　桂庙新村区域PoI点密度分析

来源：潘宇航绘制

图3-17　南头古城、桂庙新村、水围村500m半径的PoI整体分布

来源：关粤绘制

2）PoI线密度

统计三个案例的PoI沿街数量，并与街道长度相除，得到PoI线密度数值（表3-5）。发现PoI线密度与道路的空间句法属性基本呈正相关。数值占前10%的PoI线密度主要位于生活型次干道（学府路、海德二道）和交通、生活混合为主的城市次干道上（福民路、金田路），并不位于城市的交通型主干道上；少数前20%的PoI线密度数值分布在城市生活型支路上，该类生活型支路与城市次干道联系紧密，均是在空间句法上、从城市干道转折次数3以内的道路。PoI线密度较高的生活型支路在路网结构上较为均匀，选择度、整合度数值次高。软件产业园开放街区、城中村步行道路的深度值低于3，在500m半径的道路网络上具有区位优势（图3-18～图3-20）。

3）回归分析

分别以地块——"面"和街道——"线"为线索，对PoI点密度和线密度的多组街区型构要素进行相关性分析。第一组数据以PoI点密度为因变量，以容积率、建筑密度、500m整合度均值、500m选择度均值、各地块功能混合度为自变量；第二组数据以PoI线密度为因变量，以500m整合度距离加权值、500m选择

图3-18　PoI线密度前10%、前20%路网轴线图——桂庙新村周边500m半径

来源：关粤绘制

图3-19　PoI线密度前10%、前20%路网轴线图——水围村周边500m半径

来源：关粤绘制

图3-20　PoI线密度前10%、前20%路网轴线图——南头古城周边500m半径

来源：关粤绘制

三个案例500m范围街道结构与PoI线密度　　表3-5

案例	PoI线密度	道路类型		
		城市主干道	城市次干道	城市支路
		交通型干道	生活型、交通型次干道	生活型支路
桂庙新村500m范围	前10%的线密度高值占比	29%	36%	33%
	PoI线密度（个/km）	2900～487	1625～494	1478～486
	前20%线密度高值占比	22%	33%	55%
	PoI线密度（个/km）	2900～253	1625～252	1478～251
水围村500m范围	前10%的线密度高值占比	6%	47%	47%
	PoI线密度（个/km）	534～366	1783～448	517～374
	前20%线密度高值占比	8%	27%	65%
	PoI线密度（个/km）	504～244	1783～244	518～228
南头古城500m范围	前10%的线密度高值占比	23%	33%	44%
	PoI线密度（个/km）	860～346	867～298	867～298
	前20%线密度高值占比	16%	24%	60%
	PoI线密度（个/km）	860～214	867～199	851～202

来源：潘宇航整理

度距离加权值为自变量。得到以下结果：

第一组数据：建筑密度与容积率，容积率与功能混合度，PoI点密度与建筑密度、各地块的功能混合度，呈现显著相关性。此外，容积率、建筑密度与500m整合度均值、500m选择度均值具有相关性，这说明用地强度与街道路网布局、生活型支路的位置关系紧密。而在回归分析中，发现PoI密度与容积率的相关程度最高，与建筑密度的关系次之。

第二组数据：500m整合度（距离加权）、500m选择度（距离加权）与道路类型，500m整合度（距离加权）与道路长度，街道长度与道路类型，呈现相关性。这说明整合度（距离加权）与街区路网密度，或者说与街区开放度存在隐性关联。PoI线密度与街道的500m整合度（距离加权）、500m选择度（距离加权）、道路类型呈现相关性。

在对多组数据的相关性分析和筛选后，利用SPSS对数据进行多元回归，得出以下结论：①PoI点密度与建筑密度、容积率相关性最高；②PoI点密度与地块位置及其道路的整合度、选择度关系次之；③PoI线密度与街道整合度、选择度的关联性较高，与街道长度关系次之（表3-6）。

对街道空间活力有显著影响的街区型构因素　　表3-6

街区活力指标（因变量）	街区型构要素（自变量）		
PoI点密度	容积率	建筑密度	街道位置（整合度、选择度）
相关度	最强相关性	次强相关性	部分相关性
PoI线密度	道路类型	街道长度	街道位置（整合度、选择度）
相关度	最强相关性	中度相关性	弱相关性

2.结论

通过数据，得出以下街区型构要素对空间活力分布产生重要影响：

型构要素一——街道开放度：街道长度与街道类型。

型构要素二——形态密度：各地块的容积率、建筑密度。高容积率地块多数位于城市重要交叉口和城市次干道旁。容积率对空间活力的影响高于建筑密度产生的影响。

型构要素三——功能混合度：一般来说，地块容积率越高，功能混合度越强。

在城市更新中，为提升城村混合地带的空间活力，应遵循以下原则：

（1）保证城市生活型支路、城市道路网密度的适宜性。在城市更新中，应尽可能结合现状，增加生活型支路数量，并将现有大型住区改造成开放街区。城市生活型支路与城市主干道的转折次数不应大于3。改造后的开放街区应尽可能每100m设一个交叉路口。街区尺度应与街区容积率综合考虑，在城市更新中进行调整。

（2）城市更新中，应尽量保证各地块容积率，并保持其与道路等级关系的平衡。保持城市次干道沿线地块的高容积率，增加城市支路和生活型道路沿线的容积率，增加足够的沿街小商业店铺数量，可促进空间活力提升。在城中村整治中，应尽可能不降低城中村的建设密度，并鼓励形成开放街区。在新建区域，应从板式、围合式、点式布局方式与容积率关系中，合理平衡用地布局，由此平衡建设强度与沿街商铺数量。

（3）功能混合度与空间活力呈现显著关联。在城市更新中，应尽可能结合城村混合地带现状，对10min步行圈进行功能策略定位。通过提升区域功能的丰富度、增加沿街小商业的业态种类，结合资本注入，带动沿街小商业数量的发展。

3.3 智慧居家养老

3.3.1 背景与概念

我国正处于工业化、城镇化高速发展的阶段，在享受人口红利所带来诸多好处的同时，也面临着社会经济高质量发展的必然产物——人口老龄化。国家统计局数据显示，截至2019年末，我国60岁及以上老年人口达25388万人，占总人口18.1%，其中65岁及以上老年人口达17603万人，占总人口12.6%。根据世界卫生组织对老龄化社会的认定标准：当一个国家或者地区人口中60岁及以上人口所占比例超过10%，或65岁及以上人口所占比例超过7%，该国家或地区就被认定为人口老龄化国家或地区。中国发展基金会发布的《中国发展报告2020：中国人口老龄化的发展趋势和政策》，预测到2025年，我国65岁及以上的老年人口将超过2.1亿人，这表明我国的老龄化程度严重，在不远的未来将进入深度老龄化社会。随着老龄化程度的持续加深，不仅养老的需求不断增加，还进一步加剧社会养老服务供需的不平衡。因此，如何解决老龄化所来的一系列社会问题，是我国新时代下亟待解决的民生问题。

面对人口老龄化的各种挑战，我国通过一系列的政策扶持和指导，从我国“十二五”规划提出的“9073养老模式”到“十三五”规划提出“互联网+”养老，都在积极探索符合国情的养老服务体系，促进养老产业的发展。2019年国务院印发《国家积极应对人口老龄化中长期规划》，提出要健全以居家为基础、社区为依托、机构充分发展、医养有机结合的多层次养老服务体系；同时要强化应对人口老龄化的科技创新能力，提高老年服务科技化、信息化水平，加大老年健康科技支撑力度，加强老年辅助技术研发和应用。

随着数字经济的到来，互联网、物联网、大数据和人工智能等新一代信息技术的迅速发展和成熟，我国的养老模式也发生了改革和创新。长期以来，我国的养老模式以居家养老、社区养老和机构养老为主，受我国传统思想观念和生活习惯的影响，老年人更加倾向于居家养老。当前“4-2-1”家庭结构产生的养老功能弱化，使这种养老模式出现较多的问题，导致居家养老受到较大的限制，无法满足老年人生活与精神方面的需求。

智慧社区居家养老模式，是在居家养老的基础上，以社区服务为依托，在养老信息化平台上整合老年人的健康数据和医疗数据实现“医与养”数据共享，提供多层次和人性化的服务，在老年人自己熟悉的环境中生活，享受便捷性和个性化的服务体验。智慧社区居家养老的目标是以较低成本打造高质量、高品质的养老服务体系。

3.3.2 国内外的研究与实践

人口老龄化是社会经济发展与技术进步所必经的阶段，伴随着生活质量和医疗水平的提升，人的平均寿命增加，同时国家的生育率水平降低，一些经济发达的国家已进入了老龄化社会。据文献记载，在19世纪中后期欧洲的发达国家，如法国、瑞典、英国等，率先进入了老龄化社会，到20世纪70年代左右，亚洲国家，如日本、新加坡等，北美洲国家，如美国也进入老龄化社会。老龄化社会的状态已成为全球化项目，联合国于20世纪80年代首次召开了社会老龄化问题大会，希望通过会议协调国际社会共同应对和解决社会老龄化问题。各国的学者和政府都积极对养老的需求与服务管理体系进行研究和实践。如英国、美国、日本等发达国家利用其自身完善的管理体系、先进的科学技术实力和较强的经济生活水平，已在相关的养老问题方面进行理论研究和实践尝试，并在智慧养老领域取得了相应的研究成果和成效。

1.国外的研究与实践

1）美国智慧养老的研究与实践

美国智慧养老服务中政府不进行直接干预，而是采用市场化的模式运行，引入市场竞争机制。大型的高科技企业，如三星、飞利浦、苹果等企业都进了智慧养老产业领域，对其养老服务需求和产品进行调研与研发，使其产品更加符合老年人的使用和生活习惯。美国智慧养老服务采用了市场化运作的模式，不仅降低了政府的管理成本，还推动了美国高新技术企业对智能家居和老年人生活服务设备的开发。

目前，美国养老服务模式主要包括持续照料退休社区（Continuing Care Retirement Community，CCRC）和全面照护服务养老（The Program of All-Inclusive Care for the Elderly，PACE），两种模式养老服务全面覆盖到自理、半自理、失能和半失能等不同群体的老人，利用智能化手段和养老信息管理平台，为老年人提供多样化养老服务。

持续照料退休社区（CCRC）是美国典型的社区居家养老模式，CCRC通过社区智慧化信息平台，实现对社区内老年人健康状况实时监控，并将监测数据传送至远程健康管理平台，与老年人的医疗健康数据进行比对和分析，实现对社区老年人医疗健康动态管理；根据老年人的健康情况和自理能力，在社区养老机构或老年人家中，提供符合自身健康情况的生活照料服务；同时，社区内的运动健身器材和设备，可通过预置的传感器收集老年人的运动信息，对老年人的运动健身进行管理。CCRC模式全面体现了家庭、社区与机构三者之间的结合，为老年人提供日间照料、健康管理、居家照料和全托照料的社区养老服务。

全面照护服务养老模式（PAEC）主要针对失能和半失能的高龄老年人提供长期的医疗养老服务，属于社区居家养老模式。白天，老年人可以在社区日间健康中心享受医务人员提供护理、体检、物理与心理治疗和康复咨询等医疗康复服务。到了晚上，老年人可以在家中利用智能化设备继续接受健康中心的监护。

2）英国智慧养老的研究与实践

英国是第一个提出“智能养老”的国家，其智慧养老产业主要由政府来主导，政府通过提供政策和财政来支持其产业的发展。英国政府全面推广智能化老年公寓，主要是利用智能化手段满足老年人日常生活中的需求，优化服务质量，使其养老服务在时间和空间方面更为灵活，让老年人享受到高品质的养老服务。早在20世纪90年代，英国开始尝试将智能养老的理念融入社区建设之中，进行社区生活照料与护理的实践，并提出了“医养结合”的理念。随着互联网的全面发展与成熟，英国政府将互联网、物联网和大数据等新一代信息技术手段运用到社区中，为老年人提供医养服务，同时通过一系列的政策措施鼓励建设社区居家养老和机构养老信息化平台，进行照料护理机器人的研发与应用，逐步形成了较为完善的社区养老服务体系。

目前，英国智慧养老的模式，主要集中在社区打造智能化养老公寓和智慧化医养社区。智能化养老公寓，是将智慧养老的理念融入养老公寓的设计当中，通过养老公寓中的智能家居的应用，可以实时监测老年人在公寓中的日常生活，通过应用照料护理机器人，可以随时为老年人提供生活照料和娱乐互动。在养老智能家居领域，2011年英国赫特福德大学自主研制了“交互屋”（Inter home）的原型系统。该系统可以对独居老人的健康状况进行监测，还能对房屋的安全和能源消耗进行管理。交互屋系统能通过老人佩戴的腕带设备，实时监测老年人的重要生命特征数据，如心跳、脉搏和体温等。腕带设备与交互屋系统互联互通，家人、警察和医护人员可以接收和查看相应的数据，确保老年人的安全。

医养社区模式，是指在社区内利用互联网、物联网、远程监控、可穿戴设备和机器人等新一代信息化手段和智能化设备，建设社区智能化医养服务管理平台，将社区内老年人的日常生活照料、医疗护理和学习娱乐集中整合在一起，以便为老年人提供专业、高效和智能化的高品质养老服务。2012年起，英国政府开始在社区内全面普及机器人护士。这种机器人护士可以根据语音指令完成日常护理的工作，还能通过机器人腹部的监测器监测到老年人的健康数据，并将其数据传送到社区医生，医生可以根据数据分析结果，利用机器人护士给老年人提供医疗咨询和康复建议。与此同时，老年人还可结合自身的需求，通过机器人主动地将医疗诉求传达给社区医生。英国政府推广的机器人护士将社区医生和老年人需求有效地链接在一起，既能全面提升社区医护服务的水平和质量，还能在一定程度上降低医疗成本，帮助老年人保持身体健康、生活便利、精神愉悦。

3）日本智慧养老的研究与实践

日本是第一个进入老龄化社会的国家，数据显示，截至2019年末，日本65岁及以上的老年人口占全国总人口的27%，是目前世界上老龄化最严重的国家。日本的国土面积小，人口密集，法律体系健全。基于特殊的国情，从2013年10月起，日本政府原则上不再批准新建养老院，而是积极推动智能化技术和信息技术在养老产业的研究与应用，同时鼓励老年人家庭生活照料机器人的研发和使用。日本政府希望通过一系列的政策和财政来支持和促进智能养老产品的研发，从而全面提升老年人的生活质量。据报道，日本政府有1/3的预算作为护理机器人的研发经费，同时参与研发的企业也将获得研发成本的2/3作为补贴。在日本，智慧养老产业的发展已经形成了有政府引导、企业主导、政企合作的发展局面。面对国家老龄化现象的不断加深，日本的养老模式体现在智能住宅和智慧养老社区，并在养老机构中全面推广使用照料护理机器人和智能化设备。

日本将智能设备和护理机器人投入到各大养老机构中建设智慧养老院，以此来缓解日本养老服务人员短缺的现象，从而提升养老机构的服务效率和质量。如日本松下集团全资建设的“真心香里园”是一家收费型养老机构，于2001年12月在大阪正式开张，申请入园的老年人远超过其定员。

真心香里园与日本普通养老机构最大的区别就是它充分利用信息化技术，小到扶手、马桶，大到卧室、活动室都使用了智能设备。公寓的卧室和浴室随处可见的扶手，解决了老年人坐起困难的问题。考虑到长期卧床的老年人，浴室还设立了卧位淋浴和自动冲水马桶，每个马桶还配备手杖方便老年人站立。

在真心香里园中，智能机器人为老年人的生活照料和学习娱乐提供多样化的服务，如洗发、喂饭和娱乐互动等。另一个特色服务就是与远程医疗终端互联，老年人可利用终端设备测量血压、脉搏等简单指标，测量数据发送给医疗中心，医疗中心根据数据报告与老年人进行视频问诊。真心香里园正是运用了信息化技术和智能化设备，使得老年人在养老院中每个细节都能感受到便捷和舒适，充满人文关怀的生活环境，让老年人享受到了无微不至的照顾。

2.国内智慧养老服务的研究

与国外发达国家相较而言，我国在智慧养老领域的研究和产业发展较晚。通过对现有文献资料整理发现，在2010～2012年期间，学术研究中最早出现的是“数字化养老”“信息化养老”“科技养老”等，直到2012年全国老龄办首次提出了“智慧养老”的概念，倡导引入信息技术，提高养老行业信息化水平。国家颁布一系列政策和建设规划，全面支持我国养老服务业的智能化、智慧化建设和发展。根据养老产业的相关政策与实践，我国智慧养老的发展大致经历了4个阶段。

第一阶段（2007～2012年）：此阶段属于发展的萌芽期，是养老服务业智慧化概念逐步清晰的过程。从2007年胡黎明发表《新型数字化居家式养老社区解决方案》中提出了"数字化养老"的理念，之后的学术研究陆续出现"信息化养老""网络化养老"，为我国智慧化养老的研究积淀了丰厚的理论基础。2012年我国提出了"智慧养老"的概念，并明确表明支持和鼓励智慧养老的研究与实践。

第二阶段（2013～2016年）：此阶段属于发展的探索期，是智慧养老的服务内容与建设模式的探索和尝试过程。2013年，国务院发布《关于加快发展养老服务业的若干意见》，提出要加快居家网络服务；2015年，《国务院关于积极推进"互联网+"行动的指导意见》和《关于鼓励民间资本参与养老服务业发展的实施意见》明确指出"智慧健康养老发展"的目标任务和建设模式；2016年，《关于促进和规范健康医疗大数据应用发展的指导意见》提出，要大力推动健康医疗大数据融合共享与应用。我国的智慧养老服务业已探索出由政府主导，企业和民间组织积极参与"医养结合"的智慧养老服务与建设模式。

第三阶段（2016～2018年）：此阶段属于发展的实践期，全国范围内开展试点建设，并结合老年人的现实需求和建设过程的实际问题，持续优化和完善的过程。我国政府通过政策和财政来鼓励并扶持智慧健康养老应用试点和示范企业、街道的建设。其间，出现了一批具有代表性和示范性的智慧健康养老试点，如乌镇联合中科院物联网研发中心引进椿熙堂项目，拟建设惠及全镇的"物联网+养老"居家养老服务照料中心；全国老龄办建设的"智能化养老试验基地"；长沙韶山路社区上线了"康乃馨智慧养老"综合服务平台，通过智能终端和体检设备为老人提供远程高科技养老服务。

第四阶段（2019年至今）：此阶段属于发展的黄金期，是在前三个阶段的基础上，优化智慧养老发展路径，强化建设保障措施。2019年国务院发布《关于推进养老服务发展的意见》，提出要运用互联网和生物识别技术，探索建立老年人补贴远程申报审核机制。同年国家市场监督局发布《养老机构服务安全基本规范》，作为国家强制性标准，明确了养老机构服务安全"红线"。由工信部、民政部和国家卫生健康委联合举办"智慧健康养老产业发展大会"，会议明确了智慧养老相关产业政策和发展路径。

3.3.3 智慧社区居家养老系统设计与构建

智慧社区居家养老服务，是以信息化养老服务平台为依托，形成一个面向多个组织、多用户的数字化养老应用与服务的生态圈，创建我国社区居家养老服务的新模式。我国的养老服务业存在自身的特殊性和复杂性，若只是将信息和数字化技术简单引入养老服务业，并不能更好地解决目前我国养老的问题。因此，智慧社区居家养老服务系统的设计，不能单纯地依靠技术，而是需要将智慧化技术手段与设计策略相融合，实现对有限的养老资源合理分配和最大化利用，综合考虑并设计养老场景、老年人使用服务的行为、商业服务等多种因素，满足不同群体的老年人需求，使智慧化养老服务系统具有整体性优势。

1.服务系统设计原则

智慧社区居家养老服务系统的设计要以用户体验与价值创造为最终的设计目标。智慧社区居家养老服务设计要遵循以下原则：

（1）本原性：智慧社区家养老服务系统的规划与设计要从老年人的需求出发，最终回归于老年人。老年人是智慧养老系统的被服务者，更是其体验者。因此在对智慧社区居家养老系统设计时要紧密围绕老年人进行，及时获取老年人的信息与需求反馈，充分考虑和分析老年人的诉求，持续优化系统的服务体验。

（2）全局性：智慧社区居家养老服务系统设计要将社区环境与应用场景进行统筹考虑，切勿只聚焦在某一个问题上，通过整个服务，持续满足利益相关者的广泛需求，要站在全局性的视角对智慧化系统来整合和设计。

（3）协同性：智慧化养老服务系统设计时，要着重关注老年人、组织和物质空间三者之间的关系与价值，要强化不同主体之间的主观能动性，让老年人自愿使用、乐意使用，舒心愉悦地享受服务。调动组织与机构积极有效地参与服务，充分发挥彼此间价值流动的作用。

（4）简易性：对于老年人来说，其在行动、感知和记忆等方面的能力都在随着年龄不断减弱，因此智慧化服务系统的操作要符合老年人的使用特点，要尽量趋于简单化、一体化、单一化和自动化，用明显且大的拟物化图标代替烦琐的说明，提高其使用的效率。

2.智慧化服务系统构建

智慧社区居家养老是在居家养老的基础上，以社区服务为依托，贯彻医养结合方针与养老服务智能化，使老年人在自己熟悉的环境中生活，并享受便捷性和个性化的服务体验。其实质是将社区居家养老服务中所涵盖的服务对象（老年人）与服务者（社区医疗服务中心、第三方服务机构）交互运行的过程信息化。

智慧社区居家养老服务系统利用“医养数据”共享机制，通过大数据分析处理，提供改进与更新的合理建议，对社区内的养老资源进行重新评估与配置，重组社区养老资源的各项要素，全面提升社区居家养老的服务质量与效率。

智慧社区居家养老服务系统，通过统一的平台，借助人工智能（AI）和大数据等技术，在日常照料和精神慰藉方面，以社区日间照料中心和居家服务为依托，利用智慧养老系统为老年人提供专业化和个性化的主动服务；在医疗健康与管理方面，以社区健康服务中心为网底，居家保健为基础，以三甲大型综合医院为中心，实现远程诊疗、紧急救助服务，提供区域协同且医养结合的养老闭环管理（图3-21）。

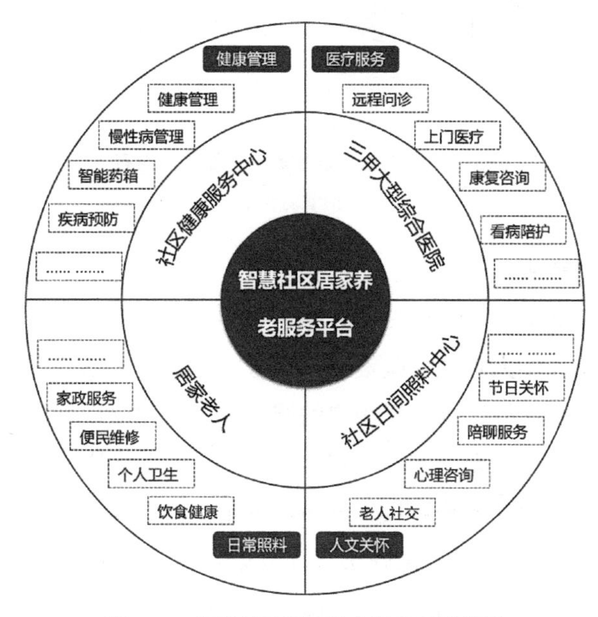

图3-21 智慧社区居家养老服务系统模型

来源：管森绘制

3.3.4 智慧社区居家养老服务应用

与传统养老服务相比，智慧养老服务更加多元综合，随着我国养老产业环境不断的发展，智慧养老可根据不同的使用场景，为社区和居家的老年人提供一个多元化的综合服务。通过对文献的研究和行业调查发现，我国目前的智慧养老服务类型根据老年人不同的文化、经济水平和需求意愿，主要分为日常生活照料服务、健康与医疗管理、学习与娱乐互动和人文关怀等四个方面的服务（图3-22）。

1. 日常生活照料服务

日常生活照料服务是养老服务产业的基础，是智慧养老服务建设中最重要的内容，是建设中必须满足的内容。利用智慧化手段，对老年人的日常生活需求提供全方面有针对性的生活服务，主要包括社区日托管理、老年人饮食服务、个人卫生照料（如洗澡、洗头）、家居设备维修维护、居家老人监控和家政服务等内容。通过不断发展的现代信息技术，打破传统养老服务时间与空间的局限，随时随地为老年人提供优质的服务，提升老年人的生活质量。

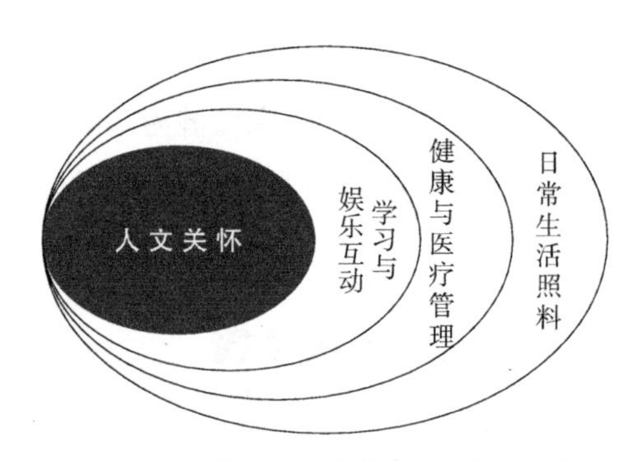

图3-22 智慧社区居家养老主要服务内容

来源：管森绘制

2.健康与医疗管理

健康与医疗管理是我国“十三五”养老规划提出促进“医养结合”养老模式的具体体现。利用老年人智能穿戴设备、社区与居家养老物联设施和全面感知的监控设备，收集并建立社区内老年用户的健康信息，建立以社区健康服务中心为底网的老年人健康管理体系，同时利用智慧社区居家养老服务系统将老年人、社区健康服务中心和医疗机构相连接，进而对老年人的健康危险因素全面进行监控和管理，并给老年人提供定制化健康管理方案。其主要服务包括，健康状态检查、健康危险预警、医疗咨询、远程问诊、康复护理和紧急救护等。

3.学习与娱乐互动

在满足了老年人最为基础的生活健康服务的同时，要注重老年人精神文化方面的需求。智慧社区居家养老系统可以在集成行业内专门为老年人开发的社交网站和论坛，老年人可以通过终端智慧化服务系统查看和追踪社会实时新闻，简化老年人上网的流程。在社区内和智慧社区居家养老平台上积极开展专题讲座、远程教育、老年大学学习和公益活动等项目，使老年人可以线上线下积极互动，贡献个人力量，实现老年人的自我价值。

4.人文关怀服务

中国老年人一直以来所追求的晚年幸福生活就是子孝孙贤，尽享天伦之乐。没有人文关怀的养老服务，必然是没有尊严与乐趣的养老生活。人文关怀是智慧社区居家养老服务中所必不可缺的重要内容。智慧社区居家养老的人文关怀服务要主动关心老年人的近况，定期组织老年人社交活动，构建以社区日间照料中心为基础的老年人心理健康咨询服务室，提供老年人聊天谈心的空间与场所，避免老年人感到孤独与无助。同时，利用社区智慧养老平台，为有情感障碍的老年人建立老年人心理档案，定期进行沟通与疏导，实现跟踪式服务，提供真正的人文关怀服务。

3.3.5 总结与展望

全球人口老龄化日趋严重，在信息科技发展迅猛的今天，利用信息化和数字化的手段来打造智慧化的养老服务模式，已经成为当前养老服务中不可逆转的趋势。国外的智慧养老起步早，产业规模大、应用范围广，智慧社区的基础设备完善。相比较而言，我国的智慧化养老体系和模式研究还比较浅，但智慧化养老技术相对成熟，智慧养老系统应用试点较多，并已取得了不错的成绩，方便了老年人的生活。现阶段，我国的智慧社区居家养老服务系统尚有一些问题与不足。首先是缺乏统一智慧养老运营平台标准，现有平台只能简单收集老年人的健康和医疗信息，无法真正做到全方位的监控、照料与管理；其次是智能化养老产品缺少人性化设计，不符合老年人的使用习惯，不同设备间监测和采集的数据不能融合共享，无法形成完整的体系；再次是严重缺乏专业化的养老服务人员；最后是传统观念影响，导致老年人对社区居家养老的概念和模式不接受，智能化养老设备和养老模式普及度差。

我国“十三五”养老产业规划指出，要构建“养老、孝老、敬老”的政策体系和社会环境，健全“居家为基础、社区为依托、机构为补充、医养相结合”的养老服务体系。随着国家不断对智慧养老产业制度体系建立的完善，以及相关政策和资金的扶持，我国的智慧养老产业逐步形成以政府为引导，企业、民间组织积极参与，以市场化模式运作，推动智慧养老产业的发展与成熟，探索出具有中国特色的智慧养老产业发展道路。

3.4 智慧医院

3.4.1 概念与发展

1.智慧化在医院中的发展趋势

智慧化技术也可以称为智能技术，能有效地获取、传递、处理、再生和利用信息，从而在任意给定的环境下成功地达到预定目标。在信息化高速发展的近五年中，智慧化技术被应用于各个领域。结合多种现代化科技产品实现对建筑的管理与控制，智慧化技术为医院建设行业带来了契机与挑战。在此背景下，医院建筑通过计算机网络技术、信息传输技术，以及先进的智慧化医疗设备的协同，造就智慧管理模式与智慧型建筑实体高度结合的第五代医院建筑。智慧化技术的应用提高了医院多元化信息管理，多种业务的优化升级等，相对于传统医院建筑的固定模式，这一代医院智慧化、智能化、人性化程度高，在为患者提供方便快捷、高效舒适的就医环境的同时也为医疗工作者打造了更安全、快捷、舒适及人性化的工作环境。现代化智慧医院的建设已经成为日后医院建筑发展的主要趋势，同时也成为医疗领域的发展热点（图3-23）。

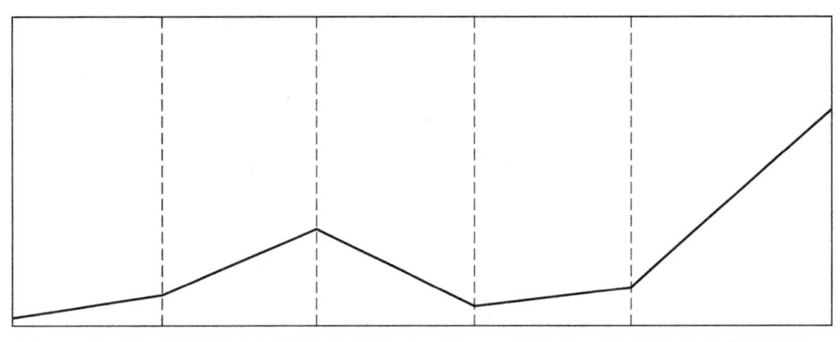

图3-23　智慧化技术的发展演进路线

智慧化技术在医疗建筑建设中的应用大致可以分为管理和设计两个主要方面。

1）智慧化在医疗建筑管理方面的应用

在我国，智慧化技术在医疗建筑管理方面的体现，主要衍生出了医院专用智能系统。医院专用智能系统的作用是优化就诊流程、提高就诊和工作效率、方便患者查询相关信息以及辅助医院管理等。具体来讲，医疗建筑中采用的医院专用智能系统为医院所属各部门提供对患者诊疗信息和行政管理信息的收集、存储、处理、提取及数据交换，并满足所有授权用户的功能需求。包括医院信息化系统、为患者方便就医的一卡通系统及候诊系统，如图3-24所示。

2）智慧化在医疗建筑设计方面的应用

智慧化的加入在一定程度上改变了医患行为，传统医院的空间行为下产生的空间尺度和模式会发生一定的变化，最主要与最明显的变化集中在综合门诊区域，包括门诊大厅、门诊部分医技空间与交通空间。

（1）门诊大厅

在智慧化医疗技术的影响下，总的门诊量将减小，就诊形式将由部分医院就诊变为远程就诊，医院门诊的保健部门和远程医疗信息部门将呈扩大的趋势。医院门诊中，门诊大厅担任着重要的服务功能。目前普遍采用一卡通就诊形式，缴费处可以减少至1～2个，可以和各科门诊相结合。电子公告屏、触摸式咨询器、自动挂号机等智慧化设备的应用使得医院门诊的功能服务趋于简化。同时，自助服务节省时间和人力，大大减缓了传统门诊中的排队与拥挤现象。因此，智能化的门诊建筑有门诊大厅集散功能增大、面积却减小的趋势。

（a）自助挂号系统

（b）候诊系统

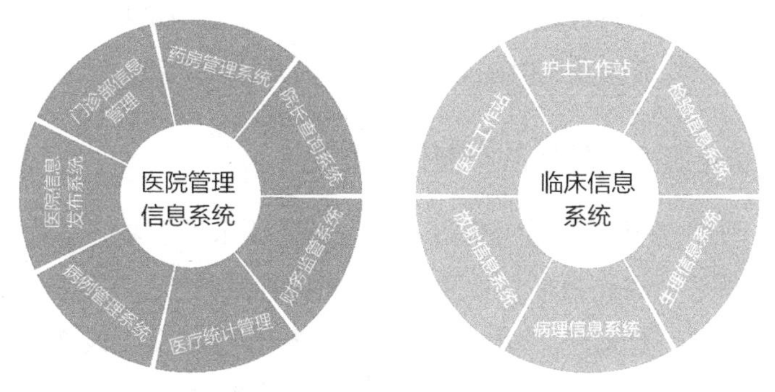

（c）信息系统

图3-24　医院信息系统示意

（2）医技与药房

传统的医技药房中，主要靠人工分拣取药，药物储存与陈列占地面积大，取药等候时间长。如今，智慧化药房（图3-25）中普遍使用了物流自动传输系统。目前国内医院中最常见的是气动管道式传输系统。整个传输过程完全由计算机系统控制，传输快速而准确。由于智能物流的引入，药房操作区域面积有减小趋势。

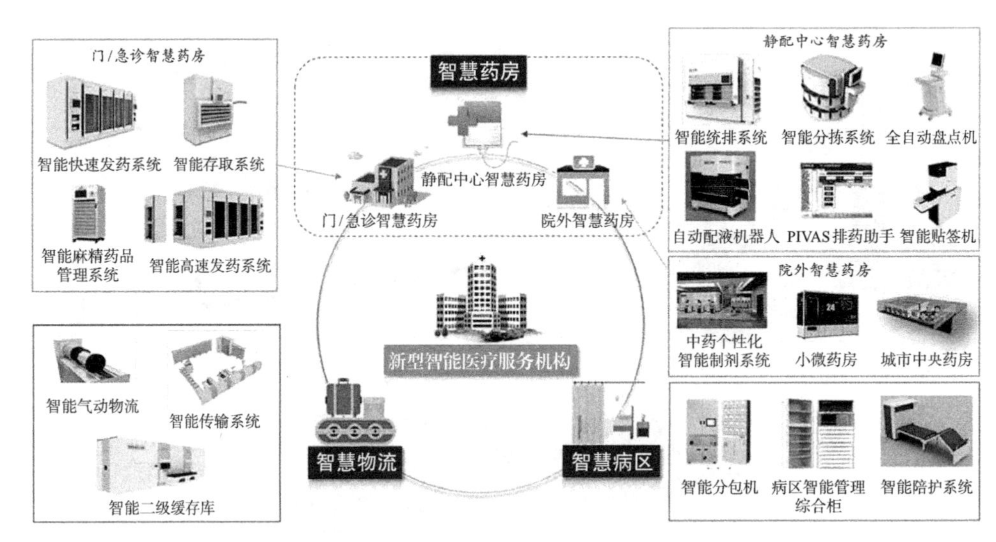

图3-25　智慧药房系统示意图

来源：智慧药房/筑医台，http: //www.zhuyitai.com/

（3）交通空间

在传统医院中，交通空间过长会引起患者流线、物流流线加长从而降低就医效率。如今智慧物流、机器人、智慧轮椅等设施的引入，可以使人们清晰规划就医流线、借助辅助设施缩短行程，因此交通空间可以适当增加面积，引入更多人性化服务功能，缓解患者就医时的紧张气氛、提升环境品质。

3.4.2 智慧化影响下的医院空间模式变化

医院的空间模式历来受到疾病谱发展与工艺要求的影响，如今在智慧化的影响下，医院联系更加高效便捷，患者就诊流程得到优化，为了适应智慧化管理，做到提供精准医疗服务，医院的空间组织模式也在发生改变。智慧化技术在门诊楼建筑中的应用，主要目的在于提高整体诊疗效率和改善医疗服务环境，医疗建筑的功能空间模式则是实现的重要基础。符合智慧化技术要求的功能布局方式，有利于智慧化技术积极作用的有效发挥，而且还能同时兼顾到节能和经济因素。

1. 多中心智慧体模式

随着功能要求的提高，医院规模的日益增大，专业科室的精细化发展，智慧化也应适应更多不同的复杂专项需要。差异化管理、精细化设计，在医院模式中体现出多中心智慧体模式，共享空间位于中部，独立的智慧分组完成独立运营，整体智慧系统进行调节。以西安国际医疗中心为例，其医技部门设立在中心，形成共享空间；六大医疗单元分为四个组团围绕在医技部门周围，独立又有连接，如图3-26所示。组团内侧设有环形医疗街为主要交通空间，每个组团有自己的智慧管理系统，在形式上缩短各个科室流线，又营造出公共空间提高医疗环境。

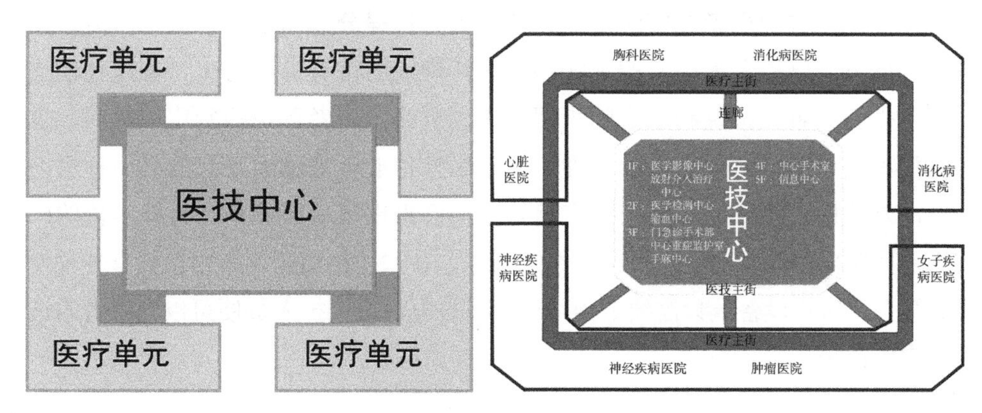

图3-26　多中心模式示意图

2.小型分散医疗中心模式

医院功能解构独立化，形成若干个专科中心，相互协同在城市中形成网状联系，利用智慧共享平台实现资料共享，患者可选择附近专科中心就诊，再利用平台互传数据，实现一站式服务、多地平台共享会诊的模式，同时降低患者就诊期间交叉感染风险（图3-27）。

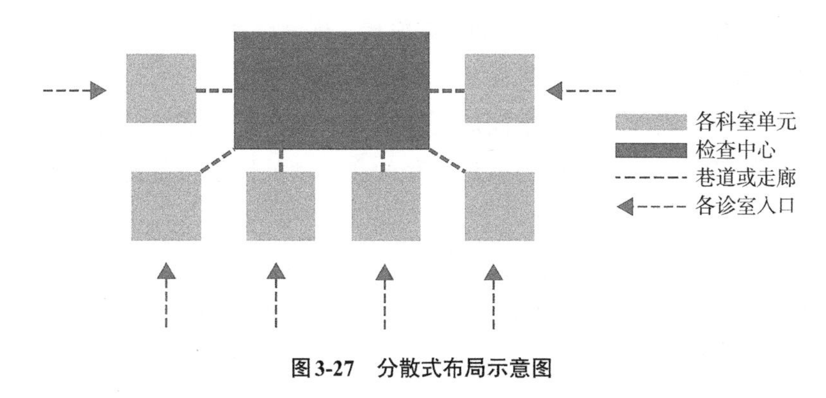

图3-27　分散式布局示意图

3.以患者为核心的移动诊疗单元模式

在智慧医疗的推广应用下，患者的就诊体验越来越被重视。智慧医院是“以患者为中心”的智慧化建设，智慧化医疗设施的设计初衷就是为了提升患者的就诊体验和医生的诊断效率。智慧化医疗技术的应用，物联网信息技术、智慧化便携设备以及5G网络的问世等一系列智慧化技术的发展，使得流动医疗和远程医疗的实现成为现实，在医疗领域有了重大的突破性发展，拉近了医院和家的距离。相对于传统模式，这种新的模式便是以患者为中心的移动医疗模式。

目前，远程会诊、远程诊断、智慧化健康APP等一系列远程云端智慧医疗技术的应用，使得距离医院较远的患者在家中便可以得到医生的专业诊断，医生可以在线上看到患者的实时情况，还能进行远程分析和会诊，通过网络给患者开具处方。以患者为中心的远程移动医疗模式的优势显而易见，在这种模式下，不需要患者在医院和家之间来回奔波，节约了患者看病的费用和时间，也提高了医生诊断的时效性和准确性。移动医疗是近年来我国兴起的另一种更为普及的现代医疗模式，在重庆、广州等地均已出现流动医疗车作为缩小化的医院为那些距离医院较远的患者提供医疗服务。在这种移动医疗车中设置有各种便携式智慧化医疗设备，只需线上预约或者拨打电话，医护人员便可以到患者附近或者家中诊治。

3.4.3 智慧化影响下的患者行为流线变化

在传统的医院设计中，由于就诊流程复杂，在大型综合医院门诊公共空间中，特别是初次就诊患者经常会出现迷路、多次重复移动等问题。不仅增加了患者在公共空间中的停留时间，导致就医时间较长、就医效率低下、患者满意度降低等问题，而且还会影响疾病的及时治疗，增加在公共空间中交叉感染的概率。

一系列智慧系统技术的应用，门诊空间中将智慧化技术与患者就诊流程路径相衔接，通过优化门诊公共空间内的就诊流程，提高医务工作者的诊疗效率，适应智慧化医疗的发展趋势。

门诊空间医疗流程是公共空间的流线核心，而人是流程的载体，空间是行为活动发生的场所，人流路径与就诊流程的高度相关性是医院门诊空间的特点之一。

以就诊患者为例。由于就诊的目的不同，患者的就诊行为可以分为初次就诊和复查两种就诊类型。患者初次就诊的流程一般为：挂号→分诊→候诊→就诊→检查治疗→付费取药→离开。复查就诊的流程一般为：挂号→候诊→复查问诊→付费取药→离开。其中智慧环节应用在预约就诊、候诊、缴费、预约检查、取药等方面，可有效减缓“三长一短”现象。对传统就诊流线与应用智慧化技术后的患者就诊流线进行对比，如图3-28所示，线上预约就诊等的应用对于患者在门诊的就诊流线进行了简化。

除此之外，智慧药房的应用对于门诊患者就诊取药的流程优化作用也不可小觑。基于互联网和物联网平台设计的综合医院门诊智慧药房更新升级和优化患者就医取药的流程，使患者门诊取药就诊过程更加高效、便利。以取药患者为例，智慧药房系统实施后患者的就诊取药流程如图3-29所示。

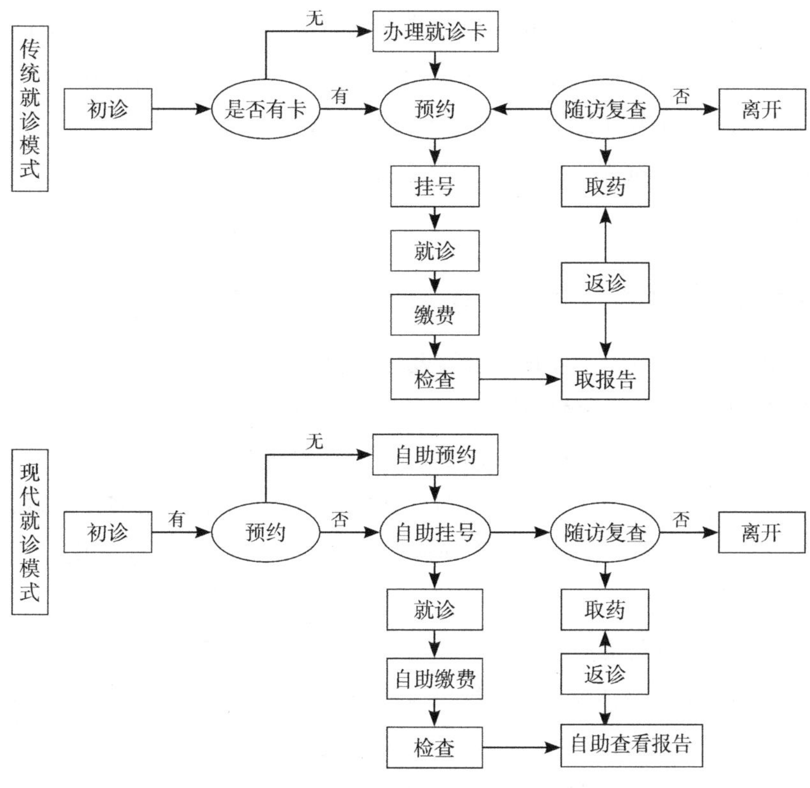

图3-28　患者首次就诊、复诊以及门诊医务人员工作流程

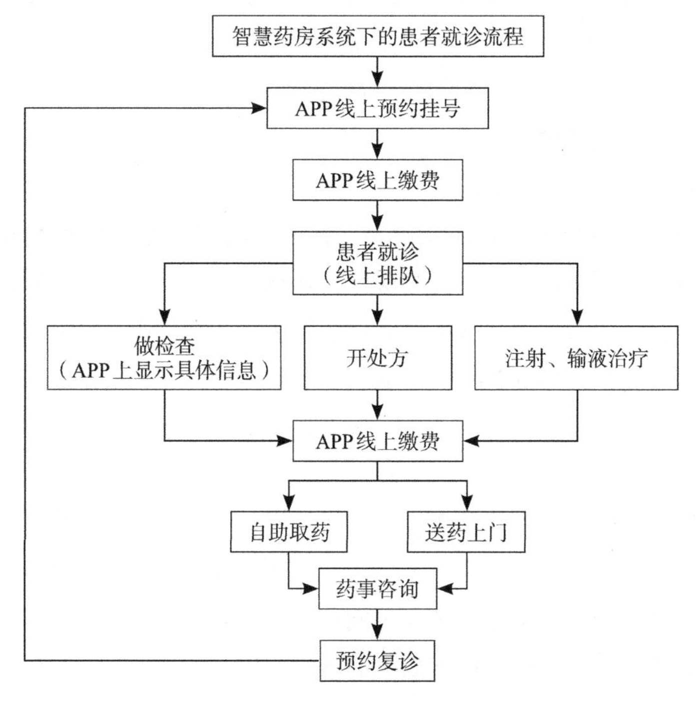

图3-29　医院智慧药房就诊流程

智慧药房的应用优化了药房服务流程、创新就医取药模式、实现药品质量可追溯、服务全程可视化等一系列患者取药就诊流程。不难看出智慧化技术的应用成效显著，大幅度缩短了患者在医院停留的时间，减少了交叉感染的风险，缩短了患者的等待时间，提高了患者的就诊满意度，为医院和医务工作者带来积极的效益。

3.4.4 智慧化影响下的医院门诊空间未来发展趋势

1. 更适宜的医院室内外物理环境智能化控制

在医院门诊楼室内环境中应用建筑智能环境控制的智慧化技术对门诊空间物理环境进行自动化控制管理，形成针对患者舒适度体验的不同室内控制区域，并根据来诊人数、候诊人数、疾病种类与空间功能划分为多个区域，形成智慧感知系统，实现不同区域的不同调节，从而使医院更加绿色化、生态化、人性化。

2. 更灵活的空间尺度控制系统

医院空间尺度的灵活化控制是即医院建筑面临的长期且必要的问题。面对未来未知的疾病与挑战，医院空间适应性与弹性决定着其功能的延展性是不是能做出快速应对，满足不同时期的需要。

利用智慧化系统对于空间分隔进行控制与调整，形成多种尺度与大小的模式，还可以形成不同使用功能的模式，快速改变医疗工艺流线，适应多种需求。未来的医院建筑空间形式复杂多变，适应这种医院建筑模式能提高建筑生命周期，不断适应医院发展过程。

3. 更丰富的智能化服务设备

未来医院将拥有更多的智能化设备，在诊疗过程中开发智能AI机器人，通过机器人、远程协同医疗的手段提高医疗行业诊断的智能化水平。除此之外，智能化医疗佩戴设备的研发，如智能健康电子腕表、智能健康蓝牙耳机等多种智能穿戴设备，实时监控人体的各项健康数据，若数值异常则会立即通知患者进行就诊，同时可将患者身体数据同步上传至医院系统端，便于医生诊断治疗，避免耽误病情。

在医院交通过程中，智能共享交通工具的研发将为因疾病造成的行走不便的患者提供帮助，智慧共享轮椅、共享代步车等将患者引导至就诊科室所在位置，避免了因距离过远造成的就诊不及时等问题，在遇到紧急情况时也可以快速将患者进行转移治疗，最大限度保证了患者的治疗安全（图3-30）。

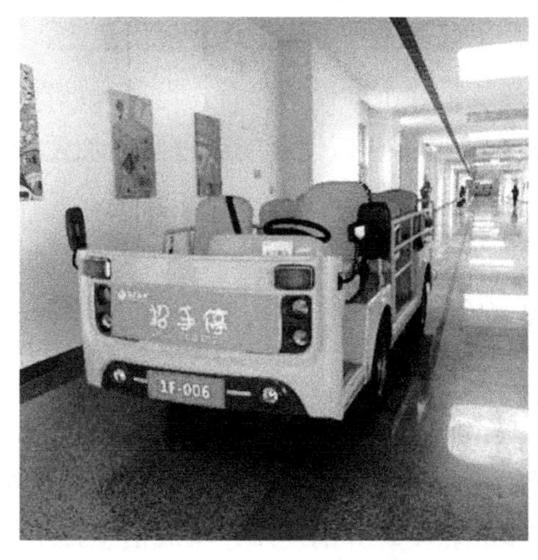

图3-30　医疗街中的“招手停”代步车

4. 更多样的就诊体验

智慧健康管理能够大大提升居家平台式就诊体验，就是基于医养服务和新健康理念，将移动互联网、物联网、智能传感技术、云计算技术、大数据技术等智慧数据信息管理技术运用到健康信息采集、健康风险评估、自助疾病诊断、个人化就诊方案定制、健康干预、动态跟踪反馈等各个环节中，是对居家、社区及机构就诊人群的身体具体信息进行全面监测、评估、定制、预防、维护和发展的全过程。智慧健康管理系统与传统模式相比，由于引入了智慧医疗数据管理技术，打破了时间及地域限制，可以提高服务效能，优化服务质量，促使人们从被动的医疗服务转变成主动身体管理，可根据自身具体情况定制个人化就医健康管理方案，可实现集医疗、预防、保健、康养、健康生活方式指导等一体化和全方位的服务。

智慧化建设也能快速带来移动式医疗服务，5G移动医疗车（义诊车、采血车）整合远程影像学检查等功能实现一站式整体方案，基于5G网络进行实时数据传输与分析，满足民生项目和个性化检测的灵活性和拓展性需求。可在医疗资源稀缺的地方（偏远地区、急救、自然灾害现场等）通过远程指导并结合医疗大数据提供精准诊断和干预。

3.4.5 智慧医院建设小结

如今，智慧医疗设施的普及推广已经略有成效，但总体来说智慧化技术在我国医疗建筑中目前的应用现状还处于初始阶段。各类实践与研究正在日益升温。新建的医院都在寻找适合自己的智慧思路。智慧化医院建设不仅能提升患者就诊体验，同时也提高了医生的诊疗效率，改善了医务工作者的工作环境。总之，智慧化在医院中的应用会随着政府与行业的持续推动不断得到完善，形成突破性的进展。相信在不久的将来，医疗建筑领域的智慧化开拓创新能够迈向更加便捷、精准、宽广的智慧医疗时代。

3.5 教育信息化影响下中小学建筑发展

3.5.1 教育信息化影响下中小学建筑空间功能诉求

随着数字技术、网络技术的飞速发展，教育改革步入信息时代，以信息技术为核心的技术革命导致了产业结构变化，多元教学媒介的使用，集成信息技术的运用以及物理环境的优化都导致中小学原本的知识生产方式、知识获取方式、知识传播方式发生了根本性的变革，学生的知识来源不再局限于书籍和教师。升级的教学模式中，教育目标、教师角色、学习方式都已逐渐发生变化，学生与教师同信息技术之间为互动关系，传统的教学模式已经无法适应新的需求。

1.教育信息化驱动中小学教学建筑空间智慧开放化

信息化教学的广泛推广，驱动教育模式发生变革，“终身学习”“互动式教学”等开放式教育理念都促进了教育理念向着开放、包容的方向变革。“未来学校”“K-12教育体系”“跨学科学习（STEAM教育）”等概念的提出，有力促进了符合未来教育发展要求的教学模式探索。信息技术跨学科、多领域的广泛应用已经为未来教育、未来学习、未来学校提供了先决条件，“慕课”“翻转课堂”“体验式学习”等新的教学形态随之不断涌现，教育信息化在人才培养、学习方式和教学环境等方面驱动中小学教学模式升级（图3-31）。中小学人才培养模式不再是传统的讲授型而是研讨型，教学空间也不再是以老师为中心，信息化教学从对教学内容的呈现转变为促进教与学的互动，学生通过云课堂进行线上的学习，而老师更多承担的工作是答疑解惑；学习方式更为多元化，包含个人学习、网络学习、协作学习、小组讨论、集体授课、演讲交流等，教学空间不只是承载授课的功能；教学空间环境方面，无线校园的建设将打破传统课堂构成，教学单元由封闭走向开放，发展形成开放式教学空间，教学区用隔断分隔，学生分成不同的组团选择不同的学习区域进行学习和讨论（图3-32）。

2.新教育模式下的教学空间功能诉求智慧复合化

信息技术的发展以及教育理念的更新使原本统一的工厂式教育方式逐步向开放灵活的方向转变，教学行为也从传统呆板、程式化的方式向着愈发自主、多元化的方向发展，注重学生综合素质的培养方向发展。创新教学模式下的中小学建

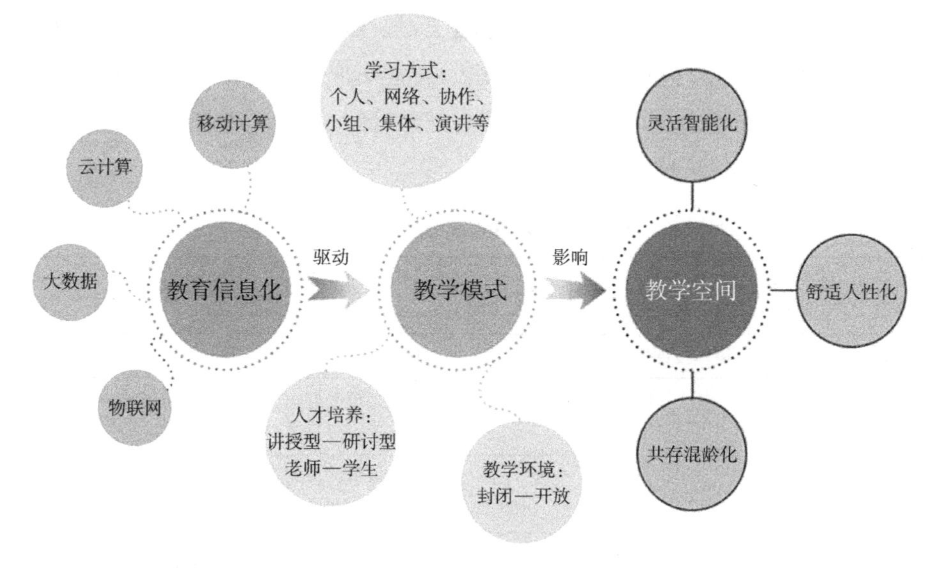

图3-31 逻辑生成图

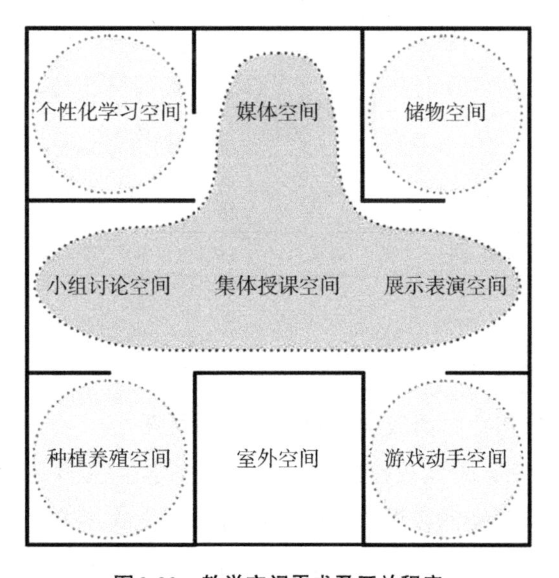

图3-32 教学空间需求及开放程度

筑所需要的教学空间要满足集体授课、自主学习、小组讨论、展示表演等多种功能活动，包括正式学习与非正式学习。

传统教育拘泥于班级授课制的局限性，教学空间一般都是以满足集体授课的教学形式为前提，难以顾及学生的个体差异，然而教育信息化使教学空间可根据学生性格、水平、兴趣等提供多样功能。有研究指出，21世纪学校物理空间必须要支持的20种学习方式：独立学习、同侪互学、团队合作、教师一对一教学、讲座、项目式学习、远程教学、学生展示、研讨式学习、讲故事、基于艺术的学习、社会/情绪/精神的学习、基于设计的学习、游戏化学习等（表3-7）。因此，新教学模式下的教学空间应满足以下需求：智能集成化空间，封闭教学空间转为灵活可拓；混龄流动化空间，同年级与跨年级组团并存；人性舒适化空间，交互设计打造体验感友好的教学环境。

新模式下中小学建筑教学空间诉求　　表3-7

教学空间类型	空间开放程度	教学空间名称	教学组织方式	空间功能说明
教授类	开放	集体授课空间	集体	用于全体学生集体听课和集体活动等
研讨类	开放	小组讨论空间	分组、小队	根据兴趣爱好自发组合的部分学生以小组形式进行学习研讨等
自学类	半开放	个性化学习空间	个人、分组、小队	学生休息、自习、针对个人问题进行单独辅导或情绪调节等
展示类	开放	展示表演空间	个人、分组、小队、集体	供学生作品展示，学生登台演讲、汇报表演等
操作类	半开放	游戏动手做空间	个人、分组、小队、集体	供学生进行游戏活动、手工体验，内部包括操作台等
操作类	半开放	种植养殖空间	个人、分组、小队、集体	培养学生热爱大自然、种养动植物，可能有阳台等半室外空间
自学类	开放	媒体空间	个人	放置电脑、iPad、视听资料、书籍，提供网络、电源等
储藏类	半开放	储物空间	个人	供学生放置个人物品等

3.5.2 中小学教学空间发展趋势

1.空间智能集成化：封闭教学空间转为灵活可拓

5G时代悄然到来，无线校园的建设使中小学学生在学校中随时随地可以便捷接触到网络，任何类型的教学空间内部均有数字化的终端设备供学生们就近使用，未来的教学空间发展也将呈现出多功能与多义化趋势，除满足基本的教学功能外，其也将兼具生活、休憩、游戏等功能。因此中小学建筑教学空间设计应能够满足学生和教师灵活使用的需求，传统封闭的教学空间转为灵活可拓。

教学空间单元围合式布局使得学生与学生之间的关系，学生与教师之间的关系都更加均衡，空间边界采用可移动的书架等轻质隔断或滑动的玻璃幕墙等进行分隔，通过全息投影技术将同一个教师投影到世界各地的教学空间之中，学生环绕教师落座，与教师进行实时互动。小组式布局，更加强调学生小组内部的研究讨论，学生通过iPad、手机、计算机等进行学习讨论，每个小组内部配备有交互式白板、共享屏幕等方便大家分析共享。而教师在教学空间内部漫步随时解决各个小组研究讨论过程中出现的问题。允许学生对其需要的空间负责是教学空间布局的重大突破，混合式布局包括不同尺寸、不同高度的桌椅，不同年龄段的学生可以散布在任何教室中，移动一套桌椅跟随全息投影技术投射出的教师进行学习，流动空间的边界由可移动隔断分隔，可随时对空间进行拓展（表3-8）。

新型教学模式下的中小学建筑教学空间布局 **表3-8**

空间类型	教学空间围合式布局	教学空间小组式布局	教学空间混合式布局
教授类空间	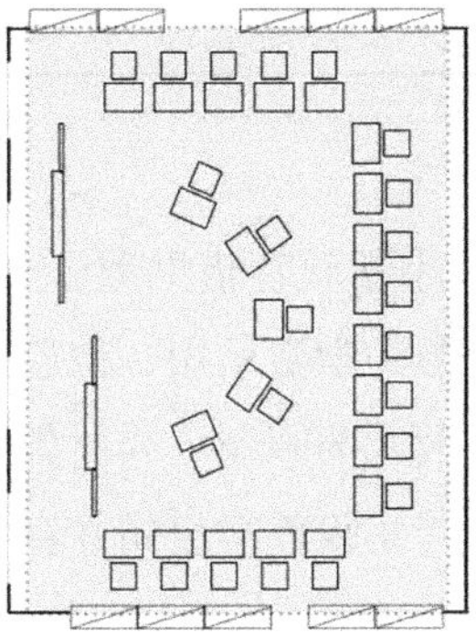	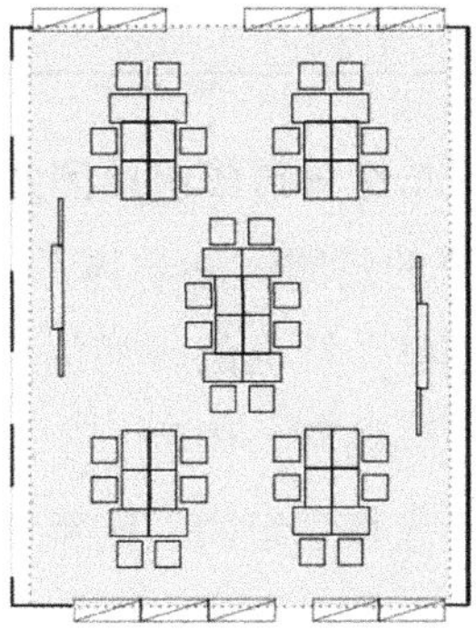	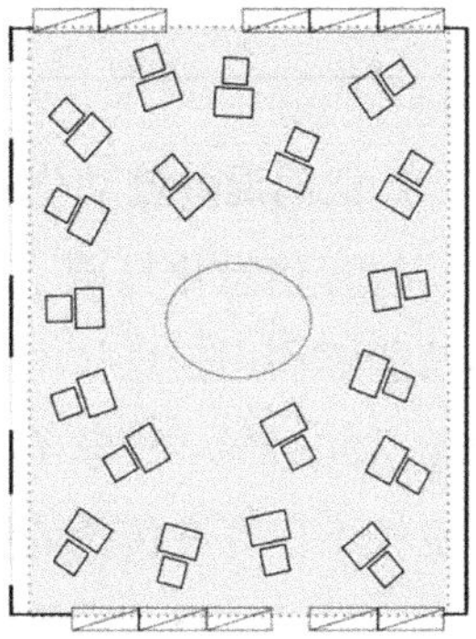
研讨类空间	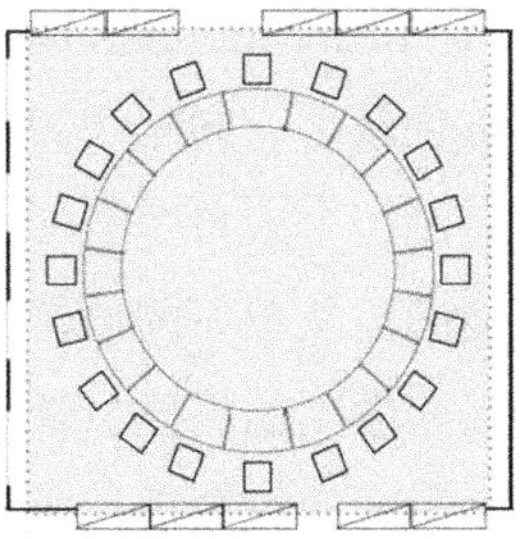	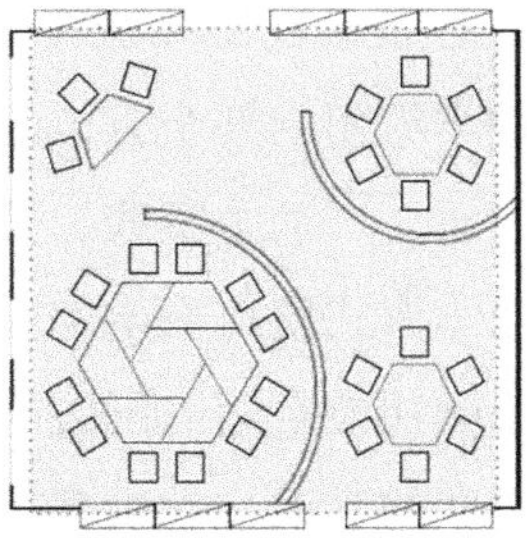	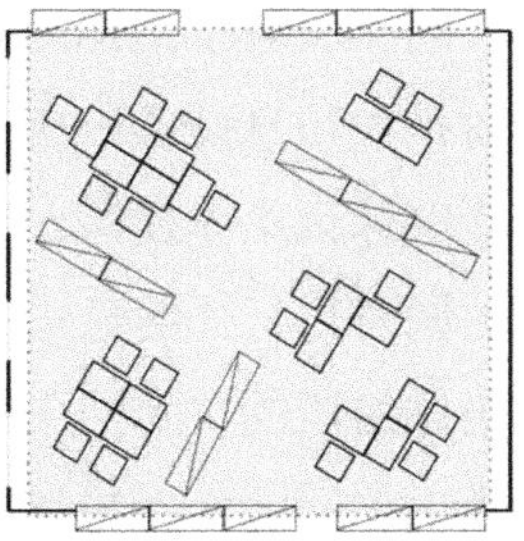
展示操作类空间	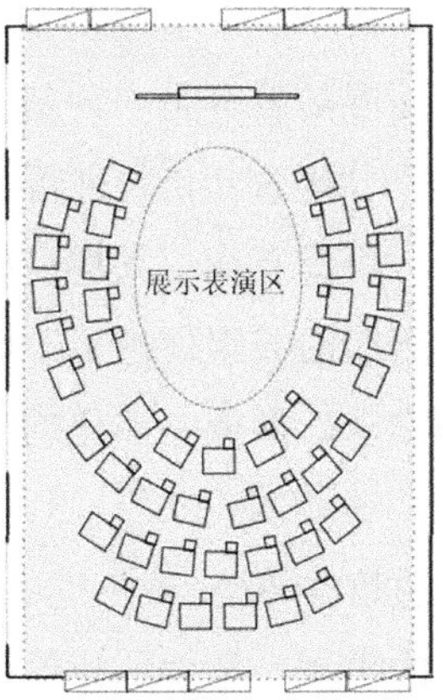 展示表演区	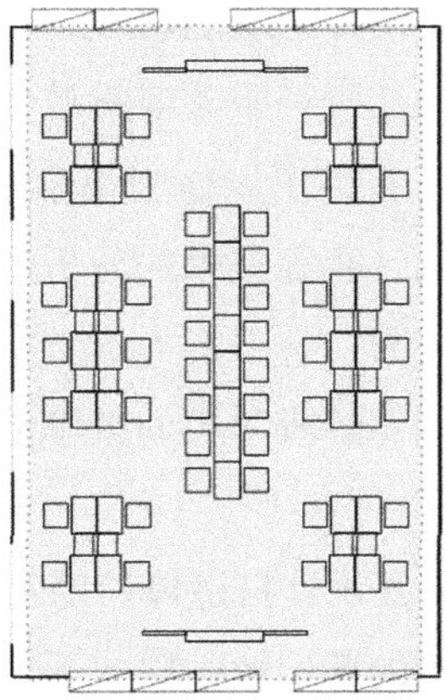	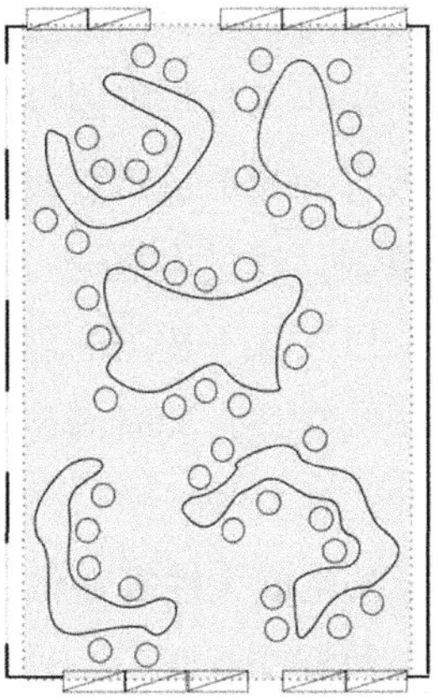

续表

空间类型	教学空间围合式布局	教学空间小组式布局	教学空间混合式布局
自学类空间			
特点	空间布局均衡，保证更好地交流，自学类空间为喜欢思考的学生提供独立的围合式空间	空间布局灵活，桌椅组合方式可进行弹性拓展，空间丰富度增加	空间内部形状各异、高度可调节的操作台和椅子混合布置，增加空间趣味性

2. 空间混龄流动化：同年级与跨年级组团并存

教育信息化打破了传统的封闭式办学体系，中小学教育借助数字平台进行，学校能够利用信息技术挖掘整个社会的一切优质资源为学生所用，构建开放式的教学空间格局。教学不再受到场所、课程、年龄等因素的限制，因此教学空间内部也将不仅存在传统的同年级教学组团，同年级与跨年级教学组团并存将成为未来中小学教学空间系统的组织构架形式。

同年级教学组团是在上述灵活的基本教学空间单元的基础上进行组合而成，同时扩大信息设备，支持教学组团内部全方位的信息化教学。同年级教学组团内部能够保证集体授课、小组研讨、动手实践、展示交流，个人自主学习等教学活动的同时进行，信息化的教学方式使得教学空间更能满足从单一的个体到有规模的集体组团的空间扩张，组团功能空间的配置能够根据学生的需要灵活变换，增加学生之间、学生与教师之间的互动，学生掌握自主学习的权利后，也更能增加大家学习的兴趣，激发学生发挥主观能动性。

跨年级教学组团设计的初衷是服务混龄教育，而混龄教育是一种基于无年级制教育而形成的教育理念，打破了以往中小学中按照“生理年龄”进行年级划分的限制。经过大数据、移动计算等技术的分析处理，将具有相似兴趣爱好、艺术擅长以及水平相当的理解能力、学习能力的学生进行混龄成组促进了不同年龄段孩子的交往，同时满足不同年龄段学生的教学活动需求，形成一体化的教学空间组团（图3-33）。

3. 空间人性舒适化：交互设计打造体验感友好的教学环境

数据交互匹配声光环境的新型教学模式下教师的讲授、学生的讨论、游戏展示等活动以及学生个人的自学几乎同时存在，通过不同情境的教学空间交互性设计形成信息媒介与空间环境相辅相成的沉浸式学习氛围，通过这种方式让儿童能

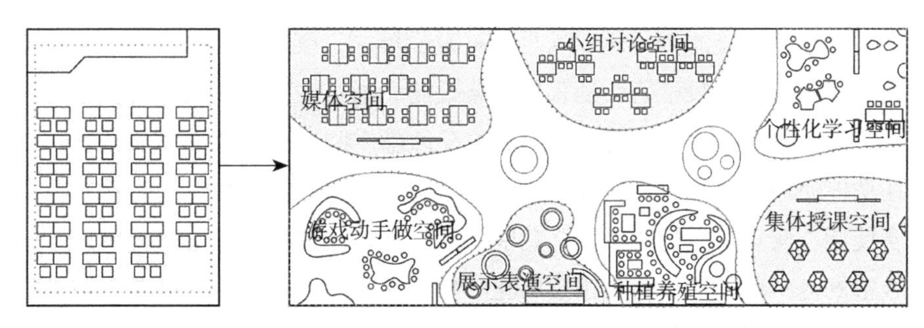

图3-33　打破了原有工业化时代线性设计的混龄化教学空间

够以开放的交流和互动途径接受知识，使儿童不光通过听课，而是通过自己的感知、理解更为高效地学习。

3.5.3 中小学建筑空间智慧化改造体系框架

从教育信息化驱动下中小学智慧化空间模式特点、空间需求和改造设计影响因素出发，在对国内中小学建筑空间现状调研的基础上，通过调查问卷发放、专家访谈和案例整理等方法，调研整理中小学校园存在的问题及相关材料，研究总结智慧学校相关理念对中小学建筑改造设计的作用机制。分析教育信息化驱动下中小学建筑空间改造的影响因素，如智慧化中小学建筑空间尺寸、新的教学行为模式、多方参与的协同设计和青少年儿童发展特点等，探讨出满足教育信息化为目标的中小学建筑空间需求的空间模式，以适应新设备的空间需求、多元信息媒介的空间环境需求、自主学习模式下开放可控的需求以及虚拟现实与学生连通空间模式的优化等，从而匹配教育信息化趋势和城市既有中小学建筑改造设计需求，提出智慧化改造目标。

1. 人因生态系统下交互提供儿童友好体验技术支持

中小学建筑教学空间不仅是知识传播的场所，更承载着信息传递与情感交流的功能，是学生实现全方位成长的地方，因此其物质环境的塑造应体现对学生的人文关怀。人性化的舒适环境会对学生产生积极的情绪以及心理方面的暗示，从而提升学生自主学习的兴趣与课堂参与度。教育信息化的普及为中小学物理环境舒适化提供了基础的保障，空间设计中集成智能化交互式设备，使空间自身具有可调节机能，能够快速传输的稳定网络保证了学校对于空间环境氛围这一种软环境的实时监控，从而形成了教学及环境的互馈机制。

2. 多元信息媒介复合化推动空间功能多元

在功能使用复合化方面，形成以基本学习模块为核心，多元教学模块为配套的改造模式。各类教学模块与基本学习模块的多样组合，丰富了传统单一的教学功能，实现空间功能的多元化，满足各种教学模式。改造现有内墙为可移动隔墙板，并集成各类多元教学模块的智能设备设施，通过改变空间大小和组合方式实现教学单元的重组与功能转换，提升多元化教学空间的集约性。

在功能使用灵活性方面，针对不同教学行为，将多元模块单元与基本教学单元组合使用，实现空间均质可变，功能灵活切换。改造保留基本结构单元，根据原有教室的基本模数形成适宜于智慧化、信息化教学的改造模数序列。该模数序列可用于内部空间组合与拓展、配套设备集成、门窗洞口位置调整、教室容量定值优化等。同时，进行配套设施尺度适龄可变，教学用具位置可变，教学界面灵活可变、教学边界柔化可变的场域优化设计以满足教授类、研讨类、展示类、自学类、活动类等不同教学模式对空间的特殊要求。

3. 自主学习模式下教学空间开放可控

学习环境优化与重塑主要通过对学生信息获取、多元媒介信息传递和教室的精神氛围营造三个方面进行优化。信息可获得性是智慧学校的根本，影响着学生在智慧化的教学模式下，学习的效率、深度以及广度。传统的教学空间无法满足多媒体视觉系统和多元信息媒介的听觉系统，学生难以突破快速搜索信息屏障，需要优化教学区域空间尺寸，使其满足学生的信息搜索。优化教室各个界面，使其成为信息传递媒介，改造侧界面和顶界面使其成为视觉信息获取界面，优化学生课桌上的同步的多媒体平台允许信息传递界面不断拓展，拓展优化自学、研讨、活动、讨论的空间和氛围使学习行为无处不在。在满足智慧化教学正常进行的前提下，为避免教学空间变为充满设备的高科技教室，在满足即时学习的智能化空间界面中，应该注入童趣性、人文性、创造性的空间氛围。同时对内部物理环境也应提出新的要求，包括集成设备的安全性、舒适性，通过设计减少新增设备的负面影响，智慧化教室的声、光、温度等物理环境也应提供主动的智能调节。

4. 全生命周期下柔性可生长

基于BIM技术可视化、协调性、模拟性、集成化和信息化平台，从改造初期的场地组织到模块化部品更新再到建成后中小学管理体系构建，形成智慧化的管理系统。该平台可囊括建筑智能维修系统、智能交通系统、智能节能系统、智能安全系统以及智能教学系统。通过BIM模型建立的平台不仅可以对建筑和场地交通安全等各方面进行全生命周期的智慧化监管，也可以集成教学系统，对学校内每一位师生的行动轨迹、教学水平、学习深度等属性信息进行收集、管理和分析，便于实现具备可视化、自动化、一体化的智慧型校园。

5. 改造决策方协同设计

从设计全过程考虑与改造决策方协同设计，完善设计体系。设计参与者包括校方管理者、政府、投资方、中小学生、家长、教师、施工方以及设备供应方等协同设计加强沟通。从功能集约重构、环境友好融合、设置配置标准、改造技术集成以及施工策划和实施，校舍腾挪与教学活动协调度等方面层层推进。

3.5.4 中小学建筑空间智慧化改造设计策略

1.多方协同的全生命周期智慧化管理

例如，深圳梅丽小学校舍腾挪项目（图3-34）中，为了项目智慧高效地推进，利用了BIM信息化平台下的ArchiCAD这一工具进行智慧化的管控，统筹多工种多决策方协同设计、集成各类构件材料、协助设计团队实时控制成本，并在后续过渡性校舍的拆除过程中统筹管理。实现了从设计到施工，从使用到拆除的全生命周期智慧化管理。

图3-34　深圳梅丽小学校舍腾挪项目

来源：周红玫.校舍腾挪：深圳福田新校园建设中的机制创新[J].建筑学报，2019(5)：10-15.

2.满足多元化教学模式的空间功能优化改造

例如，深圳红岭小学采用了新体制和课程设置的要求，教室布局和公共场所空间组合形态通过可移动桌椅和设备重组以及可变墙体开合，实现空间功能与形态灵活变化，体现了空间设计和智慧学校教学模式的融合（图3-35）。

3.健康管理常态化的校园卫生安全优化设计

在空间优化方面，校园入口空间的优化与改造，可增设防疫检查区和临时隔离区，形成校园内部安全岛；校医务室等病疫处置空间优化设计，可增设直通室外的隔离病房，减小医务室单元规模，提高分布密度；教学区域的设计与优化，可改造增设双走廊体系和独立教学单元入口，有利于遏制疾病在班级之间传染；教学空间单元的优化设计，可对教学模块进行迅速转换，通过拆分与合并，调整班级人数，增加班级密度，有利于遏制疾病在班级内部大面积扩散；公共交通区域的优化设计，可通过分割空间的卷帘进行流线的重组和引导，降低公共区域感染发生的可能。

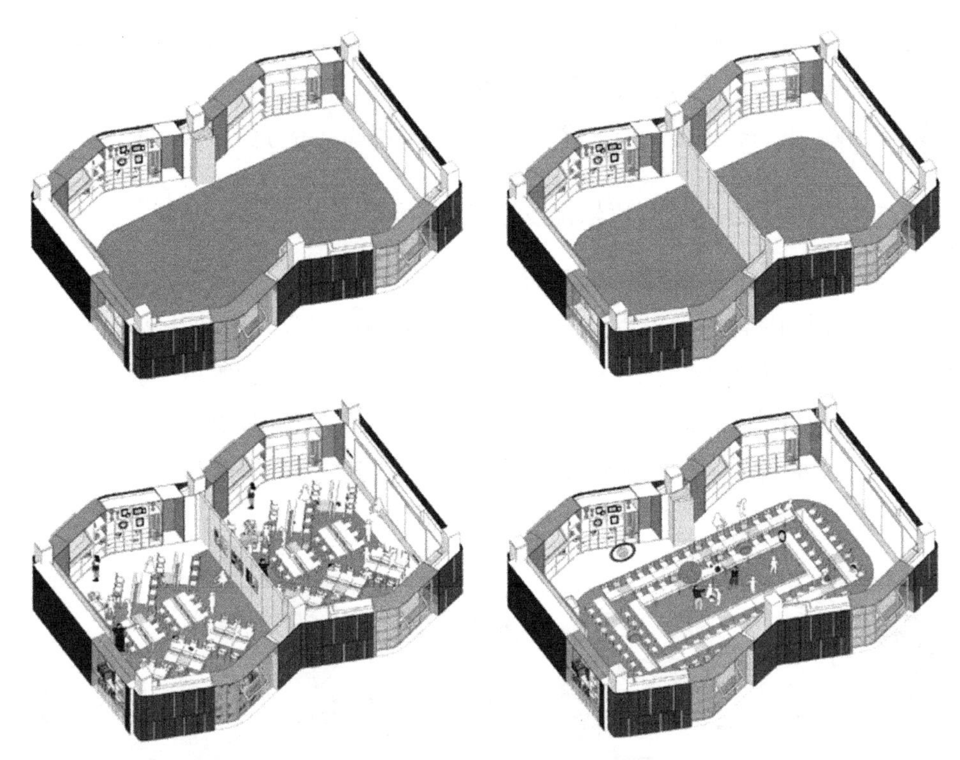

图3-35　红岭小学鼓形学习单元在各种教学模式下的布局

来源：何健翔.从户牖到都市苍穹——深圳红岭实验小学校园设计笔记[J].建筑学报，2020（1）：32-37.

在环境优化方面，中小学教学空间改造优化应关注空气质量和室内温度的优化调节，可增设小型通风口，提供持续且低流量的空气流通。根据学生和教室的特殊尺寸增设数量充足、配备均匀、尺度适宜的洗手池和消毒辅助设施。

在健康监控与管理方面，应改造集成室内物理环境健康实时监测和调节设备，实现对室内物理环境健康实时监测和调节，通过对红外体温检测仪、肢体影像采集器等信息采集设备进行终端集成，结合大数据库和信息联动的智慧平台，可及时发现并提前预防和隔离。校园智慧交通管理系统可通过温度检测、通风量等数据检测对校园人流进行实时控制。智慧学校的交互设计优化教学环境的过程中，使空间自身具有可调节机能，保证了学校对于空间环境氛围这一种软环境的实时监控，从而形成教学及环境的互馈机制。

例如北堪萨斯城学校的SAGE（学前教育）设施的洗手间设有自动洗手池，走廊和洗手区之间没有门把手。为应对COVID-19疫情，该学校的设计师根据医院设计对建筑进行更新改进，通过数据驱动的自动化来减少触摸，通过人工智能提取学生运动模式，分析学生经常参与共享和经常使用的表面，在BIM平台系统中标注学生触摸较多的界面和不必要且易沾灰尘、细菌的区域，并对其材料进行更换和整合，以减少病原体生长的机会。除此之外，学校还增设洗手台数量，植入紫外线杀菌模块（UVC）和高效微尘颗粒空气过滤系统（HEPA）。

参考文献

[1] 吴良镛. 中国人居史 [M]. 北京 ：中国建筑工业出版社，2014.

[2] 吴良镛. 人居环境科学导论 [M]. 北京 ：中国建筑工业出版社，2001.

[3] 李晓宇. 两条线索下的范式演化——未来人居生活模式初探[J]. 城市建筑，2019，16（22）：21-26.

[4] 孙彤宇. 开放住区与活力街道网络步行体系建设 [J]. 城市建筑，2016(22)：47-51.

[5] 陈昊，方劲松. 开放共享理念下街区制的推广模式研究[J]. 江西建材，2018(11)：56-57.

[6] 杨保军. 关于开放街区的讨论[J]. 城市规划，2016(12)：113-117.

[7] 迈克尔·索斯沃斯，伊万·本 - 约瑟夫. 街道与城镇的形成[M]. 李凌虹，译. 北京：中国建筑工业出版社，2006.

[8] 刘瑾瑶，袁大昌. 开放街区导向下居住区更新模式探究——以广州六运小区为例[C]//2018城市发展与规划大会论文集，2018.

[9] 徐森，梅佳欢. 空间句法在历史文化街区中的运用研究——以南京夫子庙历史文化街区的空间结构分析为例[C]//持续发展 理性规划——2017中国城市规划年会论文集（07城市设计），2017.

[10] 佚名.明天，适合我们生活的城市和建筑会是什么样？[J]. 建筑技艺，2016(9)：12-15.

[11] 叶齐茂.译者随笔《场所的诱惑：城市的历史和未来》[J].国际城市规划，2017，32（3）：91-92.

[12] RYKWERT J. The Seduction of place：the history and future of cities[M]. Reprint edition. New York：Vintage，2013.

[13] 杨纵横. 从空间到场所[D]. 重庆：重庆大学，2013.

[14] 张中华，张沛，朱菁. 场所理论应用于城市空间设计研究探讨[J]. 现代城市研究，2010，25(4)：29-30.

[15] 黄子云，余翰武. 城市街区自发空间的场所精神探寻[J]. 中外建筑，2011(6)：65-67.

[16] 王一名，陈洁. 西方研究中城市空间公共性的组成维度及“公共”与“私有”的界定特征[J]. 国际城市规划，2017，32(3)：59-67.

[17] 李振宇. 在历史与未来之间的妥协——关于包赞巴克“开放街区”的断想[J]. 城市环境设计，2015，96(6)：42-45.

[18] 杨会良，杨秀丹. 雄安新区“智慧城市”建设基本架构与路径——基于场所和流动空间视角[J]. 河北大学学报（哲学社会科学版），2018，43(4)：57-62.

[19] 杨金龙，宋晓庆. 基于空间句法理论街区活化方案探讨——以洛阳涧西区工业遗产为例[J]. 建材与装饰，2018(36)：63-64.

[20] 黄志宏. 城市居住区空间结构模式的演变[D]. 北京：中国社会科学院研究生院，2005.

[21] 王波. 城市居住空间分异研究[D]. 上海：同济大学，2006.
[22] 赵文慧. "开放街区" 理念下的空港站前核心区城市设计研究——以北京新机场为例[D]. 北京：北京建筑大学，2018.
[23] 周驰，孟凡莉. 美国持续照料退休社区的健康管理模式及启示[J]. 中国老年学杂志，2017，37(2)：518-519.
[24] DENTON A，POLHAMUSJ，陈鸥翔. 探讨美国 CCRC 养老模式及其在中国的前景[J]. 建筑技艺，2014，4(3)：52-55.
[25] ALDRICH F K. Smart homes past，present and future[M]//HARPE R. Inside the Smart Home. London：Springer，2003：17–39.
[26] HOSSAIN M S，RAHMAN MA，MUHAMMAD G. Physical cloud-oriented multi-sensory smart home framework for elderly people：an energy efficiency perspective[J]. Journal of Parallel and Distributed Computing，2017，103：11-21.
[27] KANOH M，YAMANE M，KASAI T，et al. Feasibility of a home gymnastic robot to facilitate regular exercise among middle-and old-aged women[J]. Japanese Journal of Health Education and Promotion，2011(3).
[28] 佚名. 英国研发可监控健康智能屋[EB/OL]. 2011. http: //news. sciencenet.cn/htmlnews/2011/2/244101.shtm.
[29] 周聪聪. 管窥：智慧养老悄然来临[J]. 中国社会工作，2017(23)：46-49.
[30] 曹承志，王楠. 智能技术[M]. 北京：清华大学出版社，2004.
[31] 中华人民共和国住房和城乡建设部. 智能建筑设计标准：GB 50314—2015[S]. 北京：中国计划出版社，2015.
[32] 赵亚楠. 智能技术在建筑中的运用研究[J]. 智能建筑与智慧城市，2019(3)：17-18.
[33] 王正国. 数字化时代的医学革命[J]. 中国数字医学，2009(1)8：11.
[34] 罗运湖. 现代医院建筑设计[M]. 北京：中国建筑工业出版社，2002.
[35] 王惠来. 基于智能技术的医院建筑设计研究[D]. 哈尔滨：哈尔滨工业大学，2007.
[36] 佚名. 国外医院的智能化建设[J]. IB智能建筑与城市信息，2003(3)：22-23.
[37] 刘克俭，于锦霞. 新世纪全数字化医院展望[J]. 医学信息，2003(12)：686-688.
[38] 郭雅琴. 广州市中小学校园更新扩建设计探索[D]. 广州：华南理工大学，2016.
[39] 中华人民共和国教育部. 教育信息化 "十三五" 规划[R]. 2016.
[40] 中华人民共和国教育部. 教育信息化2.0行动计划[R]. 2018.
[41] 苏笑悦. 深圳中小学建筑环境适应性设计策略研究[D]. 深圳：深圳大学，2017.
[42] 姚方莉. 智慧教室：未来教育的新方向[J]. 中国医学教育技术，2014，28(4)：356-359.
[43] 华乃斯，张宇. 适应新时代需求的中小学教学空间模块设计研究[J]. 建筑与文化，2018(10)：60-62.
[44] 未来教育实验室. 中国未来学校白皮书[R]. 北京：中国教育科学研究院，2016.
[45] 王英童，李轶凡，杨秉宏，等. 更智能、更舒适：面向未来的中小学教学空间设计[J]. 中小学管理，2018(4)：29-35.

第4章　绿色智慧建筑

4.1 概念与表征

4.1.1 绿色建筑与智慧建筑

1.绿色建筑（Green Building）

绿色建筑是指在建筑全寿命周期内（规划、设计、建造、运营、维护、拆除、再利用），通过适宜技术的集成应用，最大限度地节约资源、保护环境、减少污染，为人们提供健康、舒适和高效的使用空间，实现人与自然的和谐共生和可持续发展。绿色建筑是资源节约的、环境友好的，更是以人为本的，充分体现建筑与人文、环境及科技的和谐统一。

世界范围内环保意识的觉醒开始于美国海洋生物学家蕾切尔·卡逊（Rachel Carson）于1962年出版的著作《寂静的春天》。随后"罗马俱乐部"以客观的数据和计算指出了技术增长的危险，出版了一系列影响深远的著作，以《增长的极限——罗马俱乐部关于人类状况的报告》和《人类处于转折点——关于世界形势给罗马俱乐部的第二份报告》最为著名。1987年世界环境与发展委员会发表《我们共同的未来》，正式提出"可持续发展"的概念，是"既能满足我们现今的需求，又不损害子孙后代满足他们需求的发展"。联合国环境与发展大会于1992年在巴西里约热内卢召开，可持续发展概念的提出在建筑界引起了巨大的反响，这个纲领性的概念随即成为1993年国际建协（UIA）第18次大会的主题：处于十字路口的建筑——为可持续的未来而设计（Architecture at the Crossroads：Designing for a Sustainable Future）。此后，绿色建筑由理念到实践逐步完善，成为建筑学科发展的重要方向之一。世界各国的科研机构和组织在建筑领域开展了各种生态、节能、环保技术的研究，颁布执行各种技术规范和评价标准。

英国建筑研究院环境评估方法（Building Research Establishment Environmental Assessment Method，BREEAM）通常被称为英国建筑研究院绿色建筑评估体系。

始创于1990年的BREEAM是世界上第一个也是全球最广泛使用的绿色建筑评估方法。BREEAM体系下的绿色建筑评估涉及9个方面的内容，分别是：管理、健康和舒适、能源、交通、水、材料、土地利用和生态、垃圾、污染。

德国可持续建筑协会开发的绿色建筑评价体系DGNB被称为第二代绿色建筑评价体系，相比第一代，它新加入了对社会和经济两个方面的内容的评价，使得评价的体系更完整，此外它还增加了对于碳排放量方面的评价，更加符合当今低碳生活的社会潮流。

日本可持续建筑学会开发的绿色建筑评价体系CASBEE，根据绿色建筑不同阶段不同的特点，有4个不同的评价工具：初步设计工具、环境设计工具、环境标签工具、可持续运营和更新工具。

新加坡Green Mark评价体系标准，旨在将环境友好、可持续发展的理念贯彻到新建筑物规划、设计和建造的过程中，降低对环境的影响。评价指标分为能源效率、用水效率、环境保护、室内环境质量及其他。

由美国绿色建筑委员会（USGBC）颁发的LEEDTM绿色建筑认证是目前国际上最为先进和最具实践性的绿色建筑认证评分体系。LEEDTM评估体系由五大方面，若干指标构成其技术框架，主要从可持续建筑场址、水资源利用、建筑节能与大气、资源与材料、室内空气质量几个方面对建筑进行综合考察，评判其对环境的影响。

绿色建筑挑战（Green Building Challenge，GBC）最初是由加拿大发起，美国、法国、英国等14个国家参与。后来在各国的参与下，经过大量实践项目的交流与合作，各国最终确立了一个可以适应不同的国家和地区各自技术水平和建筑文化传统的建筑物环境性能的评估体系——GBTOOL。这个体系是一个多国的绿色建筑评价体系，它可以根据不同国家具体情况给出合理的评价。

在我国，节能减排和可持续发展已成为基本国策。在各级建设主管部门的推动下，一系列与建筑节能和绿色建筑相关的政策标准陆续出台。其中比较重要的有：1996年颁布的《民用建筑节能设计标准》，2000年颁布的《建筑节能技术政策》，2001年建设部通过的《绿色生态住宅小区建设要点与技术导则》等。此外，一系列技术规范和行业节能标准也有力地推动了建筑节能的发展，例如《绿色建筑评价标准》GB 50378—2019、《夏热冬冷地区居住建筑节能设计标准》JGJ 134—2010、《工业建筑供暖通风与空气调节设计规范》GB 50019—2015、《民用建筑太阳能热水系统应用技术标准》GB 50364—2018等。2019年颁布新的《绿色建筑评价标准》GB/T 50378—2019以及《绿色建筑评价技术细则》，其中对绿色建筑的定义为："在全寿命期内，最大限度地节约资源（节能、节地、节水、节材）保护环境、减少污染，为人们提供健康、舒适和高效的使用空间，与自然和谐共生的建筑。”

2. 智慧建筑（Intelligent Building）

根据《智能建筑设计标准》GB/T 50314—2015，智慧建筑是以建筑物为平台，基于对各类智能化信息的综合应用，集架构、系统、应用、管理及优化组合为一体，具有感知、传输、记忆、推理、判断和决策的综合智慧能力，形成人–建筑–环境协调的整合体，为人们提供安全、高效、便利及可持续发展功能环境的建筑。

1）建筑智能化

20世纪八九十年代建筑智能化主要为多个单一功能系统组成，当时的智能建筑简称5A建筑，即建筑设备自动化系统（BA）、通信自动化系统（CA）、办公自动化系统（OA）、火灾报警与消防连动自动化系统（FA）、安全防范自动化系统（SA）。各个机构的研究大多侧重于技术要素，主要包括信息通信技术（Information Communications Technology，ICT）、自动化技术、有助于提高效能和效率的系统集成技术等方面。2000年颁布的《智能建筑设计标准》GB/T 50314—2000对建筑智能化的定义为“以建筑为平台，兼备建筑设备、办公自动化及通信网络系统，集结构、系统、服务、管理及它们之间的最优化组合，向人们提供一个安全、高效、舒适、便利的建筑环境”。

2）智能建筑

进入21世纪后，关注点开始由技术转向用户体验和绿色环保方面。“用户生活质量”“用户需求响应”“环境友好”“节能”“健康”等关键词越来越受到从业人员的重视。2006年颁布的《智能建筑设计标准》GB/T 50314—2006对智能建筑的定义为“以建筑物为平台，兼备信息设施系统、信息化应用系统、建筑设备管理系统、公共安全系统等，集结构、系统、服务、管理及其优化组合为一体，向人们提供安全、高效、便捷、节能、环保、健康的建筑环境”。

3）智慧建筑

美国智能建筑学会（American Intelligent Building Institute，AIBI）对智慧建筑的定义是，通过优化自身结构、系统、服务和管理以及他们的内在关系，来提供一种投资合理，具有高效、舒适和便利环境的建筑物。相较而言，美国AIBI智慧建筑的定义基于系统的视角。

日本智能建筑学会（Japan Intelligent Building Institute，JIBI）提出的概念是指那些同时具有信息通信、办公自动化服务以及楼宇自动化服务等各项功能，并适应智力活动各种需求的建筑物。日本更多地关注在建筑中生活的人，要为他们带来便捷和绩效的提升。

欧洲智慧建筑联合体（European Intelligent Building Group，EIBG）的定义是指，为其拥有者创造了一个能够最大化绩效，且同时在最小化环境影响和减少自然资源浪费方面有所成效的建筑。欧洲则在日本的基础上，进一步加入了环境要求。

我国《智能建筑设计标准》GB 50314—2015对智慧建筑的定义为“以建筑物为平台，基于对各类智能化信息的综合应用，集架构、系统、应用、管理及优化组合为一体，具有感知、传输、记忆、推理、判断和决策的综合智慧能力，形成人–建筑–环境协调的整合体，为人们提供安全、高效、便利及可持续发展功能环境的建筑”。

4）代表性机构的研究和实践案例

（1）阿里巴巴集团置业部、阿里研究院联合发布《2017智慧建筑白皮书》。

这是业内首部从大数据、平台模式角度研究智慧建筑的研究成果。该白皮书从技术角度深入介绍了智能建筑到智慧建筑的发展与进化过程，剖析了随着技术进步智慧建筑与智能建筑相比在哪些方面得到了进化，全面设计了智慧建筑的建设方式、运行方式、交流互动方式、数据传递方式等，提出了理想的智慧建筑所满足的环境和用户体验及社会文化维度的要求。

（2）中国节能协会、中国标准化研究院资源与环境分院、霍尼韦尔联合发布了《中国智慧建筑调研白皮书》。

该白皮书基于霍尼韦尔智慧建筑评价体系TM对1000多栋建筑进行了智慧程度评估。霍尼韦尔智慧建筑评价体系TM是霍尼韦尔全新推出的全球性建筑评估工具，基于对安全与安防、绿色与节能、高效与便捷等三大领域的智慧设备进行评估，并从设备的应用类型、可用率、覆盖率等三个维度对每一个子系统进行评价。调研结果指出：中国的智慧建筑未来会向更绿色节能的方向发展，而产业政策、行业标准和用户体检是建筑智能升级的主要驱动力。

（3）华为集团发布的《华为智慧建筑解决方案》。

基于以互联网交互、云计算和大数据为代表的新技术应用，实现对建筑智能系统和信息系统的互联互通，并将物联技术和社交平台等日益应用到物业管理和机房运营领域，大大提升了建筑的智慧程度。对于智慧建筑面临的三大挑战跨系统平台，跨地域和跨网络，华为提出采用开放、分布式、弹性架构的实时数据库平台框架来建造大型设施联网平台。

（4）西门子“楼宇数字化双胞胎”。

楼宇科技数字化影响了楼宇的整个生命周期，这包括从楼宇建设的规划到楼宇的使用和管理等所有环节，最终为用户提供一个完美的智慧空间。首先，数据传输从互联网产品开始，感应器和执行器提供连续数据流并发送至云端。通过数据分析并借助西门子技术，这些“大数据”可转化为“智能数据”。这样，就可识别用户行为或消费模式，并采取相应的修正措施。这些基于互联网产品、云端方案和智能数据的自优化功能，将形成楼宇的中央神经系统，赋予楼宇智慧。其次，利用数字接口，西门子DesigoCC楼宇和能源管理平台将不同领域（如暖通空调、安防、消防等）的数据集成在一个用户界面内。这使得集中管理、控制和分析整个楼宇成为可能，使楼宇运营更加经济、安全、节能和高效。此外，建筑信息模型（BIM）借助虚拟数据模型，全面规划整座楼宇，然后进行模拟测试，并根据需要加以纠正。从本质而言，楼宇被建造了两次——从计算机上虚拟构造以及在现实世界中建造，这就是楼宇中的“数字化双胞胎”。

（5）广东宏景科技有限公司和广东省智能工程技术研究开发中心《智慧建筑、智慧社区与智慧城市的创新和设计》。

以智能建筑、智慧建筑、绿色建筑、智慧社区和智慧城市理念的创新与发展为主线，详细介绍了智能建筑与智慧建筑各自的概念、核心技术与特点，并引入绿色建筑概念与二者相结合，探索了绿色建筑与智能建筑和智慧建筑相结合的可能性，并探讨了在智慧建筑基础上智慧城市、智慧社区的设计、应用与运营模式。

（6）荷兰阿姆斯特丹的Edge办公大楼。

被誉为迄今为止人类建筑史上最“智慧”的一座办公大楼——大楼的租户德勤（Deloitte）公司开发了一套供使用的应用程序，透过智能手机应用程序记录每个人的资料，从员工启用应用程序开始，就跟这栋大楼链接。应用程序会检查员工的行程，引导员工到空闲停车位，根据员工当日的行程为员工预定工位、会议室、休息室甚至健身房。应用程序可以记住员工对光线与温度的偏好，并由此调整环境。Edge办公大楼的用电量只有传统大楼的七成，且除了建筑产能足以承担用电量之外，大楼内的部分健身站还会将使用健身器材时创造的能源传送到电网。

（7）腾讯新的总部大楼滨海大厦。

这是腾讯在智慧建筑方面的一次积极探索，采用了物联网和人工智能技术，是集数字化、智能化于一体的智慧大厦，并将绿色环保的理念贯穿了建造的全过程。

（8）CBRE（世邦魏理仕物业）旗下的智慧建筑客户体验中心。

坐落于美国密尔沃基市郊外的甲级写字楼作为CBRE前沿科技的展示总部，并专注于智慧建筑解决方案业务。建筑将对租户从到达至离开的全程进行追踪，并且根据其在场所内的具体活动，进行空气质量、温度、灯光、视听环境的实时调节。它曾3次荣膺LEED铂金级认证，同时还获得了能源之星（EnergyStar）99分的评分。

CBRE智慧建筑客户体验中心拥有先进的整合与分析平台，对来自传感器、各类楼宇系统、计量仪器和其他设备的数据进行精准收集和分析。网络安全与物联网设计的最佳实践在此得以充分展现。

（9）苹果公司于2014年发布智能家居平台HomeKit。

2015年首批支持HomeKit平台的智能家居设备上市。支持HomeKit协议的设备都会在苹果iPhone、iPad上的一个“Home”APP上集中管理，核心逻辑是由设备、场景、房间和自动化四个部分组成的。设备是单个设备在APP中的存在，场景则是将多个设备归于一个状态，房间则是按空间把设备进行分类便于管理，自动化则是设定一些条件来触发自动执行的命令。该APP支持语音控制，涵盖了照明、开关、插座、恒温器、窗户、空调和防盗系统等家用设备。

（10）海尔公司发布U+智慧生活平台。

海尔旗下全球首个智慧家庭领域全开放、全兼容、全交互的智慧生活平台，以U+物联平台、U+大数据平台、U+交互平台、U+生态平台为基础，以引领物联网时代智慧家庭为目标，以用户社群为中心，通过自然的人机交互和分布式场景网器，搭建U+智慧生活平台的物联云和云脑，为行业提供物联网时代智慧家庭全场景生态解决方案，实现智能全场景，共赢新生态；为用户提供厨房美食、卫浴洗护、起居、安防、娱乐等最佳家庭生态体验。

4.1.2 绿色智慧建筑的概念

绿色智慧建筑是以数据技术（DT）和人工智能（AI）为核心支撑，以人–机–环境总体性能优化为目标，集架构、系统、应用、管理为一体，具有容纳最大可变性的柔性结构，具备感知、记忆、判断、分析和决策的生命体机制以及深度学习的自进化能力，为人提供安全、舒适、高效及生态可持续发展的功能环境。在此基础上，通过“端–网–云”组成的数据基础设施，构成智慧建筑系统，融入自然生态系统之中，参与自然界物质和能量的可持续循环，构成人、机、环境深度融合的开放生态系统。

绿色智慧建筑的四个维度是自然环境维度、经济维度、社会人文维度和科技维度。自然环境维度体现环境友好、自适应、资源优化和绿色节能这几个方面，最终实现生态环境的可持续发展；经济维度表现在从建筑全生命周期看绿色智慧建筑具有低成本高回报的特点，并且体现共享经济的时代特点；社会人文维度表现在个性化全方位的用户体验，表现出独特的社区文化和地域特征；科技维度表现在综合利用新一代信息技术。

绿色智慧建筑核心表征为柔性结构、生命体、人因生态系统三部分（图4-1）。柔性结构是为了满足现代生活多样性、活动丰富性和未来发展不确定性，通过利用可调节具有弹性的结构、界面和技术手段，满足变化的用户需求和社会需要，增强建筑的适应性，使建筑更加智慧地应对各种各样的变化。绿色智慧建筑生命体表现在具有“遗传”和“自进化”特点，各种感知数据将被及时采集、处理，支持智慧建筑完成各种响应和决策，深度强化学习为智慧建筑管理过程中的态势感知与综合决策解决带来新的思路，使建筑具备数据智能，最终演进形成智慧建筑大脑，能使智慧建筑不断自学习、持续进化。人因生态系统基于人因工程学（Ergonomics）的原理，研究用户和建筑及其社会环境的交互作用，探索人-建筑-城市相互协调的系统优化策略。它构筑在城市网络系统上，由城市中各系统构成，受城市云大脑的控制。

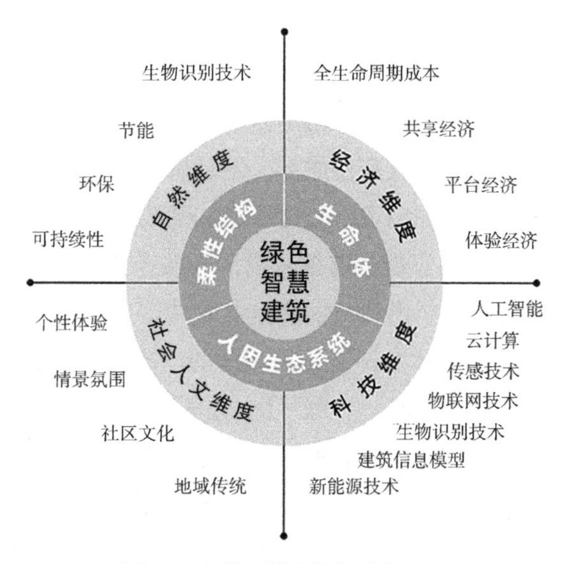

图4-1　绿色智慧建筑的核心内容

4.1.3 绿色智慧建筑的四个维度

1.自然维度

智慧建筑不仅是现代科技发展所带来的“可能性”，而且一定程度上是迫于资源枯竭和环境退化问题所产生的“必然性”。建筑业所消耗的资源，包括材料、能源、人力、土地均十分巨大，占到全社会能源消耗的40%以上。总体而言，智慧建筑应该是环境友好、自适应、资源最优化和绿色节能的，最终实现建筑环境与生态环境的可持续发展。

低碳：在材料选择上使用更多绿色环保、高性能、模块化人体无害的新型材料、本土材料等低碳材料。在空间组织上，通过“空间调节”的方式形成适应当地气候条件、对于变化的自然环境可以自主调节的低碳建筑。

节能：低能耗的建筑结构设计；建造过程中采用合理、高效的手段避免能源浪费；使用清洁、可再生能源，如太阳能、生物能、风能为主的众多新能源技术。

环保：低废弃物排放和零污染，包括废弃物再利用、高污染物的有效收集等，采纳能够避免土地、大气和水源污染的设计。

可持续性：选址的可持续性，建筑可选择建在更接近城市发展配套设施，且在建成后对周围环境影响最小的位置，保留绿地、野生动物保护区等当地的生态自然环境；资源可持续性，通过资源的循环、处理以及其他辅助系统，实现对资源的高效利用；结构的可持续性，结构的柔性最大限度提供可变性和适应性，满足不同时期不同功能的使用。

2.经济维度

低生命周期成本与高投资回报：虽然使用了环保材料，引入多套控制和管理系统，增加了在初期建设时的软硬件成本，但是高效的控制手段和先进的资源利用，使得智慧建筑的维护和使用成本较传统建筑更低。从建筑全生命周期看，智慧建筑的成本更低，同时由于能够有效帮助用户改善工作效率和提高生活质量，因此智慧建筑可带来更高的产出和回报率。

智能经济、平台经济和体验经济：互联网的出现与DT时代的来临，造就了新的生产力和生产关系。去中心化、碎片化、全球化是互联网思维的具体表现形式。工业时代无法捕捉的碎片化的需求与碎片的资源在信息社会可以轻松地实现全球自由对接，网络平台可以使大量闲置资源成为新资源，焕发出新的生机。

互联网思维的核心是平等、开放、合作与共享。平等是基础，开放是原则，合作是方式，共享是目的。由此催生的共享经济的发展必将驱动智慧建筑进入智能经济、平台经济和体验经济的时代。只有通过基于智能经济的产业化能力和基于平台经济的社会化分享模式，才能够使企业以更低的成本开展智慧建筑的建设和运营。

3.社会人文维度

社会是由人与人类活动与环境形成的关系总和，囊括了微观层面的个人行为和人际关系，至宏观层面的社会结构和社会秩序。马克思在研究社会的本质，提出了“社会是人与人之间互动的产物”的观点，可以将其理解为社会是人类之间不断交互的结果，表明了社会中各要素具有关联性，可以相互作用相互影响，交互在社会中是普遍存在的，也可以说社会的核心就是交互。

社会人文维度就是基于社会的角度去看待问题，其特点主要表现在三个方面。首先表现在兼具空间性和时间性，即具有明确的地域特点和时代特征。第二个特点是有着较为复杂的组织结构，社会由有组织的系统构成，各要素间相互交互形成复杂的网络。第三个特点是具有自我调节的机制，可以随着周围环境的变化主动地改造或调节，创造适合自身生存与发展的条件。

社会人文维度下的绿色智能建筑的设计思想是以人为本，将满足人的需求作为基本要求，提高用户体验作为顶层社会，构建智慧和谐社会作为最终目标，在满足节约能源、降低能耗、环境友好的同时，利用现代信息技术的创新应用，实现信息共享和业务协同，使建筑和城市更容易被市民全面感知，通过对用户身份、行为、情绪等信息的提取，进行智慧分析和决策，让用户沉浸在即时的服务和无形的关怀之中，更好地满足个人、群体的特定需求，为用户提供安全、健康、舒适性良好的空间体验和社会服务，提高“人”的幸福感和满意度，统筹协调城市中各系统，合理分配资源，使各系统相互配合高效运作，实现人、建筑、社会的和谐统一。

社会人文维度下建筑的智慧表现在全方位感知、智慧决策和自主调控，通过全面的感觉准确把控用户需求，利用建筑智慧决策大脑进行数据分析，形成对终端设备的自主调控。社会维度下建筑的绿色表现在健康的用户生活方式和高效的空间管控模式，全面考虑用户心理状态，为用户提供贴心舒适的服务，通过对用户信息和空间使用状态的数据分析，合理分配使用空间。

在个性化、全方位的用户体验方面，智慧建筑能提供给用户高等级全方位的服务条件，不断满足用户高度个性化需求。高等级的个性化识别系统识别用户的身份与行为，经传感器网络在云大脑中预测用户需求与活动，通过中央式、分布式控制中心对建筑环境及空间适配进行调控，打造用户个性化的生活与办公环境。

在系统与效率方面，智慧建筑中的信息网络以及内置的各种辅助设计将有效避免用户在时间上的浪费，降低用户受到环境或其他用户的干扰，帮助用户实现更高的效率和产出。并通过合理的布局和墙体、家具的变化，形成功能复合的共享空间，提升空间的使用效率。

在情境、氛围与楼宇/社区文化方面，通过环境塑造、品质提升，形成有利于健康、绿色、交往的建筑氛围，营造建筑人文气息。个体建筑通过信息网络集成群体智能和社会文化创新环境，使好的实践可以快速推广，领先用户的需求驱动群体智能实现快速创新，资源高效共享，丰富居民精神文化生活形成智慧社区。最终实现城市智慧式管理和运行，为城市中的人创造更美好的生活，促进社会和谐、可持续成长。

在地域文化的传承与创新方面，绿色智慧建筑既是时代的呼唤，也是文化的固守。首先，作为一种人工构筑的环境调控系统，世界各地的建筑通过建造形式和空间组织，在气候与身体之间建立平衡，创造舒适的内部环境，由此构成了世界各地与气候环境相适应的多样的生活方式、丰富的建筑传统与地域文化形态。其次，绿色智慧建筑要求在更宽阔的文化视野中研究地域文化产生、留存与演进的内在机制与逻辑，确认其现实的合理性；以演进、发展的观点来看待地区的文化传统，反对孤立、静态的保留，将地区传统中最具活力的部分与全球文明的最新成果相结合，使之获得持续的价值和生命力。

4.科技维度

1）人工智能（Artificial Intelligence，AI）技术为智慧建筑带来“自学习能力”。

主要包括系统技术、神经网络和决策支持系统三大类：系统技术包含专家系统技术和知识工程，应用强大的知识库，以知识推理形式解决定性分析问题；神经网络可用于语音识别、模式识别、智能计算、信息智能化处理、复杂控制和图像处理等领域，具有自我学习和自我适应能力，属于运行相对简单的动态模型，对智能建筑硬件的要求较低；决策支持系统拥有庞大的数据库、模型库、方法库和知识库，以模型计算为核心解决定量分析问题。

2）云计算（Cloud Computing）基础设施实现大数据处理和智慧城市云端的服务共享。

云计算的特征是按需求提供资源、按使用付费以及动态可伸缩、易扩展，其核心技术包括分布式运算、分布式存储、应对海量数据的先进管理技术、虚拟化技术和云计算平台管理技术。它的成功应用能够帮助建筑与建筑实现互联，从而推动城市云端服务的共享，真正地向智慧城市迈进。

3）物联网技术（Internet of Things，IoT）全面激活智慧建筑的感知能力。

IT时代物联网的本质是将IT基础设施融入物理基础设施中，是一种支持性技术。进入到DT时代，物物连接的成本不断下降，一个万物互联的时代呼之欲出。DT时代的物联网，通过将海量的终端普遍连接，实现物物相连，最终实现众愚成智。它不仅是一个网络系统，最终将成长为一个智慧平台。

4）新能源技术（New Energy Resources）赋予智慧建筑新角色。

一方面，以太阳能、生物能、风能为主的众多新能源技术的成本低廉化、成熟化、将来的普及化，以及政府政策对新能源推广的扶持，使得整个能源行业的产业布局发生着肉眼可见的改变；另一方面，在数据技术时代，随着存储、计算成本不断下降，使得收集和处理大数据成为可能。大数据正在成为一种可以不断产生生产力的新能源。

5）建筑信息模型（Building Information Modeling，BIM）形成水平、开放、互联的绿色智慧建筑管理系统。

BIM技术的模型基础来自工程应用中各类相关信息数据的综合。它是五维关联数据模型（几何模型3D+时间进度模型4D+成本造价模型5D），可实现协同设计、虚拟施工、碰撞检查、智能化管理等从设计到施工到运维全过程的可视化，可以使资源得到最优化的利用。BIM是建筑业革命性的平台和技术，物联网是物与物相互联系的网络，通过他们的深度融合，将推动智能建筑向智慧建筑的快速进化。

6）传感技术（Sense Technology）与生物识别技术（Biometric Identification Technology）是绿色智慧建筑反馈活动的“感受器”。

随着科技的进步，传感器会向着价格越来越低、性能和精度越来越高的方向发展。同时传感器也将越来越智能化、小型化、微型化、无线化。绿色智慧建筑中，传感器如尘埃般分布在各个角落，就如同人类的感官一样，无时无刻不在监测着建筑中的各种信息。通过从传感终端得到的数据进行综合模拟分析，可以得到更加有用的数据为人类服务。

生物识别技术是指利用人体生物特征进行身份认证的一种技术。更具体一点，生物特征识别技术就是通过计算机与光学、声学、生物传感器和生物统计学原理等高科技手段密切结合，利用人体固有的生理特性和行为特征来进行个人身份的鉴定。目前常见的生物识别技术有语音识别技术ASR、文字转语音技术TTS、光学字符识别OCR、手写识别HWR、自然语言理解NLU、声纹识别CPR、指纹识别FPR和人脸识别AFR。

7）材料、设备、系统与运维。在材料选择上使用更多绿色环保、高性能、模块化的新型材料。

巨大的传感器网络和集中/分布式的综合控制系统，高效的计算机软硬件和网络、越来越低廉的高品质传感器、高度可控的设备，成为智慧建筑的“大脑”“眼睛”“手”，是支撑用户办公、生活、学习、休闲的先进技术设备。

智慧建筑系统主要是垂直领域的5A智能系统的集成，通过增加彼此之间的联系，增加与互联网连接和跨系统的协同，形成立体的智能系统网络，集成统一的创新管理模式。

8）技术柔性。

随着用户的需求越来越高，技术更新换代的周期越来越短，未来建筑必须允许新技术的及时融入，技术柔性首先需要满足使资源、能力等达到预定目标，同时又可以学习、探索与创新，预留未来新技术引入的接口。柔性的制造过程和设备，强调设备的可重用，可重组，可更替，可系列化。

绿色智慧建筑的四个维度如图4-2所示。

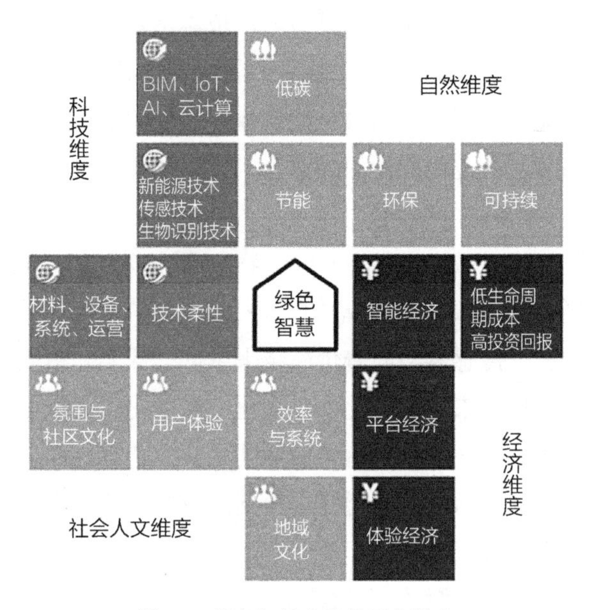

图4-2　绿色智慧建筑的四个维度

4.1.4 绿色智慧建筑的三大核心表征

1. 柔性结构（Flexible Structure）

互联网络时代，社会经济、组织秩序、生活状态和思维模式迅速迭代变革，生活的随机性、非连续性及不确定性成为常态，生活空间的界面、组织和结构不再是固定的内容，趋向暧昧、模糊、生长的状态。

建筑功能会随着时间进程发生改变，建筑设计需要引入时间的维度和生长的机制，让稳定的元素具有更强的适应性，让易变的元素更易变以适应不同的需求。

绿色智慧建筑的第一个核心表征是柔性结构，即建筑的结构形体具有容纳最大可变性的能力，在不可预知的变化时代实现多样化、可持续和长效性。

柔性结构根据建筑形体组成的不同性质和生命周期分为五个层级：

1）场所（Place）200年：城市中的许多典型的“场所”如街道和广场等空间

形态，实际上是由建筑来定义的，因此“场所”指的就是建筑在特定环境中应对城市的策略和塑造城市空间形态的方式。即使建筑本身存在更迭，但是所处特定城市环境的空间形态是不会轻易改变的，因此“场所”这个层级的“可持续性”是最长的，若定义一个平均的“层级寿命”，“场所”层级可以达到200年，以此作为与以下的次层级进行对比的尺度和依据。

2）结构（Structure）50～100年：主体结构是定义建筑内部空间关系最重要的技术系统。用于承担结构安全的核心构件需足够牢固、稳定和耐久。主体结构这个层面的组成构件，其生命周期平均需达50～100年。

3）表皮（Envelope）10～50年：建筑的表皮决定了室内外的环境关系与建筑形象。受到气候与组件产品寿命影响，表皮在一定周期内需要维护或更新；有时表皮也是视觉时尚，人们会通过立面改造来更新建筑形象。表皮这个层面的组件，平均生命周期可达10～50年。

4）功能（Program）10～20年：当代社会中个人生活和组织行为正以前所未有的速度迭代更新。以办公为例：创新型企业的办公空间与传统企业截然不同；从纸质办公时代到PC时代、从Laptop时代到VR或AR时代，办公空间的格局快速变化；而居住建筑的空间稳定性不会超过一代人。所以建筑内部的改造比起外墙更加频繁，建筑的功能层面更加易变，平均生命周期10～20年，有的也许更短。

5）内设（Infill），含设备与装修等10年：内设是建筑中根据行为需要变化最快的部分，这个层面组件的平均生命周期一般为10年。

柔性结构是一个复合有机的生命体，其形体与技术系统包含多个层次，对应于不同的功能和使用周期，体现出差异的灵活性和可变性。以此为依据的弹性设计，将使绿色智慧建筑以更强的适应机制体现生长性、长效性和可持续性。

2. 生命体（Life Form）

具有“生命体”机制和“自进化”能力的智慧平台。

从智能建筑进化到智慧建筑的另一个核心表征是具备“生命体”机制和“自进化”能力。建筑具有感知、记忆、判断、分析和决策的能力，各种感知数据将被及时采集、处理，支持智慧建筑完成各种响应和决策。虚拟现实相关技术将成为人机物交互的主要手段，并大幅提升人类的交互感受。人类在这种交互中为智慧建筑提供各种反馈，这种反馈将作为人类群体智能的一部分加速智慧建筑的进化过程。

深度强化学习（Deep Reinforcement Learning，DRL）作为现代人工智能发展的代表，在复杂任务及环境中表现出卓越的感知与决策能力，为智慧建筑管理过程中的态势感知与综合决策解决带来新的思路，使建筑具备数据智能。这时的智慧建筑将不仅是人类生活工作的载体，它既像今天的智能终端，是数据入口，又是数据沉淀和分享的平台。数据来自应用，又反哺应用，循环往复形成一个数据生态，其最终演进形成智慧建筑大脑，能使智慧建筑不断自学习、持续进化。

智慧建筑是在新一代互联网技术的广泛应用基础上建立起来的一种创新环境下的建筑形态，它具有智能管控的多功能综合系统，涵盖结构检测、环境管理、能耗分析和服务支持等各个方面，可以实现对建筑及环境中所有事物的广泛连接、深度感知、智能分析和有效控制。如果用“人”来比喻建筑的话，传统建筑是只具有皮肤和骨架的人体，智能建筑是具有几大生命系统的完整人，而智慧建筑则是与自然和社会环境相结合的社会人。

3. 人因生态系统（Ergonomic Ecology）

一种人—机—环境深度融合的开放生态系统。

1）根据人因工程学（Ergonomics）的原理，绿色智慧建筑综合人在环境中的解剖学、生理学和心理学各方面因素，研究人和建筑/设备及环境的相互作用，寻求人–机–环境总体性能的优化，并使得人、建筑与环境三者融合发展、和谐共处。

2）绿色智慧建筑从自发无序的无机体范畴脱离，探索模仿高度有序的生命现象和成为具备生物自稳定结构的可能性，以及建筑“进化”成为符合自然客观规律的自然界生态系统的一部分的可能性。

绿色智慧建筑是构筑在由“端–网–云”组成的基础设施上的开放生态系统。在大数据和云计算技术支持下，建筑作为单元，相互之间通过开放平台进行互联，在安全构架下相互调阅、读取数据与信息，组成“云建筑信息集成平台”。以此为基础，实现“智慧建筑–智慧社区–智慧城市”系统的联立。

如果说智慧建筑可以类比自然界的生物范畴，那么智慧社区就是超越智慧建筑单体的生物聚落范畴，智慧城市就是超越智慧社区组织的生态系统范畴。最终这个以具有“生命机制”的绿色智慧建筑为基本单位的“人造智慧建筑系统”，将改变建筑与自然的二元对立关系，参与自然界物质和能量的可持续循环，转变成为融入自然的“生态系统”之一，并协同其他系统形成可持续发展的生态共同体。

绿色智慧建筑的三大核心表征如图4-3所示。

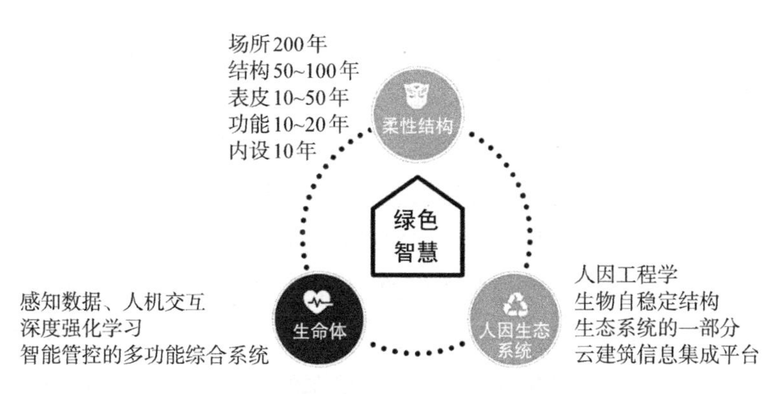

图4-3　绿色智慧建筑的三大核心表征

4.2 绿色智慧建筑的技术策略

4.2.1 绿色智慧建筑的柔性结构

自然维度下的绿色智慧建筑将“人–建筑–环境”的关系作为设计的根本出发点，在满足用户使用需求、为用户提供健康舒适的使用空间的同时，最大限度地做到节约能源、降低能耗、可持续发展。利用现代信息技术的创新发展，使建筑具有更全面的“感知能力”、更智慧的“思考能力”和更准确的“反应能力”，从根本上改变建筑与环境的物质和能量交换方式，以及建筑在自然界中的角色，进而改变整个“人–建筑–环境”系统与自然界的关系，使二者得以和谐共生。

“柔性结构”指的是建筑的结构形体具有容纳最大可变性的能力。柔性结构概念的提出是由于建筑始终需要面对两个问题，处于避无可避的境地，这两个问题就是“持续”和“变化”。“持续”要求建筑有较长的生命周期，“变化”则是一切事物的恒定状态，建筑必须有足够的灵活性来应对环境的变化和使用者需求的变化；而“持续”对稳定状态的需求在一定程度上限定了“变化”的可能性，这就造成了一对无法忽视的矛盾。

“‘建构’只能代表建筑整个生命周期中短暂的一部分，运作方式才决定生命周期的长短。因此，我们必须打破原来认为建筑纯粹是为了其使用功能的旧的思考方式……以超过100年的时间框架来对待建筑设计。”要保证建筑的结构部分有尽可能长的寿命，这是确定建筑真实使用寿命的一大前提，且建筑的结构部分越是稳定与“不可变”，其允许内部构件进行自由变化的包容度就会越大，对“可变”部分的影响与限制就会越小。因此“不可变”是“可变”的基础，“长效性”是建筑“可塑性”的前提与保障。

首先，柔性结构的功能可变性确定了建筑的可塑性，一个建筑可以容纳多个建筑的功能需求，这就免去了为了追求功能的改变而拆除重建的工程量，减少了建筑物整建工程的废弃物数量，并且可以最大限度地节省建材。其次，无论是功能的可变、表皮的可变还是内设的可变，所有可变构件产品的模数化、装配化、工业化程度越高，使用的建材越方便安装、拆卸和回收利用，则会为柔性结构的可变性提供更大的便利。这样的可变构件产品的需求量会在对比中凸显出来，需求量决定产品市场，因此对于建材市场的“绿色”导向可以起到积极作用。柔性结构的表皮可变性给建筑与环境物质和能量交换的方式提供了更多的可能性，使建筑有能力更好地利用自身条件而不是依赖能源的消耗来应对环境的变化。

鲍姆·施拉格和埃伯勒建筑设计公司（BE）设计的瑞士勒巴赫住宅（Housing Living In Lobach）即是“柔性结构”建筑的典型案例（图4-4）。勒巴赫住宅是社会公屋，居住人员的不确定性较高，需要满足较高的居住密度和应对较高的人员流动性。设计师给每个单体建筑都设计了“双腔体”作为承重结构，内层“腔体”为楼梯间、公共走廊、管道、公共厨房和卫生间等不能变动的公共设施部分，外

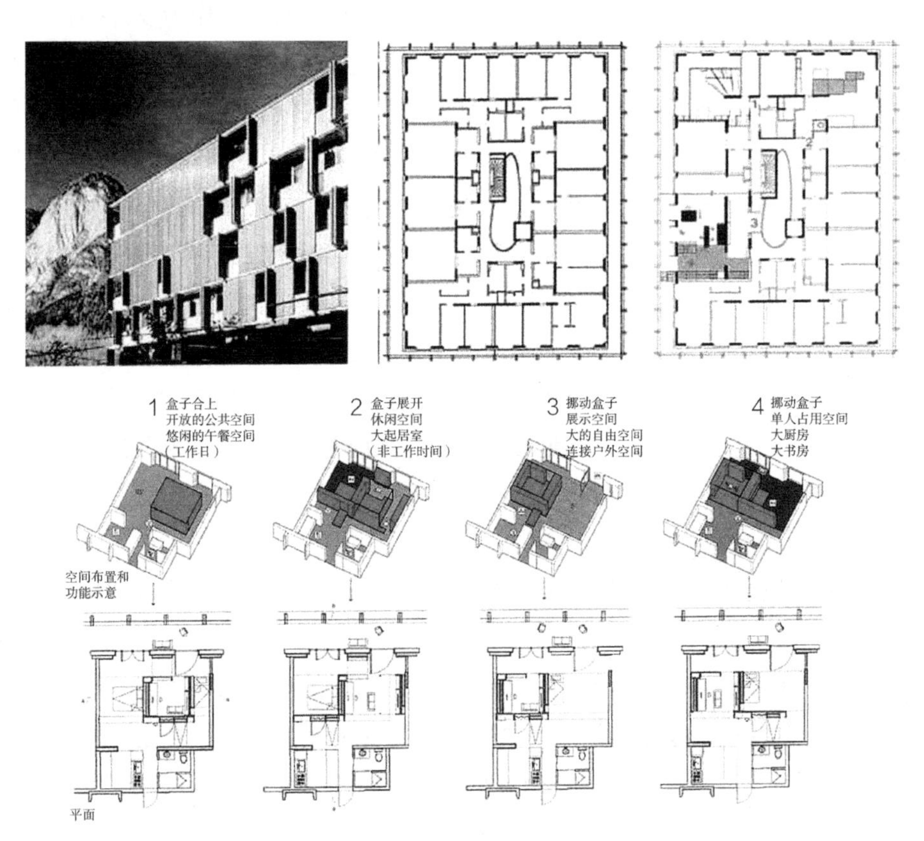

图4-4　勒巴赫住宅

来源：贾倍思，江盈盈.“开放建筑”历史回顾及其对中国当代住宅设计的启示[J].建筑学报，2013(1)：20-26.

层“腔体”为一圈断续的片墙，界定出居住范围的外边界，两层“腔体”之间没有承重墙。因为住户之间不使用承重墙进行分隔，所以可以根据实际需要用轻质墙体分隔，轻质墙体均可以快速安装或拆除。立面是一套折板遮阳系统，可以根据用户需求进行开合。建筑师团队负责公共部分的设计，而私人部分则完全交给住户自己设计。贾倍思教授以此案例作为教学课题，要求学生模拟不同职业、不同家庭结构、不同生活方式的居住者在该建筑中匹配可能的户型，并对该户型进行个性化改造，激发勒巴赫住宅平面的各种使用可能性。

4.2.2 未来建筑生命体

当建筑“有智慧、会学习、可进化”，就拥有了最基本的“生命体”机制，就能成为与自然界其他生命体一样的“有机体”，与自然环境进行自发的、有序的、可持续的物质和能量交换。因此绿色智慧建筑的“生命体”表征表现为建筑具有“生命体”机制和“自进化”能力。然而建筑可以拥有“智慧”吗？答案是肯定的。

建筑的“智慧”指的是“对事物能迅速、灵活、正确地理解和解决的能力——具有人体智能特征的、正确的、自适应的反应能力。正确的反应能力是指经过正确的理解、思维判断做出的符合正常逻辑的操作、动作或行动的结果，不是随意发生的扰动；自适应的反应能力体现在迅速、灵活的解决问题的能力，自主学习与模拟仿真的能力”。拥有智慧的建筑能够“感知、记忆、判断、分析和决策”，能够感知外界环境的变化并对其进行反馈，也能感知用户的需求，与用户进行实时交互。建筑将不再是冷冰冰的居住机器，而是能感知、能思考、能呼吸、能互动的仿生物体，就像是一个以建筑的物理存在为载体的AI机器人，正在逐渐学习感知世界、与人沟通，不断提升智慧程度、丰富自己的信息存在，并逐渐达到与环境和用户的交互方式接近生物体的目标，成为拥有智慧的“生命体”。建筑会“知道”其内部和外部正在发生的事情，会“决定”效率最高的途径来为居住者提供方便、舒适的生活环境，也会迅速对居住者所提出的要求做出“反应”。

绿色智慧建筑发展的核心技术支持人工智能、云计算、物联网结合传感技术与识别技术、BIM和新能源技术。在这些核心技术的支持下可以架构出“绿色智慧建筑综合管控系统”，其运行模式可以类比生物神经系统的运作，由各种“感受器–神经中枢–效应器”的神经反馈活动堆叠起来的庞大复杂而又全面深化的神经系统，而对于生物体来说神经系统最大的作用就是事无巨细地管控身体内所有化学物理活动的进行，以适应外界环境的变化或对外界信息做出反应。这种复杂神经系统的运作方式可以抽象地提炼为“眼–脑–手”结合的高度仿神经系统信息传递方式。

1.眼

分布于建筑所有部件和设备用品的嵌入式传感元件、识别系统及其网络组成，它们构成了绿色智能建筑的“神经末梢”(图4-5)。

图4-5 “眼”——智慧建筑的“感知层”架构设想

感知层主要通过各种传感器、识别装置和智能设备实现对人与环境中各种动态信息进行适时的采集，生成数据，本质上实现了绿色智慧建筑的视觉、听觉、触觉和交互的能力。

在操作层面，建筑内外界面、各空间及各设备分别设置充足的传感器，全面收集气象、室内物理环境、空间状态、建设实施状况、设备运行状态、能耗等实时数据，空间空气物理参数、设备运行参数以及相关区域与设施的地理位置等信息，传送至分布式调控设备与综合管控平台，实时调控建筑的整体运行，实现高效、舒适、节能、经济、安全的现代智能建筑控制理念。

2.脑

绿色智慧建筑综合管控平台，是实现建筑环境管控的“中枢层”(图4-6)。

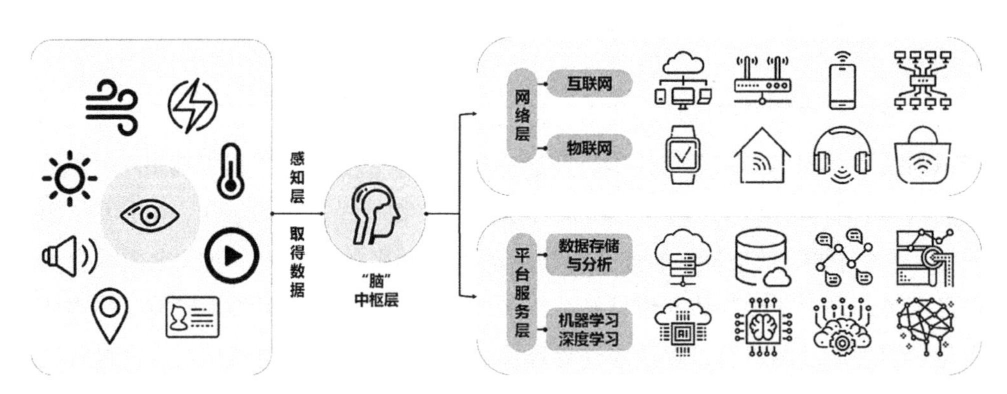

图4-6 “脑”——智慧建筑的“中枢层”架构设想

中枢层由网络层和平台服务层共同组成。网络层主要通过物联网、互联网和未来网络技术实现各种数据、设备和系统的互通互联，高速传递，本质上是绿色智慧建筑的神经网络系统，实现万物互联，让各组成部分的数据、信息快速传递和有机协同。

平台服务层将各个子系统集成为一个统一的、协调运行的系统，实现建筑设备的自动检测与优化控制，以及信息资源的优化管理和共享。它是为绿色智慧建筑提供大数据处理、机器学习、设备控制服务、安全管理和其他各种通用服务的云平台。

平台服务层本质上是智慧建筑的大脑，主要提供数据收集、存储、计算、分析的服务，并通过机器学习，沉淀出知识，进化出判断、决策的能力。

智慧建筑综合管控平台，以使用舒适便捷及节能环保为目标，集成与建筑相关的各种场景、设备、应用、管理等信息，实现不同系统间的数据信息交换、综合分析和智慧决策，从而全面提升绿色建筑与健康建筑标准，提升用户体验、设备运行效率与管理效率，并为建筑进一步改进和优化提供数据与指导。

3. 手

高度可控的设备系统与用户智慧终端APP，绿色智能建筑的“应用层”(图4-7)。

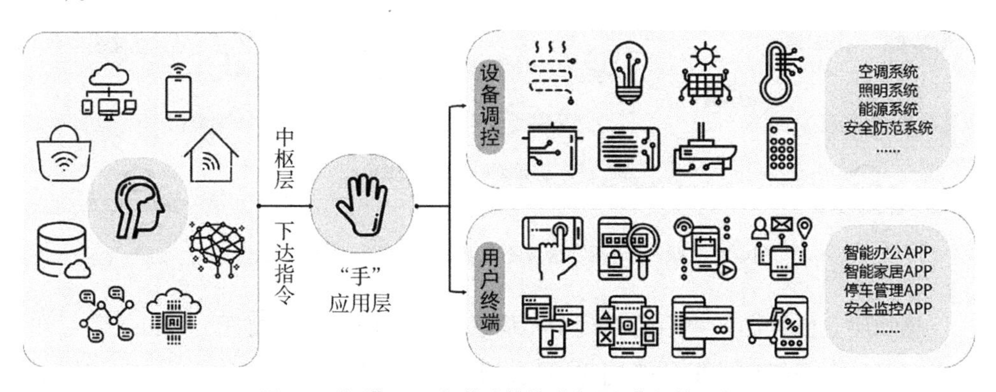

图4-7 “手”——智慧建筑的“应用层”架构设想

应用层主要关注绿色智慧建筑各组成部分的功能实现和服务实效，本质上是人机环境交互的调控系统和终端界面。通过用户智慧终端APP，通过云服务平台获取数据，运用于智能终端，实现建筑环境的个性化实时调控，达到便捷、高效和友好的用户体验。在实现各种功能时，系统的缺省选项是环境友好和节能环保。

智慧建筑综合管控平台向用户信息开放，根据对用户信息的分析及建筑运行状况，为用户提供个性化的服务，包括智能身份识别、泊车导航、空间与设施预订、个性化微环境调节、个性化服务、网络资源贡献与分享等。

开发建筑全功能用户智慧终端系统（包括桌面终端、移动终端及APP等），实现使用者与房屋建筑系统的远程与实时交互，高效便捷、全方位满足用户的使用和体验。利用5G技术、建筑交互技术、AR与VR技术，改变传统教学培训模式，实现沉浸式、互动性与远程交互学习体验。高度可控的设备系统与用户智慧终端APP，以革命式交互界面实现人—机—环境深度融合与交互，摒弃传统智能调控系统各自为政互不干涉的弱点，使各类设备调控得到高度整合与协同，实现各类设备系统用一套智慧综合管控系统即可全部掌控的目的，达到交互界面与调控过程的可视化、人性化和个性化，以用户友好的使用体验为最高目标。

4.“眼-脑-手”结合的高仿神经系统数据传递方式

绿色智慧建筑具有“生命体”机制和“自进化”能力，在核心技术支持下可架构起“感知层”—“中枢层”—“应用层”的技术架构，类比“眼—脑—手”的生命体神经系统运行模式，可以达成绿色智慧建筑的高仿神经系统数据传递方式（图4-8）。

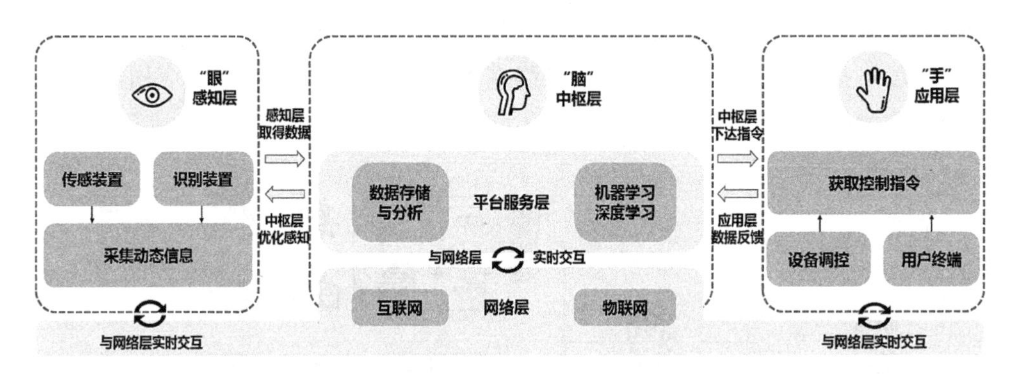

图4-8 “眼-脑-手”结合的高度仿神经系统的架构设想

感知层完成数据采集后传输到中枢层，进行数据存储、处理、分析、学习和管理调度，命令执行数据传输到应用层，调控各类设备系统做出反应，智能终端实现与用户的实时交互。由于绿色智慧建筑的高度智慧能力，中枢层同时也能从应用层的设备系统和应用终端获取用户与环境的实时数据，同样进行数据存储、处理、分析和学习。中枢层同时获取感知层和应用层的数据，进行数据学习和群体学习，不断优化数据智能和群体智能。

5.“传统建筑——智能建筑——智慧建筑”的“进化”历程

建筑可以“进化”吗？答案是肯定的。无机自然界中自发过程总是趋向于无序，但生命现象却是个维持高度有序结构的过程，而且随着进化，有序性在不断增加。生命体对自然界的适应是通过不断的进化实现的，在内因（无序的随机的基因突变与基因重组）和外因（有序的自然环境对生物表现型进行的筛选）的共同作用下，通过竞争寻求拥有最高效率的与自然界进行物质和能量交换的方式并获得相应的物理形态和机体功能，只有这样才能成为最适应特定环境的物种而生存下来。建筑与自然界存在的生物体一样，“物理形态”和“机体功能”也在持续“进化”。

建筑遵循“传统建筑——智能建筑——智慧建筑”的“进化”规律：若将建筑的技术系统与人体的组成部分进行类比，传统建筑可谓是拥有了“骨架”（结构）与“皮肤”（表皮），“骨架”作为基础支撑起“皮肤”，“皮肤”作为气候边界除了遮蔽外在环境的不利因素，还能通过设计实现与环境物质和能量的良性交流——“骨架”结合“皮肤”即可以组成符合使用需求的传统建筑。

智能建筑是在现代计算机技术、通信技术和控制技术的支持下，在传统建筑的基础上加入所需的各类设备服务系统，如目前已经较为成熟的“5A系统智能建筑”就置入了安保自动化系统、消防自动化系统、楼宇自动化系统、办公自动化系统和信息自动化系统，具有更高技术要求的智能建筑甚至能够满足“7A系统”甚至“9A系统”的架构。若与人体的组成部分进行类比，智能建筑的技术系统就像是人体的各大功能系统，彼此之间通过神经系统、肌肉组织和共用器官等建立了紧密的联系；智能建筑中的各类设备控制系统其实是在简单的智能弱电系统的控制下各自垂直领域的智能系统的集成，共同完成智能建筑中用户所需的服务。然而各类设备控制系统相互之间缺少互联互通，“信息孤岛现象严重”，形成一种“合作而不交流”的工作方式，而当我们迈入“共享”与“互联”思想为主导的数据时代，这种“合作而不交流”的工作方式是一定会被淘汰的。智能建筑各类设备控制系统的运作方式与人体的各大功能系统工作方式的相似之处是“各司其职”和“完整系统”，但无法通过系统合作而达到“生命体”级别的有机的自我调控水平。

而智慧建筑在前文所述的绿色智慧建筑综合管控系统的管控下，有了一套完整的“眼–脑–手”结合的高度仿神经系统信息传递方式，类比人体的组成部分，则相当于在“大脑”的调控下各功能系统与各类器官紧密配合共同进行必要的生命活动，也因此有了感知外界环境变化和在大脑的控制下做出相应生理反应以适应外界环境变化的完整生命体行为模式。

由此可见，“智慧建筑”与“智能建筑”的本质区别在于二者截然不同的核心技术支持，也因此直接导致了智慧建筑与智能建筑对所处环境的变化做出相应反应并进行的自我调节方式的根本区别：

智能建筑的各个系统平台是垂直、独立和封闭的，相应管理软件是固定和静态的，各个系统软硬件彼此分离，整个完整的调节系统可以离线运行，因为不存在社区或城市级的建筑信息平台，所以也没有必要与其他建筑联网，数据的获取调用也较为不便——结果是智能建筑并没有主动处理数据并据此进行自学习的能力，只能被动接收使用者给出的指令，或者在感知环境变化方面的敏感度有限，根据简单指令做出的程序式反馈具有滞后性且欠缺灵活性。

智慧建筑的综合管控系统是24h在线的，各个系统平台是水平和开放的，各个系统的软硬件设施可以达到一体化，相应的管理软件是动态的，用户可根据自身需要定制服务。不仅如此，由于云计算和物联网技术的支持，还能够架设建筑与建筑之间的信息集成平台，一个平台的容量可以满足大量建筑信息的储存和交流，建筑与建筑联网而形成庞大的建筑云数据网络。

生物在自然环境中生存的前提是遵守自然环境的规则，因此智慧建筑想要具有"生命体"机制，那么首要前提就是它同样必须"学会"遵守自然环境的规则，也就是说智慧建筑在默认运行状态时一定是"自然"的、"生态"的绿色建筑——自然界的其他生物体随着自然环境的变化能做出合理的机能调节（Regulations of Body Functions），以人体为例有神经调节和体液调节两大主要方式，可以以此维持体内的热平衡、水盐平衡和激素平衡等，以保证身体机能的稳定，持续地适应自然环境——同理智慧建筑也会根据外界环境的变化进行自我调控，以保证内部使用空间的持续性舒适，并且获取的数据越多、对数据进行分析处理的次数和建筑进行自我调控次数越多，这种自我调控能力就会越强，自我调控的准确性与即时性也会越高，建筑本身在不断提高"智慧程度"的过程中也在持续"进化"，以实现与环境更好的交互与融合。

4.2.3 绿色智慧建筑的人因生态系统

人因生态系统指"人–建筑–环境"深度融合的开放生态系统。人因工程学是一门诞生了几十年时间的学科，相对其他成熟学科，人因工程学存在的时间并不算长，国内外学界对这门学科的具体定义和研究方向也各有不同，但跳不开的研究区域一定包括"人机协同""人与技术的交互""优化人与环境的契合""提高工作效率与舒适度"——也就是说，人因工程学是一门从人的生理、心理等特征出发，研究"人–机–环境"系统优化，以达到提高系统效率、减少系统失误，保证人的安全、健康和舒适的目的的学科。人因工程学的首要原则必然是"以人为本"，且"技术"是用来服务于人的，但不同于工业时代的人类中心主义，人因工程学更加关注人在环境中的角色，将"技术"更好地用于协调人与环境的相互关系上，将"人–机–环境"系统一体化、最优化，使"人–机–环境"三者融合发展、和谐共处。

当建筑成为技术的载体，发展成了“智慧建筑”，人因工程学研究的“人–机–环境”系统就可以转化为“人–智慧建筑–环境”系统，用智慧建筑来协调人与环境的相互关系；而生态建筑学的研究对象，就是“人–建筑–自然环境”组成的人工生态系统。

“生态学”最早是由德国动物学家恩斯特·海克尔（E. Haokel）在1866年提出来的，其定义是“生态学是研究生物体与其周围环境（包括非生物环境和生物环境）相互关系的科学”；后来，在生态学定义中又增加了生态系统的观点，把生物与环境的关系归纳为物质流动及能量交换；20世纪70年代以来则进一步概括为物质流、能量流及信息流。从生态学的角度观察人类活动及其与环境的相互作用，结合主导全球性生态学理论方向的可持续发展思想，就形成了“社会–经济–自然”复合生态系统的整体观：当代人类生存的生物圈是一个由社会、经济和自然相互联系、相互制约而组成的复合生态系统，实质是探讨以人类为主体的生命与其生存环境之间相互关系的协调发展。而人类所创造的人造系统—建筑，作为人与环境之间处境微妙的分隔与联系，又是这个复合生态系统中无法跳开的一个主要环节，生态建筑学应运而生。

生态建筑学是立足于研究自然界生物与其环境共生关系的生态学思想与方法上的建筑规划设计理论与方法，是传统的建筑学思想同生态学理念互相融合的结晶。生态建筑学的研究内容是在人与自然协调发展的原则下，运用生态学原理和方法，协调人–建筑–自然环境的关系，寻求创造生态建筑环境的途径和设计方法。在生态建筑学指导下，运用合理的绿色建筑可持续设计策略与绿色建筑技术将“人为制造”的“人–智慧建筑”系统置入特定的自然生态环境中，通过对建筑内外空间中的各种物态因素的组织，使物质和能量在智慧建筑与环境之间的流动达到循环再生可持续的动态平衡，将智慧建筑与环境融合成为一个有机结合体，实现“人–智慧建筑”系统与自然生态系统的共生，就是生态建筑学语境下“绿色智慧建筑”的设计方式。

与传统建筑相比，生态建筑学语境下的“绿色智慧建筑”会在两个方面产生革命性与颠覆性的重大转变，一是建筑和自然环境之间的物质和能量交流方式会发生转变，二是建筑在自然环境中的角色会发生转变，以下将对这两大转变展开讨论。

1.绿色智慧建筑与环境间物质和能量传递方式的转变

建筑与自然环境之间有物质流动与能量流动两种交互关系——建筑的建成、运行使用过程和人的生产生活活动需要从外界获取各类物质资源，也会产生和排放废物与废水；建筑的采暖制冷、通风散热和维持各类设备的运行也都需要从外界获得能量，同时产生废热、废气、废能或有害气体等。如果建筑仅仅单方面获取物质和能量并单方面排放废物与废能，这种建筑就是“线性消耗模式建筑”（图4-9）。

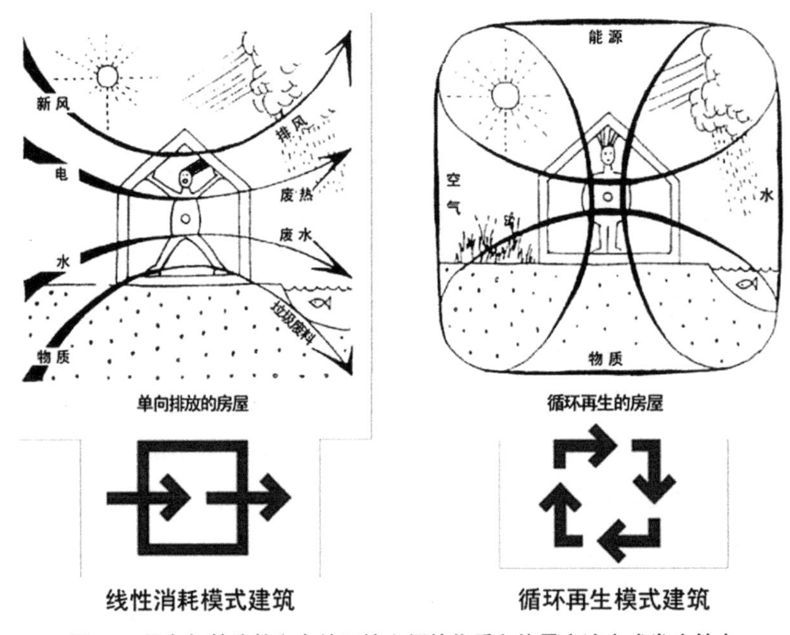

图4-9　绿色智慧建筑和自然环境之间的物质和能量交流方式发生转变

来源：张彤.从空气调节到空间调节——中国普天信息产业上海工业园智能生态办公楼建筑设计[C]// 中国绿色建筑青年论坛.2009.

在古代社会，人类还处于自然摆布之下的时候，抱着对自然的敬畏之心努力地摸索着自然规律，积累经验并加以利用，终于在慢慢获得生存能力、于自然界拥有一席之地后，形成了“天人合一”“因地制宜”“就地取材”等朴素绿色建筑观念——此时的人类依赖自然以获取生存所需的物质和能源，由于生存环境、技术条件和自身生存能力的限制，获取与消耗自然资源的能力较为有限，并具有一定的节约与回收自然资源的意识。此时的建筑系统在朴素绿色建筑观念的影响下都是顺应特定地区的特定气候条件与自然资源条件而产生的，是低能耗的线性消耗模式建筑，单向消耗物质和能源的能力不高；技术条件的限制使人们更多地会以“就地取材”的方式获取建筑材料，也就多是可以多次回收利用且自然环境可以轻松降解的天然绿色建材；生存资源的限制也使人类在生存竞争中具有较强的节能意识，综合以上所述的种种客观原因，在古代社会，人类置入自然界的建筑系统对自然环境的影响都在自然环境的自我修复范围内。

之后的技术革命不仅使机器运作的生产方式对传统的农耕手作进行了碾压，

还改变了人类面对自然的态度，人类不再“谨小慎微”地“看天吃饭”，而是陷入了对人类中心主义和科学技术的狂热崇拜。大机器时代的运作模式是“消耗—产出—消耗”：将物质和能源不断投入生产保证产出的同时维持机器运转，而废物与废能的回收与处理和物质与能源的再生不能带来即时利益，不会被纳入机器运作的生产过程。推崇技术与追逐利益使人类陷入一段短视的狂欢，将一直以来自身对自然的依赖抛诸脑后。此时的建筑是完全的高能耗线性消耗模式建筑，对物质与能源的贪婪需求和废物与废能的过度排放已经超出了环境自我修复的能力，人与自然的关系终于达到了空前的对立与失衡。

后工业文明时代，新生态观念终于形成，人类想与自然达成和解，就要寻求可持续发展的生存模式，将生态意识与技术思想结合，寻找人-建筑-环境之间关系的最优解——问题的答案指向了产能与节能相结合的“循环再生模式建筑”——有能力做到从自然界获取物质和能量以用于消耗，同时可以合理方式处理废物和废能使其回到自然界时可被自然界无害降解或成为自然界其他生态系统可利用的物质和能量，甚至是能够利用可再生资源自主产能并回馈自然界的建筑，就是可持续的“循环再生模式建筑”。

2.绿色智慧建筑在自然环境中角色的转变

自然界的生态系统组成部分分为非生物成分与生物成分，生物成分由三类角色——生产者、消费者和分解者组成。其中生产者是可以将简单的无机物合成有机物的自养生物，通过光合作用把太阳能转化为化学能，把无机物转化为有机物，供给自身的发育生长的同时，也为其他生物提供物质和能量；消费者是以其他生物为食的异养生物，包括植食动物、肉食动物、杂食动物和寄生动物等；分解者是具有分解能力的异养生物，通过分解动植物的残体、粪便和各种复杂的有机化合物，吸收某些分解产物，并将有机物分解为简单的无机物，这些无机物参与物质循环后可被自养生物重新利用。自然界的物质和能量通过“生产者—消费者—分解者—生产者”的方式在三种角色之间循环流动，只要这样的良性循环不被破坏，生态系统的稳定就能得到维持（图4-10）。

前文中提到，传统建筑与自然环境之间的物质和能量交流方式是线性单向的，即单方面获取物质和能量，同时单方面排放废物与废能，因此即使传统建筑对自然环境的影响较小，依然属于低能耗的“线性消耗模式建筑”。人类在建筑中进行生产生活，因此建筑可以被视为一个人类与自然环境之间的物质和能量交换的中介，类比生物在自然界中的角色，传统建筑就是典型的“消费者”角色；而新生态史观催生的“循环再生模式建筑”，既可以借助新能源技术的发展进行建筑产能，又能借助废弃物处理技术的发展对自身产生的各种废物与废能进行回

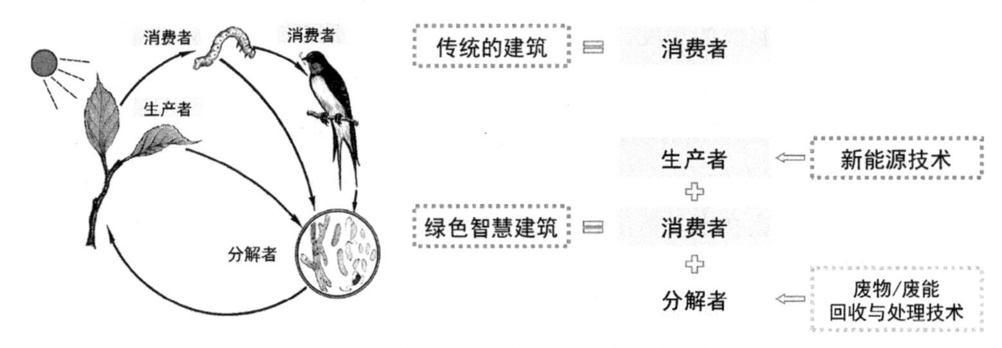

图4-10　绿色智慧建筑在自然环境中的角色发生转变

收利用和无害降解，可以说既担任了“生产者”的角色，又担任了“分解者”的角色，使其有能力在提出能耗需求（作为“消费者”）的同时利用自身生产的物质和能量（作为“生产者”）和分解废物与废能（作为“分解者”）。人造的建筑系统在最大限度减少环境负担的情况下，甚至是仅仅依靠自身能力的情况下就能完成物质和能量的良性循环并将这样的良性循环稳定地维持下去，就有可能与其他自然产生的生态系统一样无害地融入自然环境，成为其中的一环。

3.“智慧建筑–智慧社区–智慧城市”的人因生态系统的建立

地球的诞生是由于太阳的存在，太阳也是地球唯一的能量来源。太阳能以光和热的形式抵达地球，海洋与陆地便开始了对太阳能的吸收和占有，并促使生物从简单微生物向高等复杂生物进化，与此同时逐渐形成了各种类型的物质和能量循环链，包括生物圈中“生产者–消费者–分解者”三种营养学集构成的无数食物链，物质和能量就在这无数的食物链中流动，整个生物圈在长期进化中已经达到动态平衡，这样的动态平衡会一直进行下去，直到人类施以超越自然规律的干预，例如过度开采不可再生能源、过度破坏生态平衡、过度排放有害物质……而在工业革命之后的建设行为与城市扩张无疑是这些“干预”行为的大手笔之一，“人–建筑”系统也在这种过度的圈地行为中逐渐站在了自然的对立面（图4-11）。

想要使“人–建筑”系统与自然之间的关系的危机警报解除，就必须把“人–建筑”系统更巧妙地置入自然之中，“智慧”地参与自然界中的物质和能量交换，并逐渐融入各种物质和能量流动的循环链，成为其中密不可分的一部分，并随着动态循环的改变调整系统自身的适应能力。只有这样才能改变“人–建筑”系统与自然环境之间二元对立的关系，转变为融入自然环境的众多“生态系统”之一，由“人–建筑”的封闭系统转变为“人–建筑–环境”的开放的“人因生态系统”，这样的“人因生态系统”与其他原生的“自然生态系统”协同合作，共同形成自然界的“生态共同体”，才是绿色智慧建筑存在的最终目的。

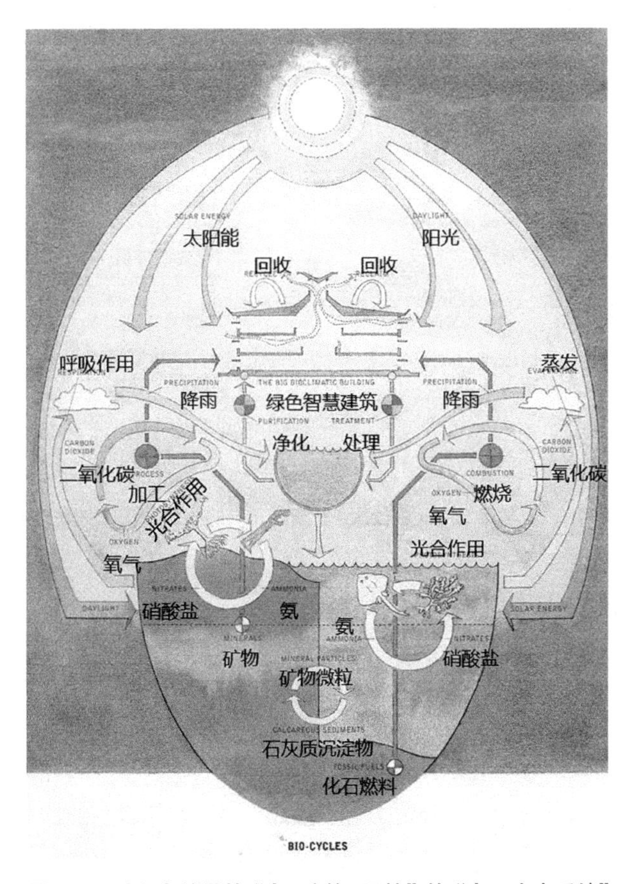

图4-11　融入自然界的“人–建筑–环境”的“人工生态系统”

来源：大卫·劳埃德·琼斯.建筑与环境——生态气候学建筑设计[M].北京：中国建筑工业出版社，中国轻工业出版社，2005.

在前文所述的绿色智慧建筑综合管控系统的基础上，可以自下而上、由点及面、分层分布地架构“智慧建筑–智慧社区–智慧城市”的人因生态系统：多个智慧建筑的“绿色智慧建筑综合管控系统”联立起“云建筑信息集成平台”，通过“云建筑信息集成平台”产生了社区级的信息共享的智慧建筑群，加入其他必需的智慧社区系统即可诞生“智慧社区”；同理“智慧城市”也是在“智慧社区”的基础上通过“云社区信息集成平台”与其他必需的智慧城市系统联合建立起来的。类比自然生态系统的形成，相同物种的生物个体在物质和能量的共同需求、对特定环境的共同反应和社会吸引力的共同作用下形成了生物种群，多种生物种群与所处的无机环境形成了生态系统；每一个智慧建筑就好比独立的生物个体，在云建筑信息集成平台的支持下众多智慧建筑加入，按照规模先形成智慧社区，智慧社区层级需要一个数据计算能力与存储容量更高的云社区信息集成平台，而每一个智慧社区又好比生物种群，多个智慧社区加入云社区信息集成平台，再升级成智慧城市这样的人因生态系统，最终与自然生态系统协同合作，融入自然界（图4-12）。

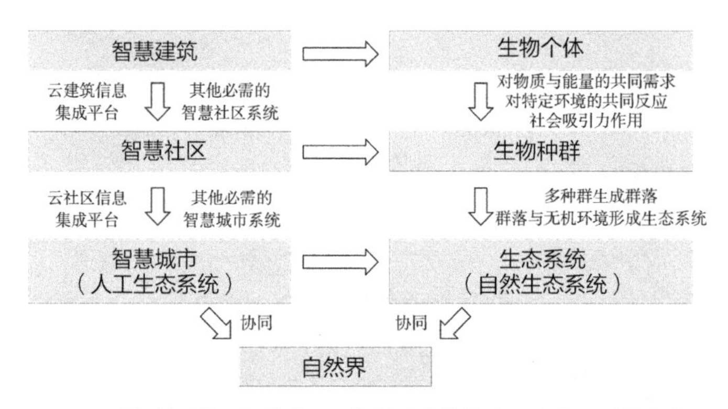

图4-12 “智慧建筑–智慧社区–智慧城市”的人因生态系统的架构

4.2.4 绿色智慧建筑的可变性

进入信息时代，人们的生活发生了翻天覆地的变化，各种电子产品的出现改变了人们生活与生产方式，社会运作效率得到提升。用户需求可以在短时间内得到满足，社会的快速发展和生活的节奏加快，使变化成为常态，为满足用户快速变化的需求和社会动态发展的需要，建筑需要提供具有弹性的服务，即满足不同的用户需求与应对未来变化的世界，这需要建筑具有可变性。

1.模块化结构

建筑结构是为了抵抗重力、承载建筑空间的物质系统，在模块化建造体系中，可以将建筑分为主体结构和模块化单元，主体结构是固定不可变的、长时间存在的，将模块化单元的结构定义为次结构，是可变的、短时间存在的。按照特定模块化产品的建造需求将标准单元模块进行组合，可以极大程度地节约建造成本、提高建造效率。在对绿色智慧建筑的设想中，模块化建造有很大优势，可更替、可组合的次级结构提供了多变的建筑空间，根据不同的用户和活动自由调节实现建筑空间对人需求的照顾。

“插件城市”（Plug-in City）是彼得·库克在1962～1964年间所进行的一系列研究和设计。它的主体结构是由混凝土制成的“巨型框架”（“Megastructure” of Concrete），模块单元是盒子状的可移动金属舱住宅（Metal Cabin Housing），住宿单元可以根据实际居住人口状况需求插接到结构网架中，组成大大小小各不相同的可移动社区，形成主体结构不变、模块单元可变的住宿体系，满足了流动着的人口需求。

2.可变性结构

结构的可变性即可展开结构（Deployable Structure），可以说是结构和机械杂交的产物，可变结构具有结构和机械的双重特征，既可以看作是多个连接体构成的机械（用于转换运动），也可以看作是结构体（用于支撑和遮蔽），有时候是固定的，有时候又具有可塑性，不管可变结构的尺度或大或小，稳定性都是首要的问题。其特点是采用轻型材料，具有可控的结构刚性，同时具有均匀不变形的特征。

英国一家名为Ten Fold Engineering的公司开发了一系列可折叠的房屋，利用集装箱低成本易于运输的特点，结合钢结构的机械性，建造一个可以移动可以扩展与收缩的建筑。这个用集装箱建造的临时建筑，可移动的墙体转变成地板、顶棚甚至是床，集装箱全部展开的面积相当于原集装箱面积的5倍。通过结构的变形带来建筑空间的变化，极大地满足了不同使用状态下用户的需求，高度集成的特点节约了占地面积，满足社会人口不断增长的空间需求，其廉价和可运输的特点也满足当下的时代特征。

3.外表皮界面

社会网络中，个人与群体、建筑与城市的联系逐步增强，空间内外的限定逐渐被打破，边界消融渗透。内部需求与外部资源通过交互性外表皮进行连接，空间边界成为联系内部与外部信息、数据、资源和能量的载体，个人空间利用模糊的柔性界面与城市和自然渗透、融合，空间在更深层面获得开放，空间体验得到扩展。建筑外表皮处于外部城市与内部使用者之间，同时具有内向性和外向性两个特点，它的内向性表现了对人需求的满足，外向性反映了多维度交互的社会结构。

在日本香川县直町岛上，建筑师藤本壮介设计了一个供市民休憩娱乐小型社交空间——直岛凉亭（Naoshima Pavilion），并将其打造成独特的当地符号。社交空间被白色金属网眼结构包围，既有一定的隔绝性又允许风、光、声和气味穿入，呈现出透明的、不规则的状态，像是座漂浮着的岛屿，时刻与周围的环境进行着交互，营造出一处城市逃离空间。在这个项目中，藤本壮介利用消融的界面将内部环境和外部环境联系起来，通过外表皮从实到虚的改变营造新的感官感受，呈现出一个内外实时互动的交往模式。

外表皮面向城市，是城市生活的背景，采用数字屏幕向城市展现动态绚丽的图案，创造奇妙的感官世界。美国纽约时代广场聚集几十家商场和剧院，通过LED屏幕以极具动感的图案展示商家的特色，变换的屏幕承载着美国的文化与艺术，成为城市地标性的街头景象。

4. 室内墙体界面

空间承载了各种活动，室内墙体直接与使用者接触，提供各种行为发生的场所。行为和情感是变化的，空间需要像生命体一样对这种变化做出回应。建筑内置的传感器、识别装置和智能设备实现对使用者、使用行为与环境中各种动态信息进行实时的识别与采集，以数据的形式记录在云大脑中，利用管控平台调节室内墙体，通过界面的调节改变空间物理状态，更好地满足用户需求。

在巴黎的第13区，建筑师斯特凡·马尔卡（Stéphane Malka）通过灵活的分隔打造出一个拥有多种功能的办公区域。其中最受人关注的是项目中的“MuMo”（即法语“移动墙体”）系统。墙体悬挂在地面上方3mm和顶棚下方3mm的位置处，可以自由旋转和移动，使得办公室可以延伸、收缩、合并、分隔，使用者可以自行调整空间大小，自主性地移动墙体系统带给使用者别样的空间体验。

5. 家具

建筑内设是建筑中根据行为需要变化最快的部分，通过家具的变化，同一空间往往可以承担多种角色，形成多功能叠加。未来城市人口增加、土地资源稀缺的问题会越来越严重，集成的功能复合家居极大程度节约了使用空间，提高了空间的使用效率。结合了人工智能、云计算的智能家居会根据周围人的动作和情感来进行结构改变，满足使用者的多种需求。

德国设计师所设计的多功能家居Living Cube将所有功能压缩集成在一个立方体之中，通过简单的搭接组装，呈现出床铺、衣柜、电视柜、储藏间、工具间等多种功能。同一空间里通过结构和界面的移动和重组，产生功能的重组，极大程度地节约了建筑空间。

罗南·布鲁莱克（Ronan Bouroullec）和埃尔旺·布鲁莱克（Erwan Bouroullec）两兄弟为家具制造商Vitra设计了一套名为“工作舱（Workbays）”的办公家具，旨在打破传统办公室一成不变的结构和布局。这些多功能家具围绕“变换的工作空间”主题，由两种高度不同的隔断墙组成，员工可根据工作需求选择工作环境，对隔断墙进行扩展和调整。通过对隔断的移动和重组，产生功能的重构，极大程度地节约了建筑空间，提高了空间的使用效率。

4.2.5 绿色智慧建筑的交互性

建筑的交互性设计是为了增强建筑与人之间的联系，以满足人的需求、增强人的体验为目标，在复杂的社会性物质世界中通过嵌入信息技术等新技术将人–建筑–环境联系起来形成绿色智慧建筑。

1.三位一体的用户体验

如同许多产品关注用户的使用感受，社会维度中绿色智慧建筑旨在时刻为用户提供贴心的服务，满足用户生理和心理的需求，使用户获得良好的体验感受，形成良性的人与建筑的交互。

1）有效性

有效性是指达成用户利用系统所要做的事，它指能准确识别服务对象的需求，以服务对象最易于感知的方式表达出来。通过对用户的全面感知，利用人工智能进行预测，其预测结果越接近真正的用户需求则系统越有效。

阿里的神鲸是一个面向未来的智慧共享办公空间，以建筑物理空间为载体，运用物联网、云计算等技术，赋予建筑感知与交互，充分满足了用户更高层次的空间需求。"神鲸"空间就是这样一座会成长，会思考，更灵活的建筑，拥有智慧建筑强大的软硬件一体化的各种应用，其中包括人脸识别、一键投屏、视频会议、云打印、智能寻车、在线空间预订、小邮局等，表现了精致简约与人性化环境氛围，有效地满足用户的多种需求。

2）可用性

可用性是指产品或者服务能够正常运作。对于用户来说可用性体现在易于学习，用户以最小的付出换来所期望的目的；系统具有高效性，协助用户提高生产率；有可记忆的特点，系统会识别用户并记忆用户使用情况，便于用户的重复使用；低错误率，减少用户在使用过程中出错，在出错情况下可以迅速恢复。

苹果公司于2014年发布的智能家居平台HomeKit在苹果iPhone、iPad上的一个"Home" APP上可以集中管理。HomeKit核心逻辑是由设备、场景、房间和自动化四个部分组成的。通过摄像头与iPhone创建端到端加密，保证用户隐私，以iPad（或AppleTV/HomePod）作为中枢对整个家居系统进行操作。HomeKit采用端到端的操作方式，以苹果系统的软硬件直接适配带来了更低的延迟，使产品能够及时响应，增加了其可用性，带给用户更好的体验。

3）感性

建筑是人类情感的容器，建筑的空间氛围影响着人类的情绪。感性是使用系统时心理上的感受，包括服务系统的美观、用户界面的舒适感和提供服务的准确程度。为了满足感性，用户使用系统时需要感受到符合其基本目的各种感性，高程度的有效性和可用性可以提高用户的感性。

腾讯海滨大厦为保证员工的快乐工作和健康生活，不仅有更先进、更舒适、采光更好、风景更优美的办公区和会议室，城市广场、空中花园、攀岩等也应有尽有。办公室内采用柔和的装饰材质，结合灯光和绿植营造出舒适宜人的办公氛围，为了满足不同高度的员工需求采用可调节高度的办公桌，在腾讯海滨大厦里每一个细节都体现着对员工的关怀与独特性的尊重，给员工带来良好的体验感。

2.全生命周期的深度交互

1）设计过程

万物互联的时代，建筑设计变得更加开放自由，成为可以公众参与的行为。建筑的建造过程是缓慢的，而信息的传递极为迅速，建筑设计初期的意向图、效果图就能被发布到网络，接受公众的分享、评论、点赞，或是批评，这就意味着在建完前它就已经成为社会的一部分。HWKN建筑事务所联合创始人，马克·库什纳（Marc Kushner）在TED的系列演讲“为什么未来的建筑由你定义”中向我们展示了没有关联的公众怎样成为设计过程中的关键部分。有了社交媒体的帮助，早在一个建筑被创造的几年前，反馈就能送到建筑师手中。而当建筑建成后通过游客发布的照片，使得只想成为建筑物的建筑又成为媒体，沟通了大众，记录了每个人的故事。

2）使用过程

人是一种社会动物，不时地在发生各种交互行为。利用数字化技术将处于不同时空的人和物联系起来，提供实时交互的可能性，交错的多维度空间建造促进人与人之间更多的交往。人与人群、建筑不断交错重叠，空间感知和体验变得更加丰富。2017年荷兰设计周展出的（W）ego，一个9m高的可居住装置，不同颜色的空间相互穿插，一个颜色空间在被使用时会对相邻的颜色空间产生影响。这为一个有限的空间注入了理想化且个人化的观点，在面对他人的理想时，使用者必须学会相互妥协，为了捍卫自己的意愿，使用者们开始与他人协作，人与人以某种方式共同创造一些更加美好的事物，随着周围人、事、物的介入和磨合，人们会感受到“隔壁”正在发生一些有趣的事。

3）消解重建

本应废除遗弃的建筑拆分开来，将老旧的模块进行替换和修补，通过代码的编入重新组合，形成崭新的智慧建筑，实现建筑的可持续循环。新建筑与老建筑的信息流、数据流、物质流、能量不断交互，彼此作用，相互反馈，最终形成跨越时空的交互。

3.开放复杂巨系统

城市是一个自我组织、自我调节的“复杂巨系统”，是由人、建筑、环境组成的综合体，相互之间不断进行能量和信息的交换。由于有这些交换，所以是“开放的”；系统所包含的子系统很多，成千上万，甚至上亿万，所以是“巨系统”；子系统的种类繁多，有几十、上百，甚至几百种，所以是“复杂的”。开放的复杂巨系统有许多层次，因此，未来建筑的研究必须着眼于城市全部功能的整体性和系统性来全面把握城市建筑、社会、文化、环境各领域及其相互联系。

城市是一个有机的“生命体”，有起源、有发展、有演变、有兴衰，也有人文精神、性格特征、文化意蕴和个性魅力，有其自身发展的内在规律，有着自己的生命信息和“遗传密码”。正因为生命不同、精神不同、个性不同、文化不同，才创造了一座座鲜活的城市。以人与网络计算机为单元，通过以复杂问题为牵引的交互和组织，形成了开放的人类社会。

绿色智慧建筑作为城市的重要组成部分，需要融于社会网络，参与整个城市的智慧运作，与更大的智慧网络接轨提高了建筑可服务的范围，同时也为建筑提供了广阔的社会资源。形成以建筑为终端的智慧城市体系，将实现智慧资源在整个城市的传递。

4.2.6 绿色智慧建筑的技术支撑

大数据（Big Data）是由数量巨大、类型丰富、结构复杂的数据集合而成的，这些数据超出了传统数据库能够处理的范围，需采用分布式计算构架，通过对这些数据进行分析、归纳、总结，挖掘出隐藏在数据深处有价值的规律或模型，利用这些规律或模型来服务于人类。大数据将一切事物量化，帮助我们获取到更多关于有形和无形的信息，向我们展示了一个由信息构成的世界。一旦世界被数据化，所有产业都会从中受益，滋生出无穷无尽的用途。大数据具有大量（Volume）、高速（Velocity）、多样（Variety）、有价值（Value）的特点。每时每刻都有大量的数据从这广泛的来源中产生，它们依托于互联网高速地传递着，数据的交互使得数据中携带的信息被广泛地利用，因而产生巨大的价值。

在建筑的全生命周期内，从项目设计到施工再到后期的运营，整个过程中产生大量的数据。在大数据技术的支持下，小到一个灯泡，大到整个建筑都可以实现信息互联，数据将遍布于建筑的每一个角落，通过统一的平台进行交互，使建筑具有全面监测、管控、预测、引导的能力。合理利用这些数据可以从建筑规划、设计、施工、使用各阶段进行性能优化，提供安全保障，提升项目质量，提高工作效率。目前，大数据在建筑项目管理中得到了初步的应用，并在智慧城市的研究中进行推广，形成更为广阔的数据网络。

云计算（Cloud Computing）最初的目标是对资源的管理，主要功能包括计算资源、网络资源、存储资源三个方面。云计算是通过Internet云服务平台按需提供计算能力、数据库存储、应用程序和其他IT资源，采用按需支付定价模式。

保证用户随时随地处理信息、共享信息，方便地使用大量的非本地计算资源或者数据资源，包括处理器和存储设备。其核心技术包括分布式运算、分布式存储、应对海量数据的先进管理技术、虚拟化技术和云计算平台管理技术。

有了这个共享云端之后，用户可以随时随地获取信息，使信息变得透明化、公开化，同时摆脱了空间的束缚，一方面可以协助各专业人员协同管理，方便资源调度，实现资源对更多的用户共享；另一方面也打破了建筑空间功能的单一性。将信息储存在云空间大大节省了本地服务器空间，减少了软硬件方面的投资，节省服务器生命周期成本，也可以保证数据的安全性和可靠性。云计算与互联网的融合，激发大数据平台的潜能，推动了智慧建筑的发展。

物联网技术（Internet of Things，IoT）通过信息技术形成一个巨大网络，实现在任何时间、任何地点，人、机、物的互联互通，提供智能化识别、定位、追踪、监管。物联网基本构架为感知层、网络层、应用层。感知层通过射频识别（RFID）、红外感应器、激光扫描等传感设备进行全面感知。网络层即通过无线网、移动通信网、互联网进行数据的传输。应用层进行数据处理，为用户提供具体的服务。

物联网的发展推动着传统行业的升级和改造，基于物联网构建的智能建筑，可以使建筑内众多公共资源具有语境感知能力，使其真正成为智慧城市的细胞。物联网为实现施工现场各类原始基础数据的持续采集提供了可能性。利用现场监测、无损检测或各种传感技术进行建筑安全、设备运行状态、施工环境监测、现场人员管理、进场物资管理等，实现数据的自动采集与传输，在专业软件的辅助下，完成对大型建筑施工状况的评估和预警。基于物联网技术构建智慧建筑管控平台，使建筑具有自我感知、自我反应、自我学习的能力。

人工智能（Artificial Intelligence，AI）技术为智慧建筑带来“自学习能力”。主要包括系统技术、神经网络和决策支持系统三大类：系统技术包含专家系统技术和知识工程，应用强大的知识库，进行分析判断；神经网络可用于语音识别、模式识别、智能计算、信息智能化处理、复杂控制和图像处理等领域，具有自我学习和自我适应能力，属于运行相对简单的动态模型，对智能建筑硬件的要求较低；智慧建筑的智慧决策支持系统依赖于人工智能技术，人工智能利用大数据分析用户生命体征，确定用户身份，根据用户现有行为，判断出用户需求，以此来调控建筑做出改变。人工智能还有助于建筑的自管理，充分挖掘各种信息，分析判断建筑环境与能耗情况为建筑提供最科学的方案，同时对建筑各系统进行监控，当某一系统出现故障时触发警报，工作人员可及时进行维修。

5G，即5th-Generation，它不仅是从1G简单的模拟语音通信到4G无线视频传输的网络速率和容量的提升，还面向各种新的服务，提供不连续的、崭新的能力，将人与人之间的通信扩展到万物连接，打造全移动和全连接的数字化社会。5G的到来将实现随时、随地万物互联，让人类敢于期待与地球上的万物通过直播的方式无时差同步参与其中。

5G拉近了人与万物的智能互联的距离，最终实现"万物触手可及"。作为第五代通信技术，5G具有速率极高（eMBB）、容量极大（mMTC）和时延极低（URLLC）三个特征。5G理论传输速度可达4G的数百倍，速度的大幅提升，可以进一步拓展信息资源的采集、上传、下载的速度。类似被带动的行业领域还有虚拟现实及增强现实，比如在博物馆，课堂之上，可以通过虚拟现实来进行讲解，更加生动。此外，随着云技术的发展，加之5G网络的提升，未来或将取消移动硬盘，用户只需将素材传到云盘即可，在高速网络之下，随拿随用，十分便捷。5G网络拥有大容量低功耗的特点，如果全面应用之后，将会降低连接成本。在5G之后，移动通信不只局限于人类娱乐，在万物互联层面也有着广泛的应用。

4.3 绿色智慧建筑案例

4.3.1 项目简介

1.项目概况

华东师范大学盐城实验学校教师培训中心位于盐城市城南新区南海未来城核心板块华东师范大学基础教育园区（图4-13）。该园区由华东师范大学基础教育集团领办，包含6轨小学、6轨初中、16轨高中及教师培训中心，可容纳4000多名学生在校学习。其中教师培训中心位于园区的东北角，占地面积约20亩，有对外的独立出入口。

华东师范大学教师培训中心作为华东师范大学在盐城的教师培训基地，主要对在职教师进行指导交流、课题研究、综合培训等，其主要功能空间包括1间300人的大报告厅，1间120人的中报告厅，2间50人的小报告厅，10间15～30m^{2}的办公室，若干专家休息室与研讨室，1间140m^{2}的舞蹈培训教室，以及心理、计算机、书法、美术、音乐培训教室各1间，每间面积70m^2。另外还有满足80人住宿的客房，总建筑面积控制在11350m^{2}左右。

该项目建设总投资约1亿元，投资主体为盐城市城南新区开发建设投资有限公司，课题研究及设计单位为东南大学。

本项目要全面贯彻落实科技部"十三五"重大研发计划项目"目标与效果导

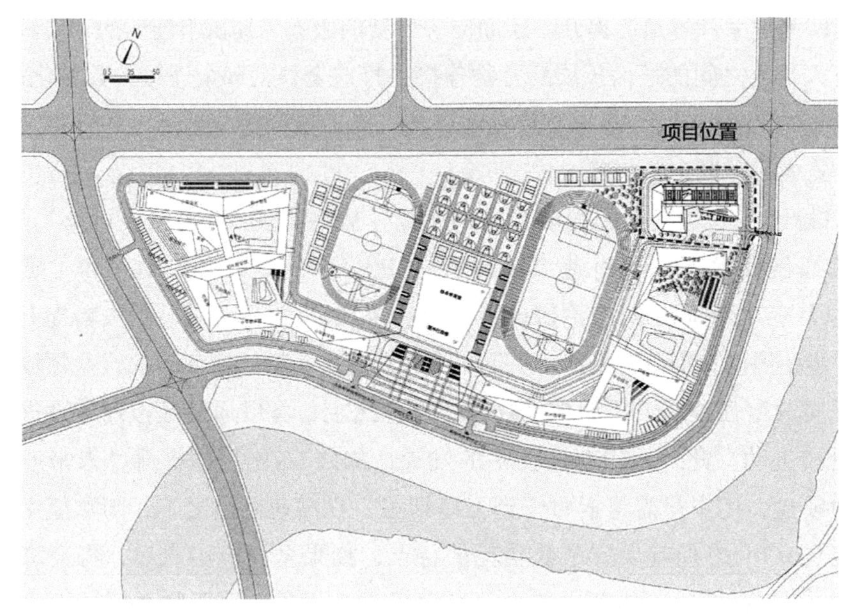

图4-13　华东师范大学基础教育园区总平面图

来源：东南大学风土建筑工作室

向的绿色建筑设计新方法及工具”以及江苏省住建厅“绿色智慧建筑（新一代房屋）”示范工程的科技指标要求。探索具有“生命体”机制和“自学习”“自进化”能力的绿色智慧建筑，构建人、建筑、社会深度融合的复杂生态系统。

2.设计理念

1）可学习

盐城市城南新区教师培训中心在满足节约能源、降低能耗、环境友好的同时运用多种绿色智慧建筑交互性策略，将“人”的实际需求作为顶层设计，更好地满足个人、群体的特定需求，为使用者提供安全、健康、舒适性良好的学习空间体验，提高使用者的幸福感和满意度，形成人、建筑、社会的和谐统一。

综合运用BIM、IBSM、VR等策略，建造一座可以综合调控、全面感知、智慧运行的示范性智慧建筑，成为综合了多种交互性设计策略的“可学习对象”，带动绿色智慧建筑的发展，为相关项目的落地提供理论与技术支持。

通过优化空间布局，协调住宿单元与教学空间，将学习空间从教室拓展到建筑的每一个角落，构建灵活多样的学习环境，打造一座处处皆可学习的建筑。

2）会学习

盐城市城南新区教师培训中心利用均布式的传感元件和识别装置、高度集成的调控中枢、人、机、环境交互的调控系统及用户智慧终端APP打造全方位的绿色智慧建筑用户体验。

均布式的传感元件和识别装置：采集建筑中各设备系统的运行数据和学员使用信息，供数据存储分析，支持完成各种响应决策。

高度集成的调控中枢：适用人工智能进行大数据处理，建筑具备感知、记忆、判断、分析和决策能力，根据功能使用、用户个性及环境气候情况综合调控设备系统达到高效、舒适个性化与环境友好。

人、机、环境交互的调控系统及用户智慧终端APP：通过云服务平台获取数据，运用于智慧终端，实现建筑环境的个性化实时调控，达到便捷、高效、友好舒适的用户体验。

3）享受学习

盐城市城南新区教师培训中心的空间设计从人因工程学角度出发研究建筑的功能组成与人的使用需求（生理、心理），营造人机环境深度融合的功能空间，使公共空间更激发交流，使私密空间更沉浸思想，使得智慧学习中心的每一寸空间都能激发学习并使人享受学习。

3.设计目标

1）绿色建筑技术目标

因此，绿色建筑就是在建筑全寿命周期内（规划、设计、建造、运营、维护、拆除、再利用），通过适宜技术的集成应用，最大限度地节约资源、保护环境、减少污染，为人们提供健康、舒适和高效的使用空间，实现人与自然的和谐共生和可持续发展。绿色建筑是资源节约的、环境友好的，更是以人为本的，充分体现建筑与人文、环境及科技的和谐统一。

本项目的绿色建筑技术目标包括建筑能耗比《民用建筑能耗标准》本气候区同类建筑的约束值降低不少于30%，碳排放比2005年基准值降低不少于45%，室内环境用户满意度高于75%，可再生循环材料使用率超过10%。

2）智慧建筑技术目标

近几年来，随着人工智能、虚拟现实、增强现实、物联网等核心技术的显现和应用，新形式、新结构、新服务的软硬件设备、平台大量出现，大大促进了新技术的推广和社会化。“智慧建筑”的新概念正是基于这些核心技术，在几年时间里应运而生。

本项目智慧建筑技术将以人为本作为核心理念，突破传统的建筑设计思维和割裂固化的建造运营方式，充分关注人的实际需求，提供以环境技术和信息技术为导向的智慧建筑整体解决方案。

4.3.2 可持续性设计策略

1.适应性体形

1）能量体形效率与空间气候梯度

“能量体形系数”指的是建筑热交换界面面积与耗能空间体积的比值，将能量体形系数控制在较小的数值，就可以提高建筑的能量体形效率。通过被动式设计，调节围护结构热工性能，减少能耗空间，都将使这一系数得到优化。在智慧学习中心项目中，通过使用350mm的覆土屋面大大减少了建筑的热交换界面——耗能空间体积为26622m^3，热交换表面积为7154m^2，因此计算所得的能量体形系数为0.269，有效利用了被动式设计，提高了智慧学习中心的能量体形效率（图4-14）。

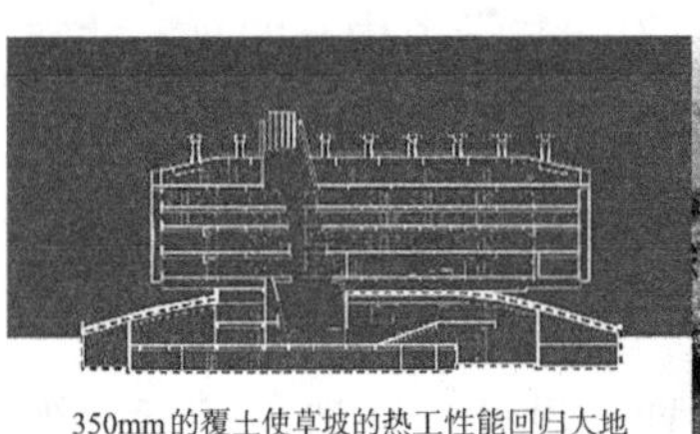

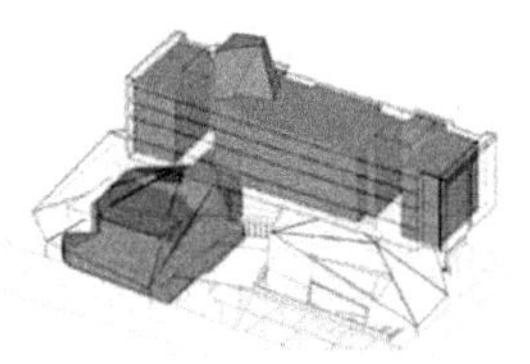

图4-14 智慧学习中心的能量体形设计

来源：东南大学风土建筑工作室

前文所述的空间气候梯度指的是根据建筑内部不同空间的功能和环境需求，通过合理的空间配置构建建筑内部的气候梯度，以空间组织本身实现对主要使用空间的环境调控和对不同使用空间的极差性热分配和热调控；根据使用需求，对空间做合理布局，使对环境有严格调控要求的区域处于非严格调控区域和气候缓冲区的叠层包裹之中，减少热交换，也称为“温度洋葱”（图4-15）。

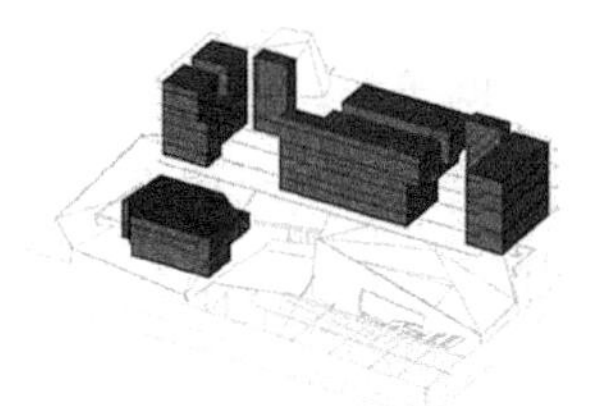

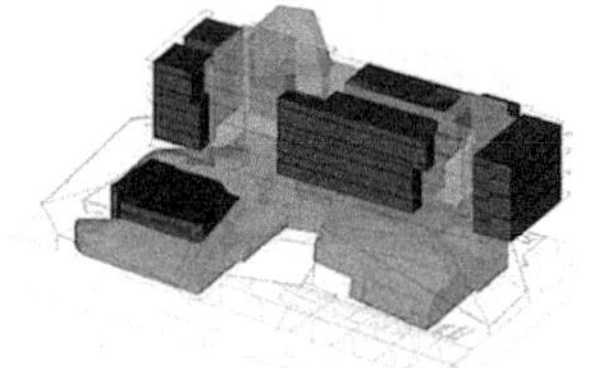

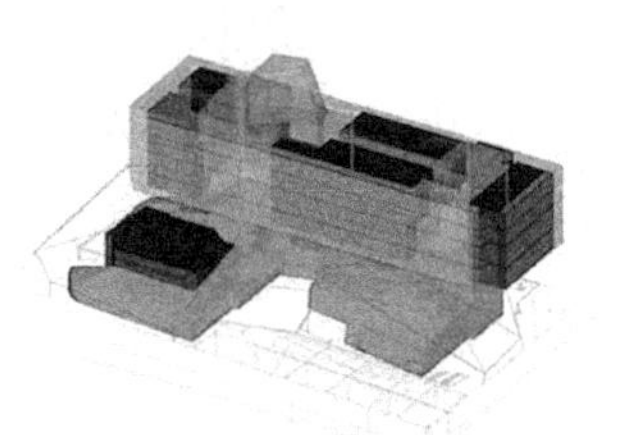

图4-15 智慧学习中心的空间气候梯度设计——“温度洋葱”

来源：东南大学风土建筑工作室

智慧学习中心项目中，主要的教育培训空间、报告厅空间、会议办公空间和住宿空间都是严格环境调控功能区域；公共空间（如中庭、咖啡书吧、阶梯状学习交流空间和报告厅南侧的休息厅等）与交通空间为非严格环境调控公共区域，它们是严格环境调控功能区域的“第一层包裹”；上部体量周围还有一层被动式气候调节腔，作为气候缓冲区域，是严格环境调控功能区域的“第二层包裹”。

2）“负形体”——热压竖井

在智慧学习中心项目中，平面上正对着主入口的位置是一个高达36.9m的中庭，在空间上自然地将下部体量与上部体量相连，将下部体量的公共空间拔出屋面，在塑造了一个充满活力与交往氛围的垂直公共空间的同时，还发挥了其作为热压竖井的自然通风作用：激发热压机制下的自然通风，进一步可将热压自然通风和低压置换通风结合，形成有效的混合通风策略。大面积的顶部开启和上小下大的文丘里管效应，有助于提高中和面，在中庭内部形成有序的气流组织。用模拟软件Openfoam v6对中庭进行风压与热压通风情况的模拟，由速度场模拟结果可见中庭对水平方向与竖直方向的空气流动都有极其明显的促进作用，拔风效果尤为突出；由温度场模拟结果可见与中庭连通的空间有明显的热量被从中庭上空带出的情况。因此由模拟结果得到热压竖井中庭对智慧学习中心的热压通风与风压通风都有相当明显的促进作用（图4-16）。

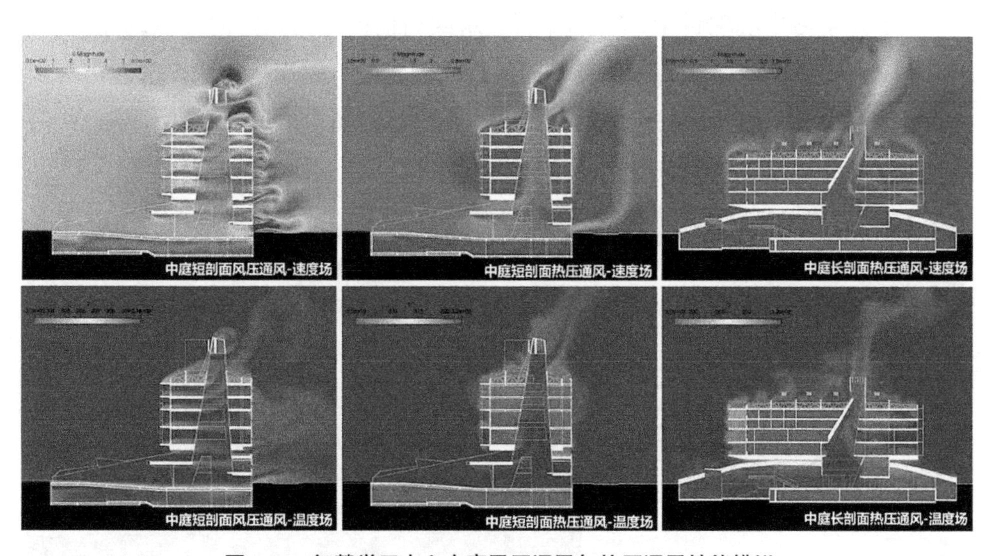

图4-16　智慧学习中心中庭风压通风与热压通风性能模拟

来源：东南大学风土建筑工作室

热压竖井中庭顶部设置天窗，为防止顶部采光可能带来的照度过强问题，天窗下设置了漫反射遮阳百叶，将从天窗倾泻下来的太阳光进行漫反射，确保其进入公共活动空间后成为柔和的漫射光，营造良好的光环境（图4-17）。

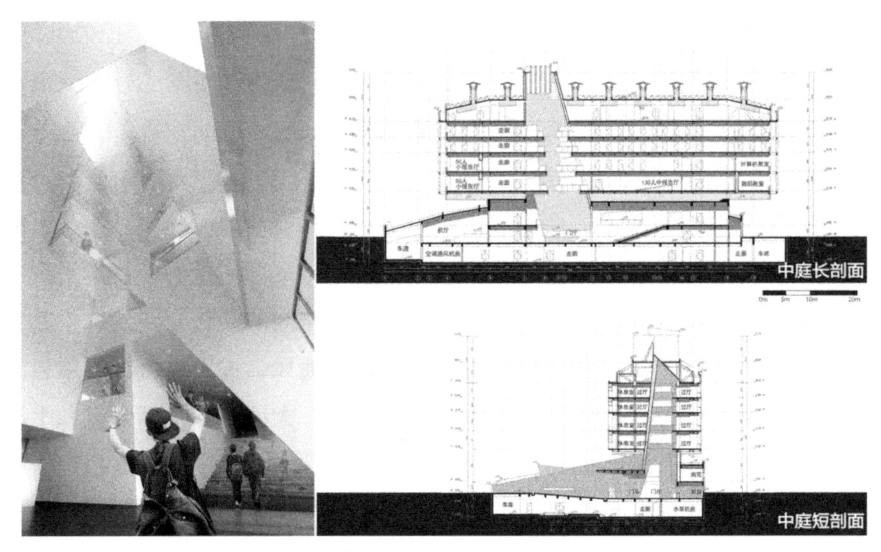

图4-17　智慧学习中心中庭效果图及长短剖面

来源：东南大学风土建筑工作室

2.交互式表皮

1）被动式气候调节腔/层

在智慧学习中心项目中，上部体量建筑四周根据不同朝向的环境调控要求，设置了具有一定空间深度的、功能不同的气候缓冲调节腔：南向主要为遮阳与采光的可调节动态平衡；北向主要为双层表皮热隔绝与冬季太阳能蓄热；东、西两方向主要为双层隔热墙体与夏季高频次通风（图4-18）。

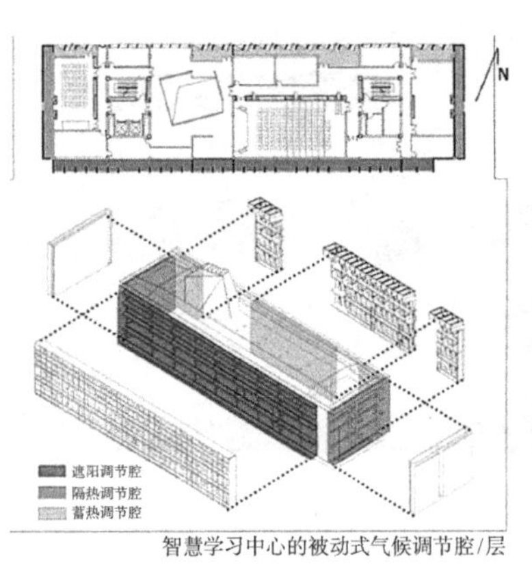

图4-18　公众参与到建筑的建设过程智慧学习中心被动式气候调节腔/层分析图与效果图

来源：东南大学风土建筑工作室

东西两侧腔体空间上下贯通，每一层平面的东西尽端中轴位置皆有向该腔体空间开启的窗口，在各层平面上可确保东西向的自然通风有效运行，同时南北向亦开有通风口，可加速腔体空间内南北向空气流动，以此进一步提高该腔体空间的通风效率。除了通风作用，东西两侧的腔体空间还可成为热缓冲间层，白天可以阻挡东西向的太阳辐射并积蓄热量，防止上部体量温度过度升高，减少可能的供冷负荷；夜晚可以将腔体空间所积蓄的热量释放出来，在一定程度上维持上部体量温度恒定，减少可能的采暖负荷。

图4-19为模拟软件Openfoam v6对标准层平面进行风压通风情况的模拟，由速度场模拟可看出东西两侧的腔体风口附近风速最高，且对腔体两侧的功能空间的风压通风有非常明显的促进作用；由温度场可以看出东西两侧的腔体温度最高，起到了明显的隔热作用。

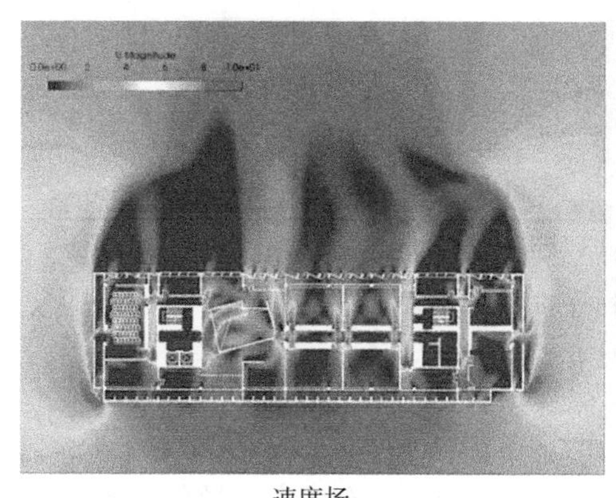

速度场

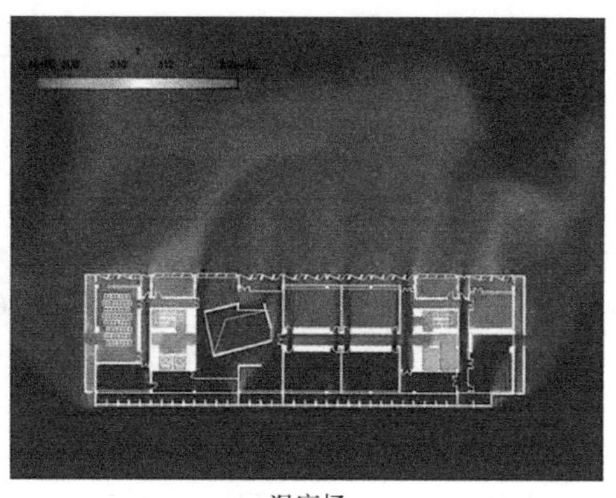

温度场

图4-19　智慧学习中心标准层平面风压通风情况模拟

来源：东南大学风土建筑工作室

2）分布式热压通风系统

受到白蚁穴的启发，在智慧学习中心内部主要依据热压通风机制设计了一套分布式热压通风管腔系统，并进一步与置换式通风空调管道系统结合，形成高效的通风策略。使其像一个巨大的肺在建筑中运行起来，赋予建筑自主呼吸的能力。主送风管在负一层以及上部体量的底端都有主进风口，竖向主送风管设置在上部体量的走廊两侧，横向送风支管设置于吊顶上部，延伸至房间单元尽端送风；竖向主回风管与横向回风支管也分别设置在上部体量的走廊两侧与吊顶上部，与竖向主送风管和横向送风支管彼此分隔互不干扰，在热压通风与机械通风的共同作用下，房间单元的回风口将废气由横向回风支管排入竖向主回风管，并从伸出屋面的“排风烟囱”排出建筑之外。这种送风管道与回风管道并置而不彼此干扰的置换式热压通风系统可以最大限度提高整个房间单元的换气效率和换气量。由模拟软件Openfoam v6对热压通风系统剖面进行的温度场模拟可以看出，分布式通风系统内的温度分布呈现明显的热压通风效应；而从速度场模拟可以看出，上部体量底端的主进风口进风速度与屋面排风烟囱出风口的出风速度均较大，空气在分布式热压通风系统内的流速也较大，且房间单元中也出现了空气环流，说明在热压通风作用下该通风系统对建筑内部的空气流动起到了积极的促进作用（图4-20）。

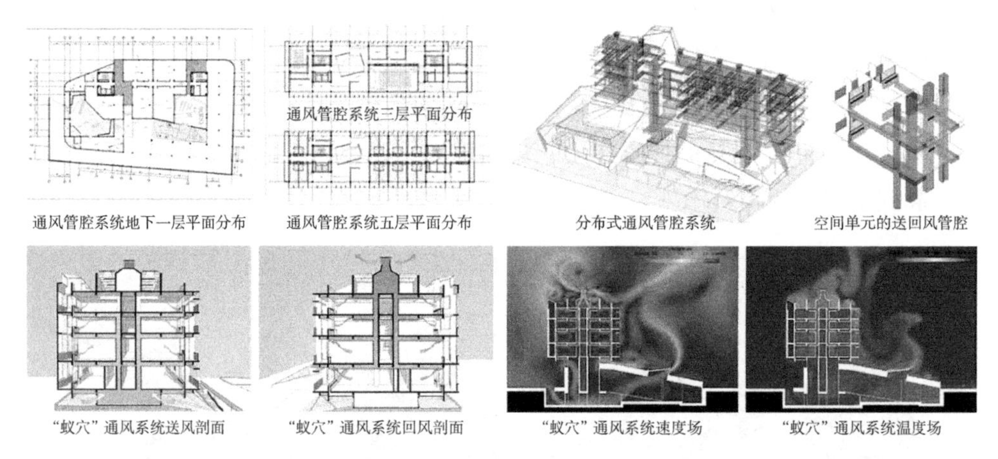

图4-20　智慧学习中心的分布式热压通风系统

来源：东南大学风土建筑工作室

3）生态介质表皮

在智慧学习中心项目中，由于主要公共活动空间多为有更大能量负荷需求的大空间，我们将其置于下部体量并以生态介质表皮包覆，同时设置屋面天窗保证充足的采光。生态介质表皮良好的热绝缘性能可以减少高大空间内不必要的白天太阳辐射得热或夜间热量散失，降低高大空间内温度变化的幅度和建筑内部因温度调节而带来的不必要的能源负荷，并大大降低该建筑的能量体形系数（图4-21）。

图4-21　智慧学习中心项目中的生态介质表皮与采光天窗

来源：东南大学风土建筑工作室

3. 建筑节能与建筑产能

1）建筑节能

地源热泵系统：智慧学习中心位于华东师范大学基础教育园区内，西侧是大面积的运动场，为建筑的供暖通风与空调系统提供了天然的地热能资源，因此该项目供暖通风与空调系统使用地源热泵系统来获取冷热源：将地源热泵系统的换热管埋设于建筑西侧运动场80～100m深的土层之下，夏季从土壤获取冷量，冬季从土壤获取热量（图4-22）。

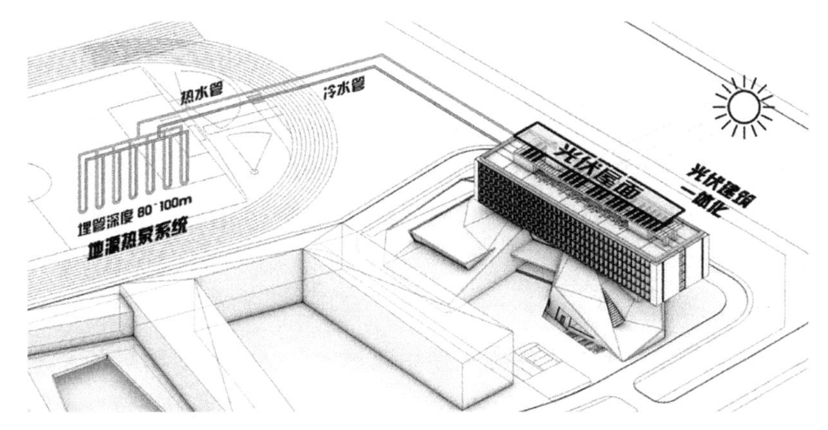

图4-22　智慧学习中心的地源热泵系统与光伏建筑一体化设计

来源：东南大学风土建筑工作室

2）建筑产能

光伏建筑一体化：智慧学习中心的屋面由于结构选型的原因设置了纵横交错的钢桁架，将结构的形式与太阳能光伏板相结合，可以在桁架上设置许多西向的太阳能光伏板；且建筑周边没有高大建筑遮挡，能够保证较高的捕光效率，因此可以将整个建筑屋面变成产能的光伏屋面（图4-23）。

图4-23　智慧学习中心的光伏屋面

来源：东南大学风土建筑工作室

智慧学习中心是江苏省住建厅绿色智慧建筑示范工程，体现了绿色智慧建筑自然纬度下的三大核心表征，并将“可学习、会学习、享受学习”的设计理念贯穿设计全过程，旨在达到“人—建筑—环境”系统性能优化的总体目标。前文所述的绿色智慧建筑可持续性设计策略中，我们选取了适用于该项目的适应性体形设计策略（如空间气候梯度与热压竖井）、交互式表皮设计策略（如被动式气候调节腔/层、分布式热压通风系统和生态介质表皮）、建筑节能策略（地源热泵系统）和建筑产能策略（光伏建筑一体化），并辅以软件模拟结果来证明这些可持续性设计策略在该项目中运用的可行性。

4.3.3 交互性设计策略

盐城市城南新区教师培训中心项目智慧策略的设计过程仍在进行当中，本节运用前文的研究成果，对盐城市城南新区教师培训中心项目提出一些可行的交互性设计策略，以供参考。

1.信息交互

盐城市城南新区教师培训中心可使用建筑的全生命周期BIM系统，以BIM模型作为运维系统中建筑信息的载体，并在使用过程中融入用户信息，形成完善的信息交互平台，为用户提供准确舒适的服务。形成具有可视化模型、系统化设备管理、用户引导、监测预警、资产维护、档案管理、能耗分析等功能的BIM系统。

构建3D可视化BIM系统，不断地在时间和空间上积累各种各样的数据，形成可视化的操作模型和管控平台；系统接入建筑设备监控系统的数据，通过新风机、照明、电气等设备的监测点进行空间定位，实现对建筑设备在线监测，通过接入建筑现有的工单系统，将设备的日常保养，巡检，维修等数据与BIM相互关联；使用过程中通过“共享学习模式”为学员们提供优化、智能的人性化服务，还能实现会议无线投屏、一键预定会议室等服务，整栋楼的公共资源都可以实现共享，透过智能手机应用程序记录每个人的资料和建筑连接；后台服务一直在不停地更新设备监测数据，当检测到数据超过警戒值时，会弹出报警提示，跳转到应急预案页面；可以通过资产类别和条件查看每栋建筑内的资产详细参数，并且在三维可视化界面中定位到资产的安装位置；支持项目全生命周期的数据信息，文档资料统一管理和有效利用；平台将水、电、气的历史能耗数据形成统计报表，分析出同一时间节点建筑的耗能数据及变化情况。

2.设备交互

采用具有物联网构架的IBMS系统，提供单一IP的基础架构解决方案，能够实现对建筑数据的实时访问，并对数据进行分析，将数据转化为所有电气设备的调控信息，从而升级舒适度和体验感。该平台通过对电力、照明、配电、消防和HVAC方面的数据进行交换和分析，提升了管理效率，还为大楼下一步改进和优化产生指导意义。IBMS系统主要包括以下四点内容。

1）硬件系统

本项目由中央服务器和系统服务器组成，通过TCP/IP协议将设备接入系统服务器，每个系统中包含一台管理工作站，保证每个系统既能独立地进行自动化管理，又受到管理人员的监控和管理。中央服务器预留多个系统接口和一个城市连接口，方便未来新系统的加入和与智慧城市的对接。

设备接入服务器内的驱动网关服务，通过驱动程序将各子系统数据转换成统一数据格式与系统服务器相连，完成楼宇自控系统、消防报警系统、闭路电视监控系统、防盗报警系统、门禁系统、车库管理系统、高低压配电系统、电梯系统的监测及控制，实现集成的数据共享。

2）图形化管理

管理工作站以图形化信息中文界面，通过简单的操作，直观浏览各子系统的运行和报警信息，监视观察、控制整个系统运行情况。在大厦局域网内的任何区域，只要能连通局域网的计算机/工作站，只需简单安装图形客户端软件，就可以快速浏览所有系统的状态。

3）各设备系统

该开放平台接入建筑内的各类设施设备，让每一个设备都能在智慧化管理平台上不断交互。大楼中设有人脸识别门禁系统，使出入更加便捷安全；智能照明等能源管理系统内的各个能源表对灯具、空调等设备进行综合管控，降低能源使用量；学习工位预定系统通过对建筑内部所有教室和学习区进行智能调配，提升了学习效率。各系统之间相互协同运作，整个空间从入口开始充满智慧。

4）均布的感受器和控制器

建筑的内界面与各项终端设备分布着大量的感受器与控制器，通过诸如智能面板控制、人体感应控制、气象中心控制、远程控制等各种不同的控制策略的组合，真正实现舒适、节能、经济安全的现代智能建筑控制理念。

3. 人机交互

1）个性化定制服务

盐城市城南新区教师培训中心项目可采用个性化定制服务，将用户信息连入智慧建筑系统中，利用人工智能对用户信息进行运算，判断用户习惯与喜好，为用户提供个性化的服务。

住宿单元可以根据用户的喜好来调节风光热等物理环境，住宿单元内部有声音识别感控器，用户可以声控进行调节；学习区通过手机APP可以自动调节桌椅高度，预约工位。通过建筑智慧管控平台合理分配空间资源，使学习中心得到高效的应用（图4-24）。

图4-24　智慧学习中心由手机控制的个性化定制服务

来源：作者自绘

2）柔性服务界面

盐城市城南新区教师培训中心在位于一楼大厅的墙面、地面和吊顶上可使用多媒体互动屏幕，在建筑设计和物理结构中融入了多媒体技术，通过结合先进的LED照明技术、控制系统和多通道音响系统，形成一个柔性的多媒体互动大厅。利用感应器实时捕捉用户信息，互动屏幕呈现出反馈结果。

通过利用多媒体互动屏幕，用户可以进行人脸识别签到，帮助学员完成课程签到，预定住宿等服务。通过屏幕触控或感受器的信息采集，收集用户状态信息，根据用户的操作和动作变化，做出相应的反馈，进行有趣的交互活动。

3）多元空间

突破以往单一的学习形式，在建筑的下部设计了多元的空间氛围，为使用者提供了开敞的阶梯空间，静谧的自习空间和自由的阅读休闲空间，根据使用者使用状态或心情的不同可以选择适宜的学习环境。空间之间没有明显的边界而是自然连接，打造出一个能够增加互动的流动空间，重叠多元的空间激发多重事件，不同氛围的空间保证了基于活动的学习空间。

连续升起的阶梯空间（图4-25）将使用者从入口引入建筑内部，并提供一个可以供人坐下来享受的公共空间。弹性地板让公共阶梯从功能性的人行通道摇身

图4-25　智慧学习中心的大阶梯公共阅览空间

来源：东南大学风土建筑工作室

变为可读书、可听课、可休息的多功能时尚空间，增强了建筑内部的公共性和交流性。

通过大阶梯可以到达夹层较为静谧的学习空间，均匀的天光、舒适的桌子、怡人的尺度将过道打造成适宜独自学习思考的空间。在大阶梯的一侧天光从三角形的天窗散下来，照亮下沉的咖啡阅读空间，窗外的绿植配着咖啡的香气营造出休闲舒适的阅读空间（图4-26）。

图4-26　智慧学习中心下沉的阅读空间与咖啡厅

来源：东南大学风土建筑工作室

室内各色家具的陈设塑造出一个充满活力的学习空间，没有烦琐的装饰，单单以地面材料和精美的家具软装来烘托整体环境氛围；在这里眺望远处，映入眼帘的是宜人的校园景观和充足的自然光线，并合理运用了很多几何与线条元素，搭配空间的层高和布局，体现一种未来感与创新感。

4.虚实交互

1）虚拟课堂

VR教育沉浸式的学习体验，让教育变得可视化，帮助学生轻松理解复杂的概念、理论和课程，学生还可以在虚拟环境中触摸和操作物体，从而使他们可以快速消化难懂的知识点，营造一个积极的学习环境。

有了虚拟现实技术，远程教育将得到质的颠覆。虚拟教学体验中，学生能看到可以压缩到桌面大小的城市系统，他们可以从多个角度探索场景中的各个元素，然后通过放大，拉近自己与环境的距离，从而融入街道之中。通过手势，他们可以深入了解模型，甚至直接在建筑内移动，并可能遇到自己的导师或同学。

2）手机APP虚拟体验

学员打开手机APP对着特定的图案进行扫描即可进行虚拟体验。手机APP通过摄像头捕捉真实场景，将视频数字化成图像，找到识别物体确定生成的动画在AR环境中的位置和方向，标识的物体与预设的目标图形进行匹配，最终使得真实场景和预设的虚拟图像实时融合在手机屏幕上。

利用手机APP的虚拟体验功能，学员可以进行虚拟导航，通过地理定位在手机上规划最理想的道路，以虚拟现实的场景为学员指引方向；通过扫描标志物为学员提供智能讲解服务，以虚拟图像为学员呈现绿色智慧建筑的运作机制；学员也可以进行捕捉游戏等多种趣味活动，丰富自己的课余生活。

5.智慧建筑技术体系

为了应对未来智慧城市的发展要求，该示范性项目应预留与智慧城市系统对接的接口，预留网络接口设置权限。建筑使用交换机连接实现与智慧城市系统的通信，将建筑内部的信息编入区块链中保证信息的安全。

盐城市城南新区教师培训中心的设计应该适用于多种技术手段，随着用户的需求越来越高，技术更新换代的周期越来越短，未来建筑必须允许新技术的及时融入，技术柔性首先满足现阶段对技术的要求，同时又可以不断地引入新的技术，老的技术也可以不断地学习，预留未来新技术引入的接口。

盐城市城南新区教师培训中心作为一座“会学习、可学习、享受学习”的智慧学习中心，其核心理念是以人为本的全方位个性化需求导向和低碳节能的可持续性环境构建。集成应用多种传感、数据和交互技术，提供以环境技术和信息技术为导向的智慧（下一代）建筑整体解决方案。其中智慧建筑技术集中体现于传感、GIS、物联与识别系统，集成融合与应用系统，人机交互智慧终端系统等三大系统。

1）传感、GIS、物联与识别系统

建筑内外界面、各空间及各设备分别设置充足的传感器，全面收集气象、室内物理环境、空间状态、建设实施状况、设备运行状态、能耗等实时数据，空间空气物理参数、设备运行参数以及相关区域与设施的地理位置等信息，传送至分布式调控设备与综合管控平台，实时调控建筑的整体运行，实现高效、舒适、节能、经济、安全的现代智能建筑控制理念。

2）集成融合与应用系统

以BIM模型作为建筑的全生命周期的建设与运维系统中的信息载体，在使用过程中融入用户信息，形成完善的信息交互平台，为用户提供准确舒适的智慧化服务体系。形成具有可视化模型、自动化设备管理、智慧引导、监测预警、资产维护、档案管理、能耗与资源使用分析等多功能的集成应用系统。

智慧建筑综合管控平台，以使用舒适便捷及节能环保为目标，集成与建筑相关的各种场景、设备、应用、管理等信息，实现不同系统间的数据信息交换、综合分析和智慧决策，从而全面提升绿色建筑与健康建筑标准，提升用户体验、设备运行效率与管理效率，并为建筑进一步改进和优化提供数据与指导。其智能调控各子系统包括：

（1）南立面可调节遮阳的实时光热平衡调控；

（2）北立面气候调节腔的智能开启控制；

（3）蚁穴通风系统进出风口的智能开启控制；

（4）中庭天窗与相关玻璃幕墙智能开启控制；

（5）建筑绿植的智能喷灌控制；

（6）智能化照明控制；

（7）智能化HVAC控制；

（8）建筑设备监控系统；

（9）建筑能效监管系统；

（10）智能化集成系统；

（11）客房集控系统；

（12）信息引导及发布系统；

（13）会议系统；

（14）多媒体教学系统；

（15）安全防范系统；

（16）信息传输、信息管理等信息化设施系统与信息应用系统。

基于对未来智慧社区与智慧城市的发展预判，预留与智慧城市系统的对接接口，根据权限与安全设置将建筑信息编入区块链中，实现与智慧城市系统的数据流动与系统链接。

参考文献

[1] CLEMENTSCROOME D. Intelligent buildings：an introduction[M]. New York：Routledge，2013.

[2] CAMPBELL T. Beyonds martcities：how cities net work，learn and innovate[M]. New York：Routledge，2013.

[3] KING S，CHANG K. Understanding industrialdesign：principles for UX and interaction design[M]. Boston：O' Reilly Media，2016.

[4] KWOK A，GRONDZIK W. The green studio hand book[Z]. 2011.

[5] OLGYA V. Design with climate：bioclimatic approachto architectural regionalism[M]. New Jersey：Princeton University Press，1967.

[6] Smith P F. Architecture inaclimate of change：a guide to sustainable design[M]. Boston：Architectural Press，2001.

[7] FATHY H. Natural energy and vernacular architecture[M]. Chicago：The University of Chicago Press，1986.

[8] HANG J，WAN L J. Application of artificial neural network approach for intelligent building in China[M]. IEEE，2009.

[9] FEIREISS K，FEIREISS L. Architecture of change：sustainability and humanity in the built environment[M]. Berlin：Gestalten，2008.

[10] Wang J. Analysison the design of intelligent buildings basedon low carbon ideas[M]// Luo J. Soft computingin information communication technology. Berlin: Springer 2012：423-430.

[11] 诺伯特·维纳．系统论[M]．第2版．陈娟，译．北京：中国传媒大学出版社，2018.

[12] 史蒂芬·戈德史密斯，苏珊·克劳福德．数据驱动的智能城市[M]．车品觉，译．杭州：浙江人民出版社，2019.

[13] 莎拉·威廉姆斯·戈德哈根．欢迎来到你的世界[M]．丁丹，张莹冰，译．北京：机械工业出版社，2019.

[14] 艾伦·库伯，罗伯特·莱曼，戴维·克罗宁，等．AboutFace4：交互设计精髓[M]．倪卫国，刘松涛，薛菲，等，译．北京：电子工业出版社，2015.

[15] 詹妮·普瑞斯，伊温妮·罗杰斯，海伦·夏普．交互设计：超越人机交互[M]．刘伟，赵路，郭晴，等，译．北京：机械工业出版社，2018.

[16] 戈尔登·克里希那．无界面交互：潜移默化的UX设计方略[M]．杨名，译．北京：人民邮电出版社，2016.

[17] 特伦斯·谢诺夫斯基．深度学习：智能时代的核心驱动力量[M]．姜悦兵，译．北京：中信出版社，2019.

[18] 瓦里斯·博卡德斯，玛利亚·布洛克，罗纳德·维纳斯坦，等. 生态建筑学：可持续性建筑的知识体系[M]. 南京：东南大学出版社，2017.

[19] 大卫·劳埃德·琼斯. 建筑与环境——生态气候学建筑设计[M]. 北京：中国建筑工业

出版社，中国轻工业出版社，2005.
[20] 麦克哈格. 设计结合自然[M]. 芮经纬，译. 北京：中国建筑工业出版社，1992.
[21] 吉沃尼. 人·气候·建筑[M]. 张钦楠，译. 北京：中国建筑工业出版社，1967.
[22] 张彤，鲍莉. 建筑的责任[M]. 南京：东南大学出版社，2010.
[23] 刘先觉. 现代建筑理论——建筑结合人文科学自然科学技术科学的新成就[M]. 第2版. 北京：中国建筑工业出版社，2008.
[24] 朱岩，黄裕辉. 互联网+建筑：数字经济下的智慧建筑行业变革[M]. 北京：知识产权出版社，2018.
[25] 项勇，冉先进，魏军林. 互联网+建筑：产业转型升级路径研究[M]. 北京：中国经济出版社，2018.
[26] 冯雷. 理解空间：20世纪空间观念的激变[M]. 北京：中央编译出版社，2017.
[27] 顾振宇. 交互设计：原理与方法[M]. 北京：清华大学出版社，2016.
[28] 原研哉. 理想家：2025[M]. 北京：生活·读书·新知三联书店，2016.
[29] 淘VR. 虚拟现实：从梦想到现实[M]. 北京：电子工业出版社，2017.
[30] 安福双. 正在发生的AR（增强现实）革命：完全案例+深度分析+趋势预测[M]. 北京：人民邮电出版社，2018.
[31] 李四达. 交互设计概论[M]. 北京：清华大学出版社，2009.
[32] 张彤. 绿色北欧[M]. 南京：东南大学出版社，2009.
[33] 张彤. 整体地域建筑[M]. 南京：东南大学出版社，2003.
[34] 刘先觉. 生态建筑学[M]. 北京：中国建筑工业出版社，2009.
[35] 谢秉正. 绿色智能建筑工程技术[M]. 南京：东南大学出版社，2007.
[36] 仇保兴. 智能与绿色建筑文集[M]. 北京：中国建筑工业出版社，2005.
[37] 广东宏景科技有限公司，广东省建筑智能工程技术研究开发中心. 智慧建筑、智慧社区与智慧城市的创新与设计[M]. 北京：中国建筑工业出版社，2015.
[38] 王娜，沈国民. 智能建筑概论[M]. 北京：中国建筑工业出版社，2010.
[39] 李钢. 建筑腔体生态策略[M]. 北京：中国建筑工业出版社，2007.
[40] 刘抚英. 绿色建筑设计策略[M]. 北京：中国建筑工业出版社，2013.
[41] 张亮. 绿色建筑设计及技术[M]. 合肥：合肥工业大学出版社，2017.
[42] 吕彬. 可变与交互："互联网+"时代的建筑空间初探[D]. 南京：东南大学，2017.
[43] 职朴. 可持续性建筑环境的人文维度[D]. 南京：东南大学，2011.
[44] 赵慧宁. 建筑环境与人文意识[D]. 南京：东南大学，2005.
[45] 薛玮. 物联网技术在智能建筑中的应用研究[D]. 济南：山东建筑大学，2018.
[46] 李波. 智慧建筑技术路线图研究[D]. 武汉：湖北工业大学，2013.
[47] 张鸽娟. 建筑本体及其人文内涵的研究[D]. 西安：西安建筑科技大学，2004.
[48] 郑琳. 当代建筑中的互动性研究[D]. 北京：北京建筑工程学院，2012.
[49] 杨英. 办公空间的交互设计研究[D]. 大连：大连工业大学，2014.
[50] 林云汉. 智能机器人"人–机–环境"交互及系统研究[D]. 武汉：武汉科技大学，2017.

[51] 江林. 基于BIM的智能楼宇集成管理系统设计与研究[D]. 重庆：重庆大学，2017.
[52] 肖葳. 适应性体形——绿色建筑设计空间调节的体形策略研究[D]. 南京：东南大学，2018.
[53] 孙柏. 交互式表皮——绿色建筑设计空间调节的表皮策略研究[D]. 南京：东南大学，2018.
[54] 马驰. 性能化构造——绿色建筑设计空间调节的构造策略研究[D]. 南京：东南大学，2018.
[55] 刘宏. 智能建筑中可持续性技术的设计与应用[D]. 西安：西安建筑科技大学，2006.
[56] 张红. 物联网技术在智能建筑能源管理中应用的研究[D]. 西安：长安大学，2013.
[57] 田媛媛. 建筑智能环境控制原理及方法的研究[D]. 西安：长安大学，2014.
[58] 李晨楠. 基于BIM的绿色建筑智能辅助设计系统研究[D]. 天津：天津大学，2016.
[59] 苏林. 混凝土冷辐射顶板传热模型构建及实验研究[D]. 长沙：湖南大学，2016.
[60] 许丕财. CSI住宅的可变性研究[D]. 济南：山东建筑大学，2012.
[61] 秦国栋. SI住宅体系的技术与应用研究[D]. 济南：山东大学，2012.
[62] 付永栋. 基于信息时代的建筑空间资源配置研究[D]. 深圳：深圳大学，2017.
[63] 张倩影. 绿色建筑全生命周期评价研究[D]. 天津：天津理工大学，2008.
[64] 郭云鹏. 绿色建筑全生命周期中的BIM技术应用策略研究[D]. 哈尔滨：哈尔滨工业大学，2013.
[65] 娄岩. 物联网技术在智能建筑中的应用研究[D]. 成都：电子科技大学，2016.
[66] 丁守哲. 基于云计算的建筑设计行业信息系统开发模式与实现技术研究[D]. 合肥：合肥工业大学，2012.
[67] 刘光立. 垂直绿化及其生态效益研究[D]. 雅安：四川农业大学，2002.
[68] 李刚. 城市建筑垃圾资源化研究[D]. 西安：长安大学，2009.
[69] 潘嘉欣. 基于物联网的智能建筑新能源应用管理系统的研究[D]. 西安：长安大学，2013.
[70] 陆明浩. 系统集成在智能绿色生态建筑中的应用[D]. 上海：同济大学，2006.
[71] 曹玉婷. 双层表皮建筑的常见形式与适用性分析[D]. 杭州：浙江理工大学，2012.
[72] 安赛. 气候适应性的建筑表皮：夏热冬冷地区多层表皮建筑立面系统研究[D]. 武汉：华中科技大学，2008.
[73] 李旭民. 绿色建筑发展历程及趋势研究[D]. 长沙：湖南大学，2014.
[74] 张彤. Space Conditioning建筑师的“空调”策略[J]. Domus China，2010（7/8）.
[75] 张彤. 空间调节，性能驱动——东南大学本科四年级绿色公共建筑设计专题教案研析[J]. 城市建筑，2015（31）：25-31.
[76] 张彤. 空间调节中国普天信息产业上海工业园智能生态科研楼的被动式节能建筑设计[J]. 动感（生态城市与绿色建筑），2010（1）：82-93.
[77] 张彤. 空间调节——绿色建筑的需求侧调控[J]. 城市环境设计，2016（3）：352，353.
[78] 蔡适然，张彤. 绿色智慧建筑的自然维度与可持续性设计策略[J]. 城市建筑，2018（16）：19-23.

[79] 张公忠. 物联网与智能建筑[J]. 智能建筑与城市信息，2011(1)：14-17.
[80] 景皓洁. 国外智能绿色建筑发展状况及评价体系[J]. 世界标准信息，2008(10)：37-42.
[81] 郝志文，王立光，赵春雷，等. 绿色与智能建筑初探[J]. 吉林建筑工程学院学报，2010，27(1)：73-75.
[82] 符长青. 智能建筑绿色节能技术分析[J]. 智能建筑，2010(6)：17-20.
[83] 朱洪波，杨龙祥，金石，等. 物联网的协同创新体系与智慧服务产业研究[J]. 南京邮电大学学报(自然科学版)，2014，34(1)：1-9.
[84] 王奕伟. 可持续性建筑设计中生态策略的融入[J]. 城市建筑，2015(20)：51.
[85] 王玉卿，穆华倩. BIM技术在智慧建筑中的应用?[J]. 智能建筑电气技术，2016，10(5)：53-57.
[86] 刘侃. 构建智慧建筑设计平台[J]. 智能建筑电气技术，2017，11(1)：7-10.
[87] 王理，孙连营，王天来. 互联网+建筑：智慧建筑[J]. 土木建筑工程信息技术，2016，8(6)：84-90.
[88] 王理，孙连营，王天来. 互联网+智慧建筑的发展[J]. 建筑科学，2016，32(11)：110-115.
[89] 夏溦. 绿色建筑：智慧建筑的另一面[J]. 新经济导刊，2015(5)：38-41.
[90] 王翌平. 绿色智能建筑对建筑设计的要求[J]. 建筑工程技术与设计，2017(7)：619.
[91] 宁尚，李元. 浅谈智慧建筑在当今社会中的应用[J]. 城市建设理论研究(电子版)，2013(13).
[92] 艾磊. 智慧城市理念下的建筑智慧化[J]. 城市建筑，2016(32)：177.
[93] 伍银波. 智慧建筑助推智慧城市发展可行性分析[J]. 智能建筑与智慧城市，2016(10)：67-69.

第5章　近零能耗建筑

5.1 基于演化计算的设计

5.1.1 理论与技术路径

1.算法基础与工具集成

遗传算法属于演化计算算法的一种，是在计算数学中针对最优化问题的搜索算法。针对某一个特定目标的最优化问题，遗传算法首先根据优化的参数和优化目标建立适应度函数，并生成完全随机的种群，将用于优化的参数作为个体基因，筛选保留适应度较优的个体作为下一代个体的基础，通常适应度越高的个体会具有越高的保留概率，并在此基础上通过杂交、突变等方式产生新一代种群，杂交会将两个个体的基因交换组合成新一代个体。

近年来随着参数化设计工具与建筑模拟软件的整合加深，模拟计算可以整合到参数化建模平台，为使用遗传算法优化创造了条件。其中使用最多的是劳德萨里（Mostapha Sadeghipour Roudsari）在2013年发布的Ladybug系列插件。该插件基于Grasshopper平台能够通过可视化编程的方式自动转换建筑三维模型到能耗模拟模型，并外部调用EnergyPlus、Daysim、Radiance等性能模拟软件进行运算获取结果并可视化展现。Grasshopper是基于Rhino的参数化设计平台，可以实现可视化编程和参数化建模，同时平台已经集成了Galapagos、Octopus等基于遗传算法的智能优化模块，通过Grasshopper的可视化编程功能即可搭建以能耗模拟过程作为适应度函数的遗传算法寻优计算框架。

运用遗传算法进行寻优计算的主要缺陷或难点在于寻优的速度和准确性，两者很难同时满足。使用逐时模拟的能耗模拟软件的模拟结果作为遗传算法的适应度函数，模拟的精确度高但是函数的计算时间会较长，而为了达到满足收敛所需的种群数量往往较大，对于早期方案设计阶段这一反馈速度仍不够理想。而使用数学预测模型代替逐时模拟软件的方法能够大幅提高计算速度，但准确度有限，相比逐时模拟软件其误差可能超过10%，对于形态丰富不规则的建筑预测效果较差。

2. 设计优化的工作路径

当前基于随机化的优化算法在面对大量参数时效率较低，很难在时间和准确度上取得平衡。而在给定范围内通过随机或蛮力遍历求解的方式是大量优化计算技术的基本特征。因此化解这一困境应充分依托建筑师的主动性，在计算机进行计算期间尽可能缩小优化算法的求解空间，进而提高其准确度和有效性。

另外，方案初期设计过程中的考虑因素复杂，能耗并非单一的决定性因素，现有的能耗优化研究中提供的结果也需要经过筛选。因此，为充分利用建筑功能等限制条件对参数进行主动筛选。可将这一流程前置，在模拟前尽可能将建筑使用的限制条件转变为参数范围或组合关系的限制条件，就能提前缩小求解空间的范围从而提高求解效率。

这样的工作流程会增加建筑师和计算机产生交互的次数，在模块化程序设计的基础上，每一个优化模块的体量、搭建难度和运算时间都会降低，能够及时为建筑师提供信息反馈辅助设计决策，同时通过更多的信息交互，充分借助建筑师的思考来加速收缩寻优空间，从而进一步提高下一阶段计算机模拟计算的速度，具体工作流程如图5-1所示。

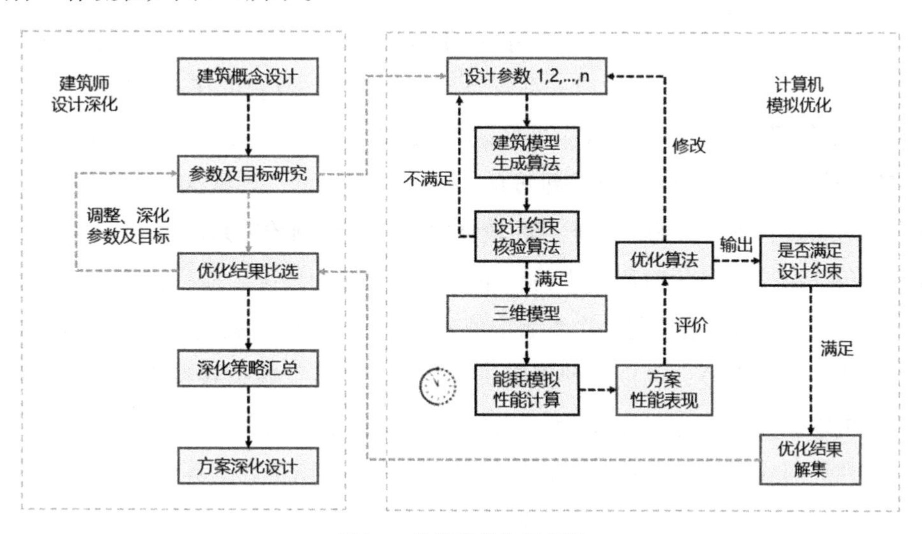

图5-1　设计优化流程框架

3. 设计阶段优化计算

在统一的工作平台上架构模块化的工作流，将大的能耗优化任务拆解成若干小任务，并充分利用模块化的工作流程构建可复用的工具箱，降低了每一次模拟优化需要的前期准备时间，而通过设计约束条件判断的前置、低维参数组合预测高维解空间等方法，则降低了计算机的运算时间，实现更高效的结果反馈，从而实现更多次数的人机交互，使得能耗模拟优化的结果能够有效地作为设计决策的参考加入方案设计初期的工作流程中。

1）前置约束条件

方案初期设计过程中的考虑因素复杂，能耗并非单一决定性因素，现有的能耗优化研究中提供的结果也需要经过建筑师的筛选去除不符合其他方面要求的方案，并不能确保最优解的选择。而这样的筛选发生在最为耗时的能耗模拟性能计算之后，因此这些无效解会浪费大量的计算时间，当其占比较大时就会很大程度上影响求解效率。

因此，为充分利用建筑功能等限制条件对参数的筛选作用。可以将这一流程前置，在模拟前尽可能将建筑使用的限制条件转变为参数范围或组合关系的限制条件，就能提前缩小求解空间的范围从而提高求解效率。

2）控制任务维度

从算法的角度来说，压缩寻优时间和提高优化准确率最有效的方法之一就是降低参数的数量，或者说是维度。因此可以考虑将一个高维的优化问题通过一定方法拆解成若干低维的问题的组合，用低维问题的求解来推测高维空间中的最优区域。

但这一方法也有一定的风险，比如在X、Y、Z三个参数组成的三维空间中选取X、Y两个参数分析，如果要实现准确的预测，应当基于的条件是在不同的Z取值的切片上，解集与X、Y对应关系应当具有相似性，或者说在不同的Z取值上，X、Y的最优解区域的分布位置应当是基本一致的，对于其他的二维切片同理，才能够使用低维度解空间来预测高维度的解空间。换言之，实现这一方法的关键因素在于对参数合理的分组。对于存在较强的互相干扰制约关系的因素，即一个参数的取值会影响到最优解组合中另一个参数的取值的情况，应当出现在同一组，而不影响到最优解组合中另一个参数取值或者影响很小时，就应当分在两组处理。

就建筑设计而言，可以借助现有研究结果和实践经验指导参数的分组优化，此外还可以通过测试的方式来验证参数的关系。通过对建筑形体的适度简化、选取代表性局部或者选取模式相近的简单形体等方式可以提高运算速度，之后通过少量参数的交叉测试即可以判断参数组合是否满足分离条件。

当解空间缩小到足够小，配合合理选择的取值精度，甚至可以通过遍历的算法完全覆盖一定精度下的解空间，这样则能够最大限度保证求解过程在所需精度下的准确性，并且不仅能够展现最优解，还能够展现最差解并比较两者的差距，从而让设计师能够准确衡量实施这一策略带来的节能效果或者在其他限制条件下不能实施这一策略可能带来的损失，从而提供更全面的信息辅助设计决策。

3）提升交互强度

建筑师在优化设计的过程中通过为计算机模拟优化制定参数、调整算法结构以及读取反馈优化结果来指导设计。通过模块化的程序设计和前置式的参数筛选再加上对参数组合降维分别分析的方法，可以用更快的时间获得具有足够精准度的优化结果。在此基础上，能耗优化的流程可以被拆解成多个子任务，每一次的模拟优化能够以更快的速度返回结果，同时建筑师可以根据上一步模拟的结果对下一步使用的参数范围和类型进行调整，更准确地限定求解空间范围。

这样的工作流程会增加建筑师和计算机产生交互的次数，在模块化程序设计的基础上，每一个优化模块的体量、搭建难度和运算时间都会降低，能够及时为建筑师提供信息反馈辅助设计决策，同时通过更多的信息交互，充分借助建筑师的思考来加速收缩寻优空间，从而进一步提高下一阶段计算机模拟计算的速度。

此外，该工作模式还能够更好地应对方案设计初期更改频繁的特点，既可以在更早的阶段发现重要的问题和缺陷指导方案的更改，也可以更为灵活地适应方案调整所需要的快速反馈的需求。

5.1.2 建筑围护系统综合优化研究

1.研究方法与模型建立

我国北方的寒冷地区冬季供暖需求强烈，兼有夏季制冷需求，产业人群相对聚集，近年已成为近零能耗建筑的示范探索区。为综合评估围护结构各参数对全生命周期碳排放的影响，以威卢克斯主动式建筑展厅为建筑原型，建立展示办公近零能耗建筑原型，并简化建筑形体、室内能源和照明分配条件，使建筑物的围护系统及其对室内环境的影响作用更加凸显。项目方案基本情况如图5-2所示。

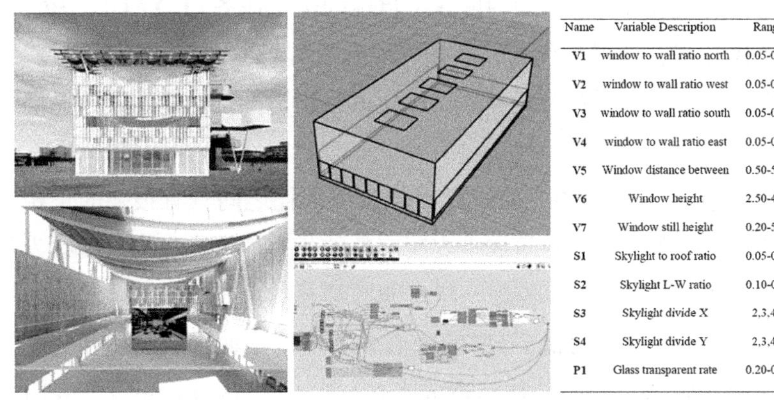

Name	Variable Description	Range
V1	window to wall ratio north	0.05-0.50
V2	window to wall ratio west	0.05-0.50
V3	window to wall ratio south	0.05-0.50
V4	window to wall ratio east	0.05-0.50
V5	Window distance between	0.50-5.00
V6	Window height	2.50-4.80
V7	Window still height	0.20-5.00
S1	Skylight to roof ratio	0.05-0.60
S2	Skylight L-W ratio	0.10-0.90
S3	Skylight divide X	2,3,4,5
S4	Skylight divide Y	2,3,4,5
P1	Glass transparent rate	0.20-0.80

Key Factor	Value
Length	40 m
Wide	20 m
Height	10 m
U_{roof}	0.12 W/m²·K
U_{wall}	0.15 W/m²·K
U_{ground}	0.20 W/m²·K
K_{glass}	0.95 W/m²·K
P_{roof}	800 yuan/m²
P_{wall}	600 yuan/m²
P_{ground}	500 yuan/m²
P_{window}	1800 yuan/m²
$P_{skywindow}$	4000 yuan/m²

图5-2　威卢克斯主动式展厅效果、优化模型及主要变量参数取值

来源：作者自绘

围绕碳排放的整体优化目标，针对能源、碳产生、室内光环境、建筑造价等关键指标设立相应优化目标，综合评价建筑围护结构主要任务。其中建筑能耗（Energy Demand，ED）是通过基于EnergyPlus的内核。根据《近零能耗建筑技术标准》GB/T 51350—2019调整热工、气密性和设备系统参数，并设置系统运行和使用方式，以减少对建筑围护结构的干扰。而碳排放则利用生命周期评估工具（Lifecycle Assessment，LA）在概念设计过程中测量建筑物生命周期的碳排放，该概念设计过程包括建筑物的三个阶段：建筑材料，建设建造，并按运营25年进行计算。采取《建筑碳排放计算标准》GB/T 51366—2019中相关参数进行计算，并将运营期能源消耗汇总为电能消耗，按照华北电网平均碳排放因子进行折算。

室内光环上，分别采用日光自治系数（Useful Daylight Autonomy，DA）和平均采光系数均匀度（Daylight Factor Uniformity，DU）来描述。日光自治系数描述建筑内部各点在全年受到较高日光照射的百分比，平均采光系数均匀度描述建筑内部各区域采光系数的均匀程度，前者偏向室内光环境质量，后者侧重室内光环境各点均匀度。建筑成本（Building Envelop Cost，BC）上，利用模型及构造厚度计算每种建材的规模，并根据北京市建筑造价定额进行相关计算，得到围护结构造价指标。

利用平台Octopus模块开展两组三目标的智能优化运算，通过设定围护结构形态关键的12个参数作为自变量，包含窗墙比、窗户位置、天窗位置等，最终形成优化模型，探索各设定目标下围护结构关键参数的分布范围。

2.运算结果与分析

1）ED / DU / BC任务结果分析

针对建筑能耗、建筑造价、采光均匀度三个目标的优化任务（ED / DU / BC）经过68h进行了60代计算，获得各代的帕累托支配解及其对应方案。如图5-3所示，这三个目标清楚地显示了分布区域和相关性，可以为进一步的建筑设计提供参考。

在第60代的帕累托非支配解中，建筑成本与能源消耗之间具有很强的正相关性，而日光均匀度与能源消耗和建筑成本之间有负的相关性。日光均匀度约为1.01%～5.13%，针对办公其均匀性较好。建筑能源消耗约为60.1～78.1kW·h/(m^2·a)，由于设置了采光系数不得低于5%的限值，这使得能耗水平同样存在一个分布区间，无法持续降低。围护结构建造成本，191万～374万元不等，表明窗户和天窗可能会达到日光和能源目标，而变量的变化可能会对建筑成本产生很大的影响。因此，建筑成本比能耗更敏感，而在同样建筑能耗波动范围不大的情

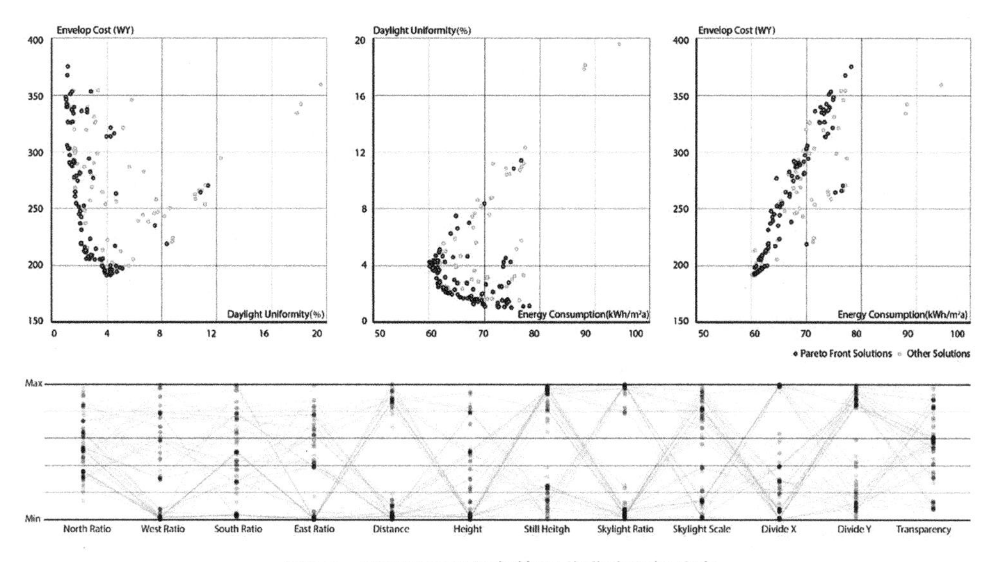

图5-3 ED/DU/BC任务第60代非支配解分布

来源：作者自绘

况下，建筑内部光环境差异较大，这在建筑前期设计时不应忽略。

针对各变量的分布可以看出，在各立面窗墙比取值中，北立面窗墙比取值范围是0.15～0.45，而东、西立面则多倾向于0.1，偶尔大于0.35。对于不同的解决方案，南立面从0.1到0.5均匀分布。在其他立面窗口参数上，窗口距离和窗口高度显示出极化分布，而窗口高度和材料透明度则更多地与不同的解决方案相关，并且本身没有明确的分布规律。对于天窗，所有四个参数均显示出极化分布。天窗比例急剧极化，超过65%的值保持小于0.1，并且天窗刻度也发生极化，这意味着对于天窗而言，较高的窗口纵横比会更有效。

2）ED/DA/LA任务结果分析

针对建筑能耗、建筑碳排放、日光自治比例三个目标的优化任务（ED/DA/LA）经过72h进行了19代计算，获得各代的帕累托支配解及其对应方案。由于采用日光自治的计算方法，因此ED/DA/LA任务耗时更多。碳排放与能源消耗显示出很强的正相关性，而日光自主性对能源消耗显示出明显的负相关性，目标和变量的分布如图5-4所示。

建筑能耗与其他任务具有相似性，能耗分布范围约为56.1～105kW·h/(m^2·a)。日光自治比例48%～95%，具有较大的变化范围，并且与能耗之间存在强烈负相关，日光自治比例大于80%时，建筑能耗保持在60～100kW·h/(m^2·a)。此外，碳排放与能源消耗之间存在很强的正相关关系，这意味着在近零能耗建筑中，建筑能耗仍是衡量建筑全生命周期碳排放的主要指标。

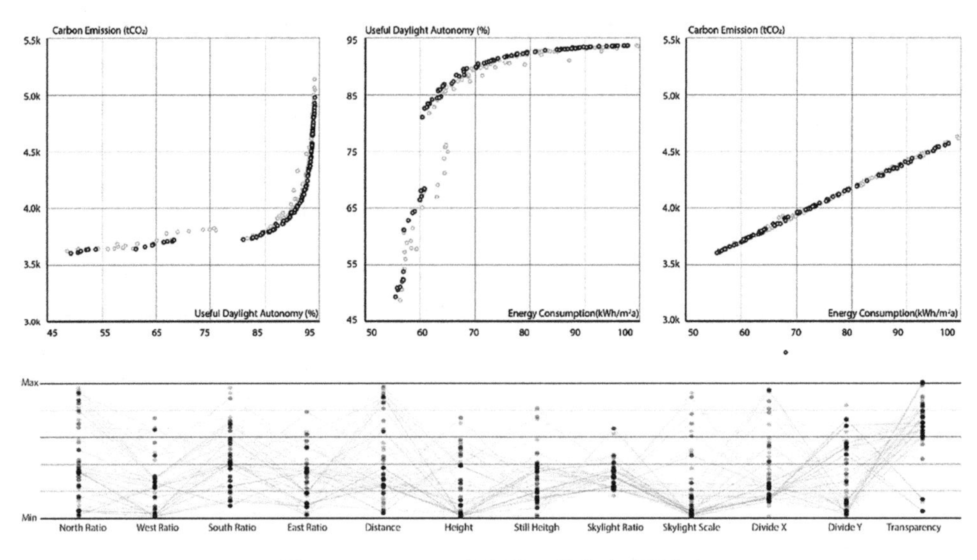

图5-4　ED/DA/LA任务第19代非支配解分布

来源：作者自绘

同时，各变量的分布规律与首次任务存在差异，这表明相似但不同的优化目标会导致相关结果存在较大差异。在立面窗墙比中，东立面和西立面的有效范围在0.2～0.4之间，而北立面和南立面的有效范围在0.2～0.8之间。在其他立面窗口参数上，窗口距离本身并无明显规律，但窗口高度倾向于更小。

3.小结

本研究侧重围护结构设计各参数对能耗、碳排放、室内光环境的综合影响，并未采用前置预研究的相关策略，整体性较强但耗时明显较高，其中能耗与日光自治系数由于多项参数涉及全年逐时模拟，耗费算力及时间巨大，无法有效开展设计深化及策略梳理。因此分解相关任务存在较强必要性。

近零能耗建筑能源占比较正常建筑偏低，但建筑碳排放及环境影响仍然与建筑能耗直接相关。因此建筑能耗仍然是衡量建筑环境影响的主要因素。对于寒冷地区近零能耗办公建筑，建筑围护结构对建筑整体能耗、建筑室内光环境存在显著的负相关趋势，这意味着针对近零能耗建筑设计，不应忽视室内光环境水平而仅仅关注建筑能耗限制。建筑成本成为最敏感的目标，精细化的表皮设计有条件在保障能源环境等因素的情况下进行造价的精细优化。

此外，两次优化任务参数对比表明，相似的任务由于优化目标的计算方式不同，会导致设计策略的明显差异，两次优化任务帕累托前沿非支配解的参数分布如图5-5所示。同时鉴于高维多目标算法收敛效果并不理想，而二、三项目标优化无法完全替代方案设计阶段复杂决策过程，因此在不同的建筑项目设计过程中，应慎重决策相应的优化目标，同时在结果分析时，应进一步对比各参数对整体性能及效果的影响机制，进行综合决策。

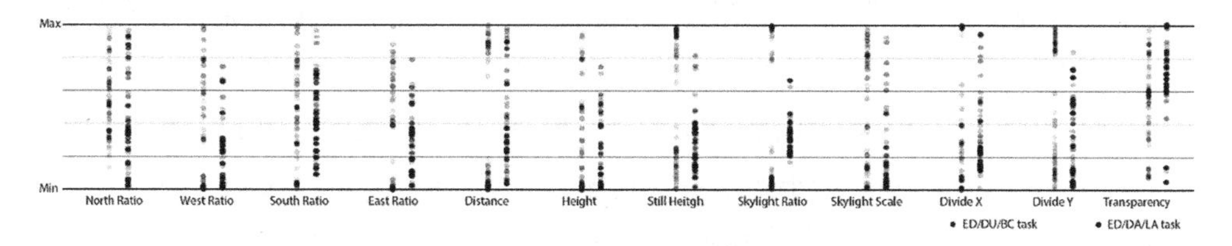

图5-5　优化任务帕累托前沿非支配解参数分布对比

来源：作者自绘

5.1.3 建筑形体设计局部优化研究

1.研究对象与模型建立

在建筑能耗及全生命周期环境影响方面，高层办公建筑同样具有较高代表性。高层办公建筑由于建筑规模大、开发强度高，在我国公共建筑领域具有较高典型性。此外，办公建筑前期设计由于空间单一性强，对后期使用的约束较高，设计阶段影响较大，具备优化潜力。由于实际工程对各参数影响十分复杂，夏季防热与冬季供热处于矛盾状态，夏热冬暖地区建筑以夏季防热为主要任务，可以凸显设计优化过程各参数的敏感性，有助于探索智能优化在早期建筑设计高速迭代特点下的建筑优化方法，提高方案的整体能耗表现，辅助做出合理的设计决策。

研究项目位于海南省澄迈县海南生态智慧新城，总用地面积约6.7万m^2，综合容积率为2，建筑限高100m。结合生态智慧新城的整体规划理念，以及项目西侧、南侧优质景观资源，建筑概念设计尽可能融入自然环境。项目区位及概念设计效果如图5-6所示。

图5-6　项目区位及概念设计效果

2.基于组团布局的模拟优化

组团布局对整体能耗存在较大影响，其作用机理包括：通过相互遮挡关系影响建筑制冷或采暖负荷从而影响制冷或采暖能耗；通过相互遮挡关系影响自然采光从而影响照明能耗；通过改变楼群之间风环境，影响过渡季的通风效率进而间接影响空调能耗等。针对本研究对象，由于夏热冬暖地区制冷能耗占主导地位，通过建筑之间的相互遮挡减少辐射得热从而降低制冷能耗将具有较大的潜力，同时也会影响到建筑的视野广度，因此将同时考虑能耗和视野这两个因素进行分析。

1）相关参数设置

为提高求解效率，按照由东到西一字形布局模式，在场地内按照标准尺寸生成5m间距的分析网格，并选择每栋建筑中心点附近20m范围内所有网格点作为建筑位置调整目标点，按照S形的顺序排列，以目标点的序列号控制单栋建筑在一定范围内移动，如图5-7所示。

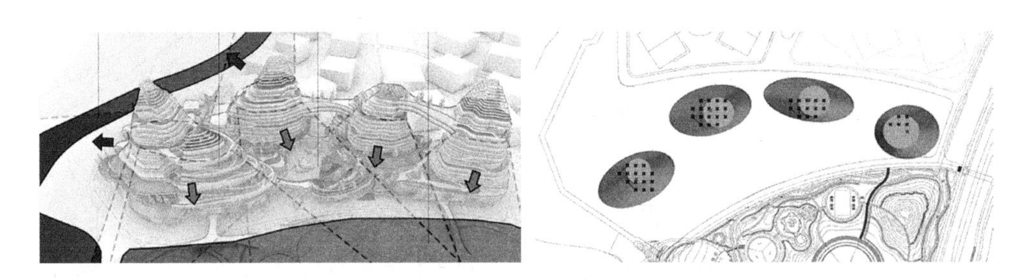

图5-7　建筑视野示意及位置关系模拟模型示意图

直接模拟四栋建筑的总能耗，其每次计算时间在主流高性能工作站上长达30min，因此无法对大量解集进行运算，需要考虑替代指标。通过预模拟分析可得，总辐射得热量的指标能够很好地预测建筑总能耗，在长宽比一定的情况下，总能耗与总太阳辐射得热量相关性强，最大的波动仅有2%并且基本平稳，而辐射得热量的计算速度较快，同等模型精度用时可以缩短到10s以内，为大规模计算提供可能性。

2）预模拟与指标关系的研究

预模拟将分析网格设置为10m，移动范围设置为直径50m，得到满足要求的参数组合4375组，经过对几何关系的筛选后剩余300种组合，在其中随机选择解进行模拟计算。结果显示，视野的增加会带来辐射得热量的提升因而也会间接导致能耗的提升，由于视野增加必然增大暴露面积因此趋势无法逆转，两项指标无法同时取得最优值。

如果考虑所有组合的数值与平均值的差距，辐射得热量的变化比例很小，绝大多数落在平均值上下0.5%区间内，极少数超过这一区间但也不超过1%，而对应的视野变化范围则在平均值上下1.5%，甚至有少数超过1.5%，并且大多数取值的变化力度都超过0.5%，可见虽二者同步变化，但视野的变化比辐射得热量的变化更为剧烈，因此可以在辐射得热量增加尽可能少的情况下争取尽可能大的视野范围。

3）精细模拟及数据分析

将分析网格尺度缩小到8m，移动范围限制在40m直径的圆形内，经过组合后产生16575种位置组合方式。同样使用几何关系判断模块进行先期筛选后，获得585种满足最小楼间距和红线布局要求的位置，对所有情况的辐射得热总量和平均水平视野比例进行分析，如图5-8所示。

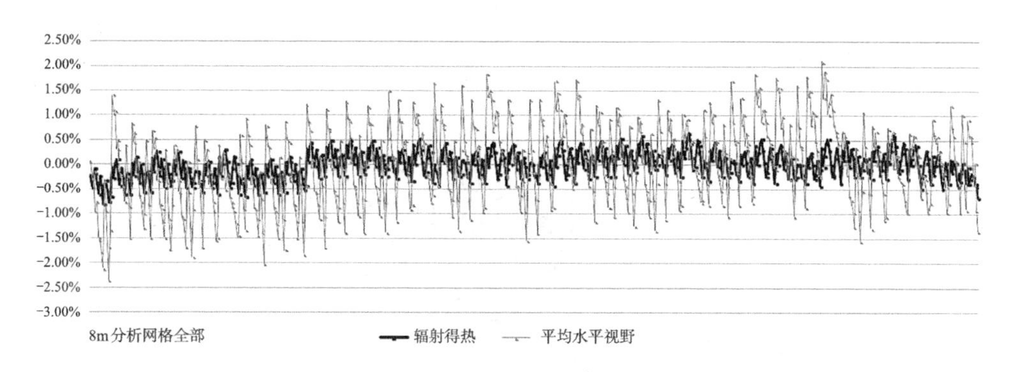

图5-8　8m分析网格下的辐射得热总量和平均水平视野散点分布

辐射得热总量绝大多数落在平均值的-0.5%～0.5%区间，最大偏移不超过1%，而平均水平视野则普遍分布在平均值上下1.5%的区间内，并有相当数量的个体达到平均值上下1.5%～2%区间，水平视野的变化幅度远大于辐射得热量的变化幅度。整体上水平视野和辐射得热总量仍然成正相关关系，但是取值区间的通道很宽，在相同的辐射得热总量下视野仍有显著的优化空间，反之同理。

如图5-9所示，帕累托前沿同样满足辐射得热总量和平均水平视野的正相关性，并且在该前沿上的解能够在限制一个目标的情况下在另一个目标取得最优，即在视野一定的情况下取得最小的辐射得热量，或者在辐射得热量一样的情况下取得最大的视野。

在此基础上，对帕累托前沿解进行可视化分析作为设计的参考和依据，如图5-10所示。除列出总辐射得热量和平均水平视野范围外，还列出了4栋主要办公楼各自的平均水平视野值。部分布局方案在4栋办公楼之间能够取得比较平均的视野范围取值，另外一些布局方案则会产生差异较大的水平视野范围，考虑到空间品质的均一性也应当将这一特点参考纳入设计考量的范围。

3.基于体形特征的模拟优化

在方案设计阶段，建筑的朝向和形状对最终能耗均有明显的影响，不同形状

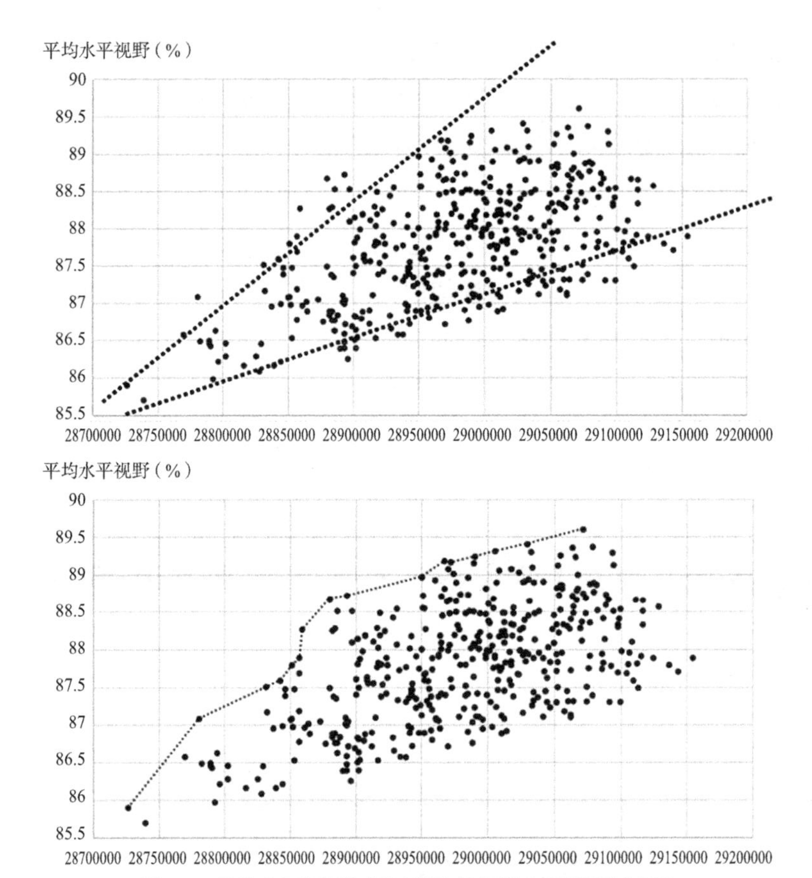

图5-9　平均水平视野与辐射得热总量散点及帕累托前沿

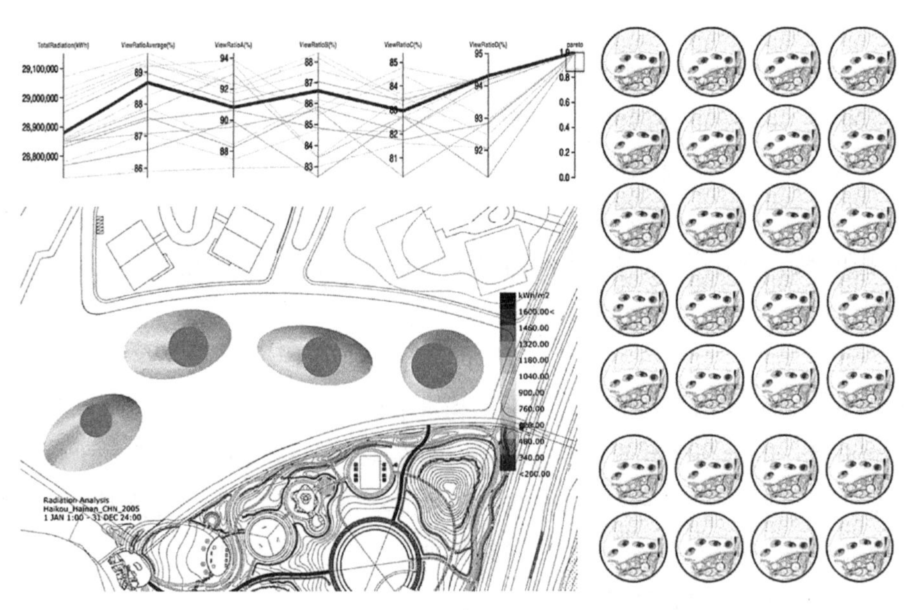

图5-10　帕累托前沿解的布局方案及参数分布

平面产生的节能比例一般在2%～8%不等，由于高层办公建筑总面积大总能耗消耗量大的特点，这一比例产生的节能量仍然非常可观，因此具有较大的研究价值。

1）相关参数设置

针对本研究案例，能耗模拟与优化采用曲线的平面轮廓辅以逐层缩进式布局方式进行简化表达，主要参数包括底面形状、朝向、高度、底面到顶面的收缩比例以及总面积，并选取单位面积平均能耗作为评价指标。如图5-11所示，底面形状以外的参数均可以直接用数值表达，采用椭圆形来表示底面的形状，根据建筑交通核和办公功能布置的要求确定短边的长度，用长宽比来控制长边长度从而生成底层平面形状。而顶层平面则设置为正圆，通过底层短边长度和收缩比确定顶层平面的尺寸，中间楼层的平面则在底层和顶层平面形状之间平均分割确定。最后根据总高和4.2m的标准层高自动划分层数并按照总建筑面积指标整体缩放完成概念模型构建。考虑到实际形态效果和实用性，底层长宽比限制在1～2之间，朝向以正南向为0°，考虑-180°～180°的整个范围。顶层的收缩比例同样考虑到实际使用需求和美观效果，设置在0.8～1.0的范围内。

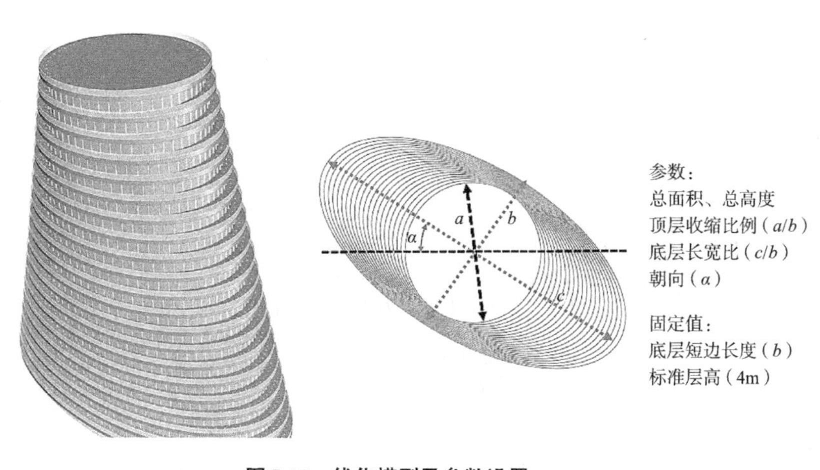

图5-11　优化模型及参数设置

2）预模拟和参数关系的分析

将5项参数组成的解空间拆解为多个少量参数组成的解空间进行研究来加快速度。为研究各参数间的制约关系，进行预分析，将平面形式由椭圆形简化为矩形，此外由于预研究主要针对参数相互制约关系而不要求过高的精确度，因此参数具有一定宽容度，除旋转角保留4个参数取值外，其他参数均只保留3个取值，从而将总模拟次数降低到324次。完成预分析后，分别单独控制每种参数一致，然后绘制所有其他参数的组合与能耗的对应图表来观察各参数是否与能耗直接相关。

分析结果如图5-12、图5-13所示，其中，控制总面积、总高度和顶层收缩

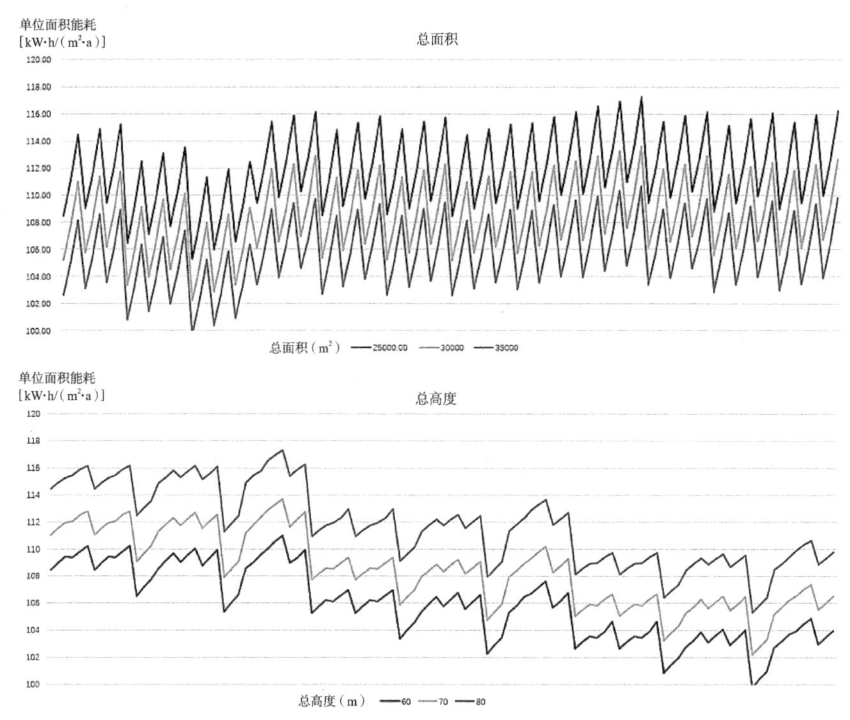

图5-12 总面积与总高度作为控制参数的能耗分布

来源：作者自绘

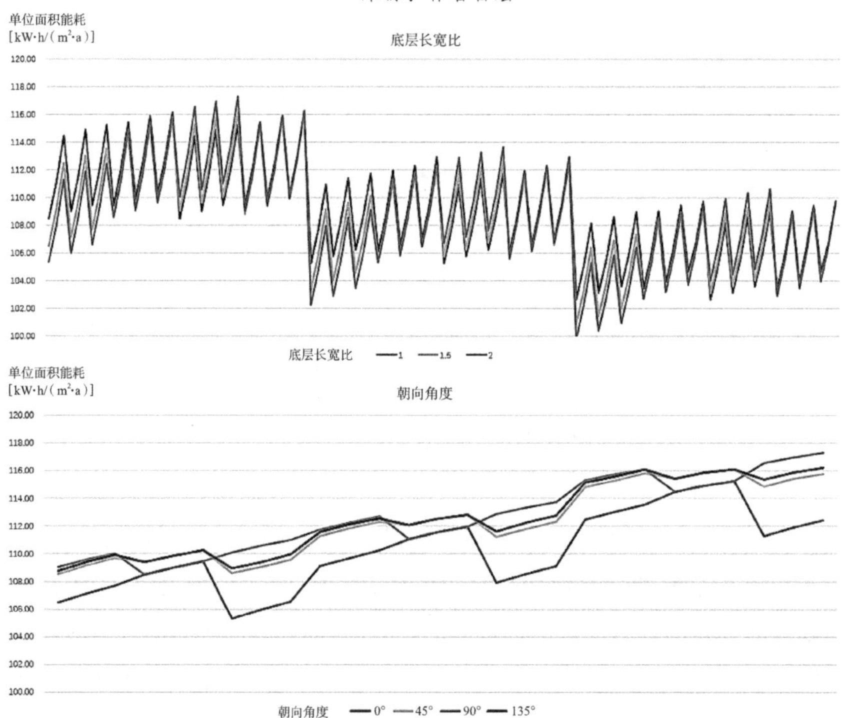

图5-13 底层长宽比与朝向角度作为控制参数的能耗分布

来源：作者自绘

比例绘制出的曲线均走势一致不相交，因此都可以通过单一参数的大小判断能耗高低，即总面积越大、总高度越小以及顶层收缩比例越小则能耗越低。因此，这三种参数只需要在设计条件允许情况下尽可能往低能耗方向取值即可，不需要进一步模拟。而控制底层长宽比和朝向角度绘制出的能耗曲线则均有相交，也即单独根据朝向或底层长宽比均不足以判断最终能耗的高低，两者需要同时分析。

3）底层长宽比和朝向的参数组合分析

通过上述预研究降低参数规模，计算量大幅下降，因此采用遍历式分析的方法。长宽比取值范围为1～2，按照0.2的间距分组取6个数据，朝向的取值范围为-90°～90°，取值间隔为18°，取10个数据，一共产生60种数据组合。这一取值是考虑到计算速度和精确度的需求综合确定的，满足总计算时间低于10h的限制，以适应早期方案设计阶段快速反馈的需求。

模拟结果如图5-14所示，其中最优形态相比于最差形态的节能比例达到6.36%，可见形态和朝向的选择对于能耗的降低确实有显著的影响。在两种参数中，建筑朝向对能耗结果有更为显著的影响，最低的能耗出现在正南方向，而最高的能耗则出现在正西方向。整体来看正南附近的朝向是最为有利的，正西方向的朝向则是最为不利的。这一结果与传统经验的基本思路基本吻合，即在夏热冬暖地区东西向短而封闭、南北向长而开放的布局有利于降低得热降低能耗。

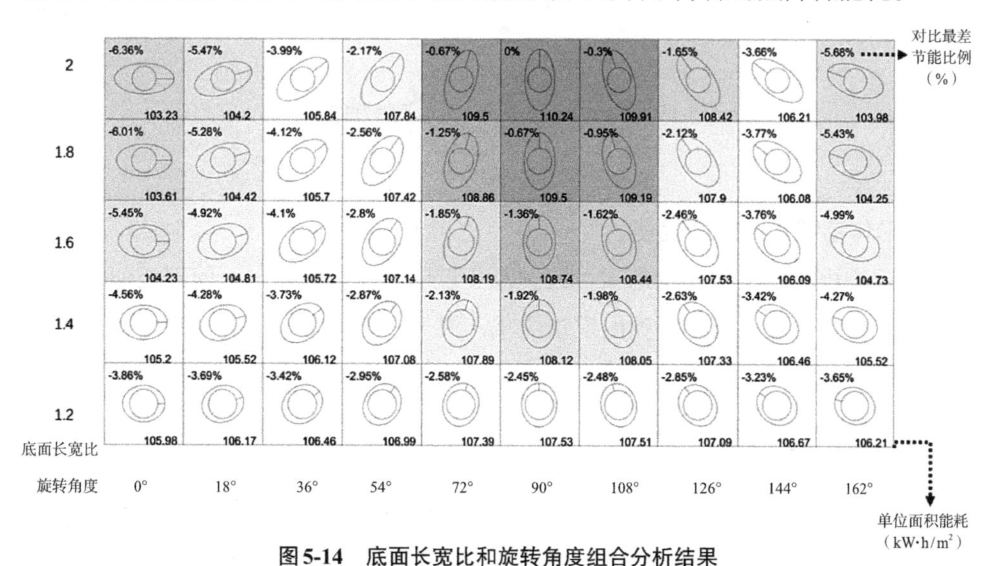

图5-14 底面长宽比和旋转角度组合分析结果

来源：作者自绘

长宽比对于能耗的影响随角度变化，在正南向附近（图5-14中0°和180°附近）长宽比越大能耗越低，而在正西向附近（图5-14中90°附近）则是长宽比越大能耗越高。这说明东西侧强烈的太阳辐射可能对建筑整体能耗起到了重要的支配作用，南向和高长宽比的组合以及西向和低长宽比的组合都是尽可能地降低了建筑朝东西两侧的界面面积，从而减少了东西方向的得热。整体来看，长宽比越大对朝向越敏感，既可以在南向取得最佳的节能效果，也会在西向产生最差的能耗表现，而长宽比越小则能耗趋向于平稳，在南向其能耗不如大长宽比的方案，但是西向的能耗增加也很微弱并且会明显优于大长宽比的方案。因此可以确定方案设计过程中应当尽可能利用南向避免西向，最佳选择是最大长宽比和正南向，当受到其他条件限制时则可以参考上述规律尽可能选择接近最优解的方案，如图5-15所示。

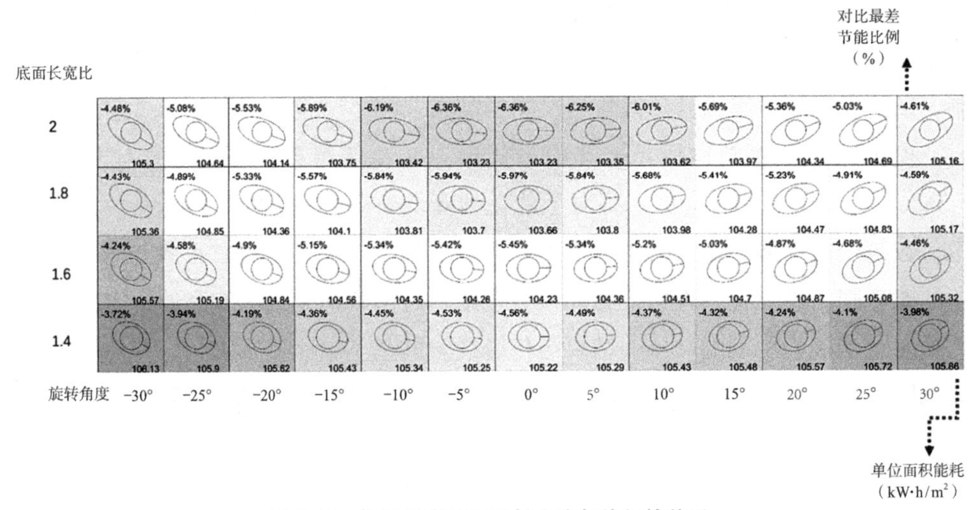

图5-15　朝向和底层平面长宽比与能耗的关系

来源：作者自绘

4.形体精细化的模拟优化

前期进行的基本的体量形状、比例以及布局设计的优化中，使用类似于圆锥体的形式代替，方便前期快速的模拟优化，但是并不符合方案设计概念有机自然的造型特征。因此在大体的建筑平立面尺寸比例确定后，进一步对造型细节的设计进行能耗相关的优化研究。

1）相关参数设置

确定基本的顶层和底层平面轮廓后，将各层轮廓上的曲线等距分为若干个控制点，并间隔分为固定点和移动点两组，固定点坐标保持不动，移动点坐标在原位置与平面中心的连线向量上移动，只需要控制移动点的移动距离和方向作为参数即可，而由于移动方向锁定在移动点和中心点连线方向，只需要控制向内或向外移动，因此可以转换为带正负号的向量，用一个参数来同时表示移动方向和移动距离，实现对模型的参数化控制，如图5-16所示。

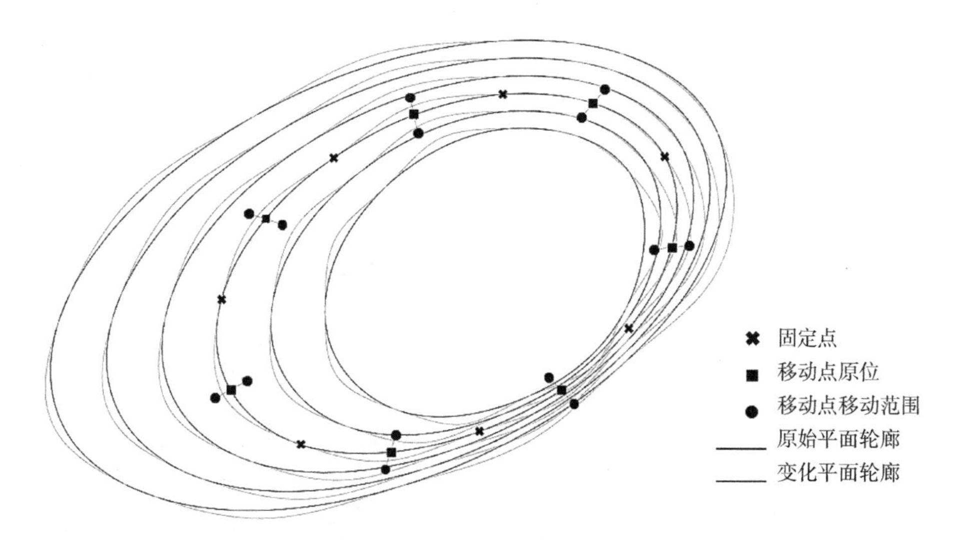

图5-16　模型参数化控制方式

来源：作者自绘

2）预模拟和参数关系的分析

由于主体建筑达到15层高，假设按照每层曲线分成10段控制，每层产生5个控制点，即会由此产生75个控制参数，这样产生的解空间将过大而无法有效优化。因此，同样采取预模拟的方式。首先选取建筑中部的一层进行模拟。预模拟将平面轮廓分为12段，6个控制点，每个控制点有向内移动1m，向外移动1m和保持不变三种情况，一共产生729种组合，如图5-17所示，绘制成散点后辐射得热的波动幅度为1.6%。

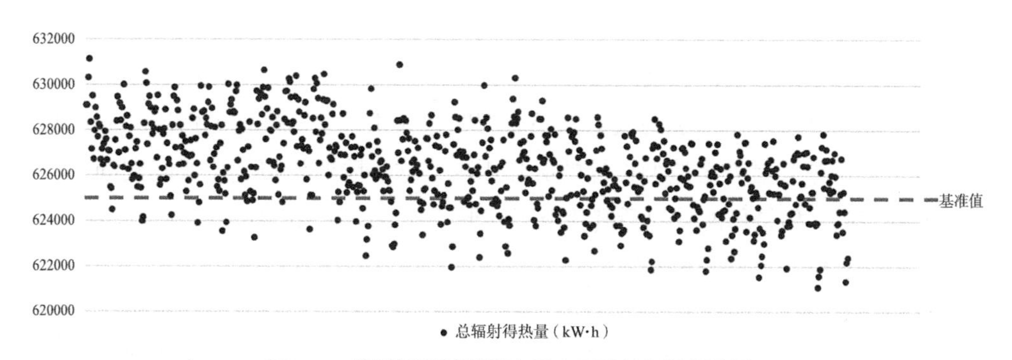

图5-17　预模拟测试楼层各形态下的总辐射得热量

其中，基准值为所有移动点均不移动情况下的总辐射得热量，有77%的形状组合落在基准值以上，只有23%的组合落在基准值以下。由于整体的波动范围较小（1%），因此仅分别取辐射得热量最高和最低的10个组合分析其参数分布范围，如图5-18所示。

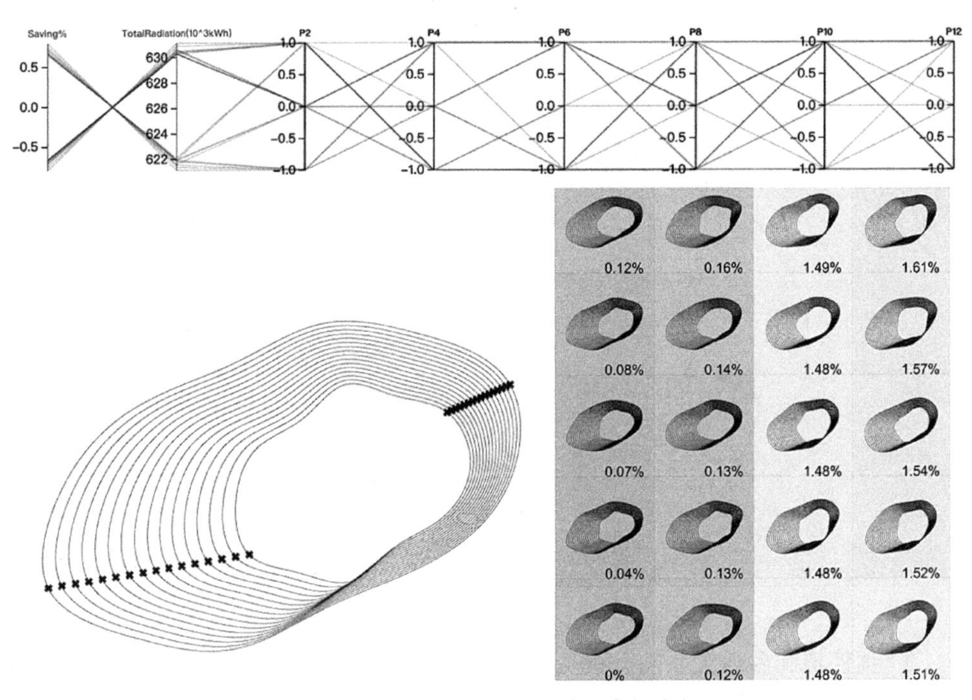

图 5-18　预模拟能耗极值的形态及参数分布

来源：作者自绘

从参数分布范围看只有第6和第12个控制点的位置有明显的对比差别，都是在控制点外移的情况下有利，而其他参数组合则无特定的倾向。

通过反向提取参数的对应点位置可以看到，第6和第12个控制点分别位于建筑平面的东侧和西侧，可以初步判断由于东西侧太阳高度角低，立面辐射强度大，因此将控制点外移能够在东西向拉长建筑体量从而减少辐射得热，反之则会增加辐射得热。东西向的波动显著高于其他方向起到重要的影响作用。

由于高于基准值的情况的数量和幅度都明显大于低于基准值的情况，而对基准形态进行调整又是方案造型设计的必然需求，这一阶段模拟优化所起到的节能效果相对有限，但是仍能够起到避免由于体形的丰富而带来能耗的提升的作用。

5.完整模拟及结果分析

在执行对全楼的形态模拟过程中，考虑到如果对每一层分别进行模拟，其用时会过长不适合方案设计初期的需求，而对全楼采用同一组变化参数则会使得形体过于单调，且由于整栋楼上小下大的特点，同样的变形参数未必对各层都能取得较好的效果。因此采取分段模拟的方法，取最顶层、最底层以及中间层三层进行模拟，分别确定其辐射得热量最低的若干种轮廓，之后组合这些具有较低辐射得热量的轮廓生成全楼的平面轮廓，并比较这些组合的全楼总辐射得热数值来获得最优的设计方案。综合分析精度和优化时间，选择适当提高曲线细分段数到

14段（7个固定点、7个移动点）进行分析。

分别统计各种组合下底层、中层以及高层的太阳辐射得热结果，选择各自辐射得热总量最低的20个组合，在同一套坐标体系上分别可视化后可以看到三个楼层的最优解对应的参数组合有明显的不同，也验证了分层模拟的必要性，如图5-19～图5-21所示。

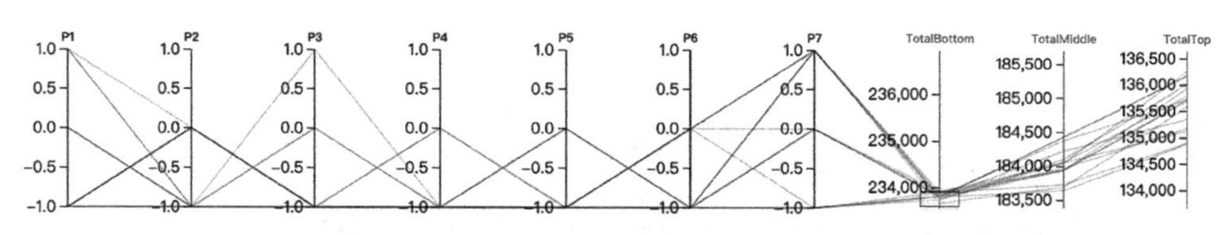

图5-19　底层辐射得热量最低的20种组合

来源：作者自绘

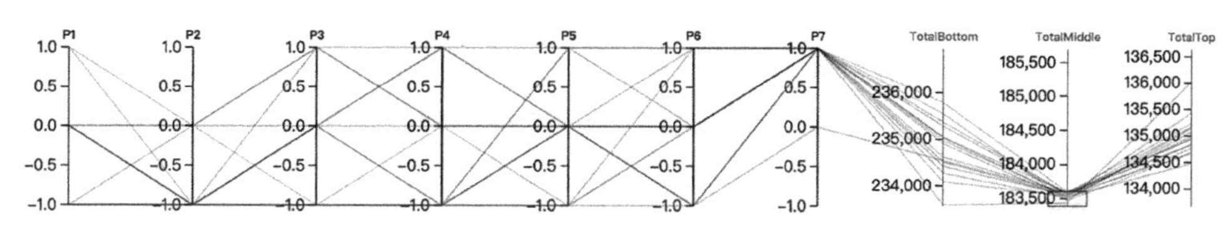

图5-20　中层辐射得热量最低的20种组合

来源：作者自绘

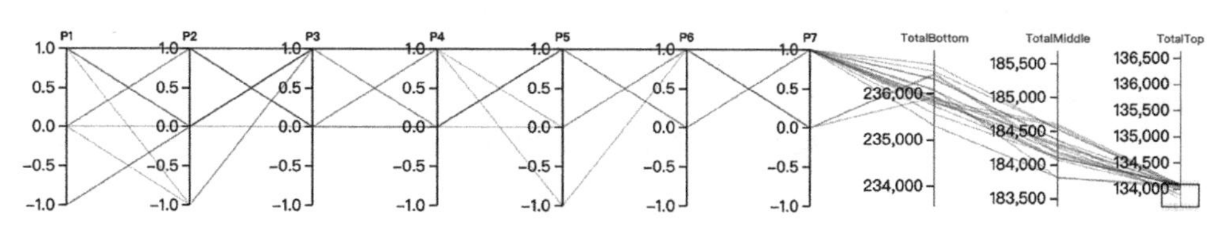

图5-21　高层辐射得热量最低的20种组合

来源：作者自绘

在此基础上，分别在2000多组参数组合中，选择上、中、下三个控制层中辐射得热量最低的10个参数组合，这些组合在所有组合中的性能表现位于前0.5%，用这些参数分别交叉组合得到1000种全楼的最优布局并模拟计算其辐射得热总量，选取上、中、下三个控制层中辐射得热量最高的两组参数组合作为参照组合出8组最差布局作为对比。

如图5-22所示，在三层均接近最优解的情况下并不能保证全楼的性能，虽然由最优解组成的组合性能均低于基准值（即不做任何形态变化的形体），但是其相对于基准值降低辐射得热量的比例差别很大，最优组合相比于最差组合能减少1%的辐射量。

在这一阶段组合上、中、下三层平面轮廓获得的最优解中，进一步分析研究。对控制点移动的距离做放缩处理，让平面轮廓趋近于更平缓或更曲折，观察会对建筑整体的辐射得热产生怎样的影响。设置了0.5m、1m、1.5m和2m四个尺度，最优解的控制点移动如图5-23所示，选择了1000种组合中能耗最低的8组进行对比分析。

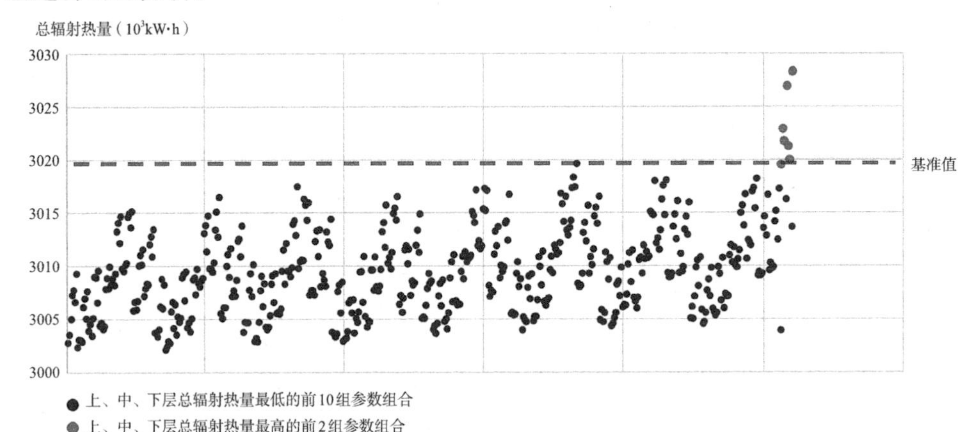

图5-22　上、中、下层参数组合后模拟结果散点图

来源：作者自绘

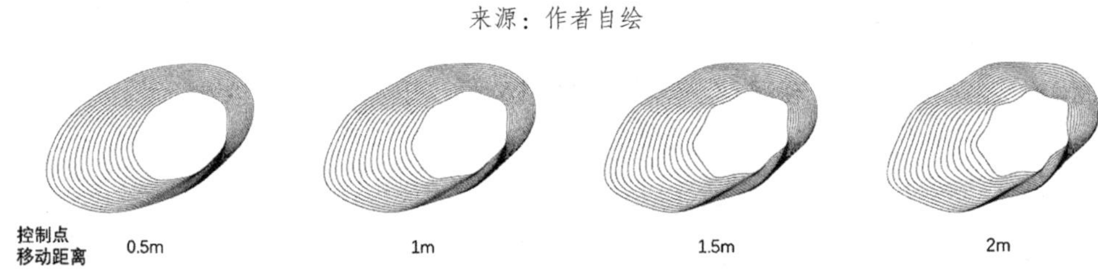

图5-23　控制点移动距离的分析示意图

来源：作者自绘

结果显示，1m的移动尺度在所有8组组合中均获得最低的辐射得热量，而2m的移动尺度则会显著提高辐射得热量。由此说明对体量的凹凸设置不宜过大，1m左右适度的调整最有利于获得最低的太阳辐射得热量，进而可能带来最佳的能耗表现，如图5-24所示。

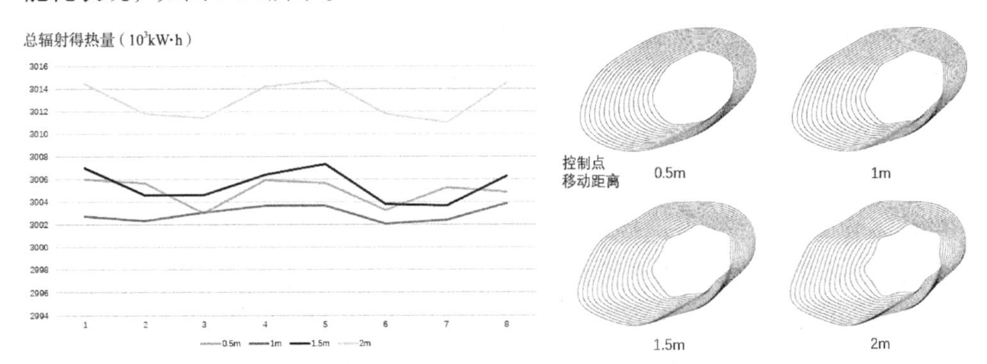

图5-24　控制点移动距离的分析结果及相应最优造型

来源：作者自绘

6.小结

综上所述，建筑布局、形态、细节均对建筑整体能耗、碳排放等有所影响，在建筑设计阶段对各参数进行优化有助于在前期降低建筑整体能耗水平及环境影响，是今后建筑设计不应忽视的领域之一。而预模拟过程可以有效降低智能优化对时间和算力的消耗，更精准定位相关研究的关键参数，提升了工作效率。同时，由于各过程提升了人机交互过程，提升了建筑师在优化过程中的主动控制，增加了建筑设计概念在深化过程中贯穿的可能性，符合了建筑综合决策的核心思路，具有实践指导意义。

5.2 可变建筑表皮参数化设计

5.2.1 研究方法与框架

可变建筑表皮是一种智能、动态的建筑表皮系统，由可调节的表皮构件、环境参数感应设备、系统控制设备等子系统综合而成。根据设计方法的不同，可变建筑表皮可对热环境、光环境、风环境、光伏发电、雨水等某一种或多种环境因素进行调节，并根据环境因素的变化规律，采取不同的调节周期。本节主要针对使用智能控制系统，能对建筑光环境进行动态调节的可变建筑表皮系统进行研究。

针对典型的可变建筑表皮设计形式，以及可变表皮的不同运行模式，进行对比分析，在可变建筑表皮的设计探索阶段，采用环境因素参数化的设计方法。参数化设计是建筑形体生成的一种重要方法，把建筑设计的要素转变为某个函数的变量，通过改变函数就可以获得不同的建筑形体。以针对环境因素的调节功能作为建筑表皮形态的考量因素，以建筑能耗和室内环境舒适度为优化目标，通过计算机来寻求可行的可变建筑表皮设计形式，并结合实际情况进行深化完善。可变建筑表皮研究框架如图5-25所示。

5.2.2 环境响应策略及适应性参数

1.整体思路

可变建筑表皮的特性决定了其设计过程需要大量的数据支持以响应复杂的气候环境，而传统的以建筑师为主导、从经验出发的自上而下的设计方法很难实现这一点。针对这一缺陷，使用从数据出发的自下而上的设计方法，利用参数化性能分析工具包Ladybug Tools，基于建筑性能优化的角度，以建筑能耗和室内环境舒适性为目标，对气候参数进行分析生成表皮形态；并通过建筑性能模拟预测

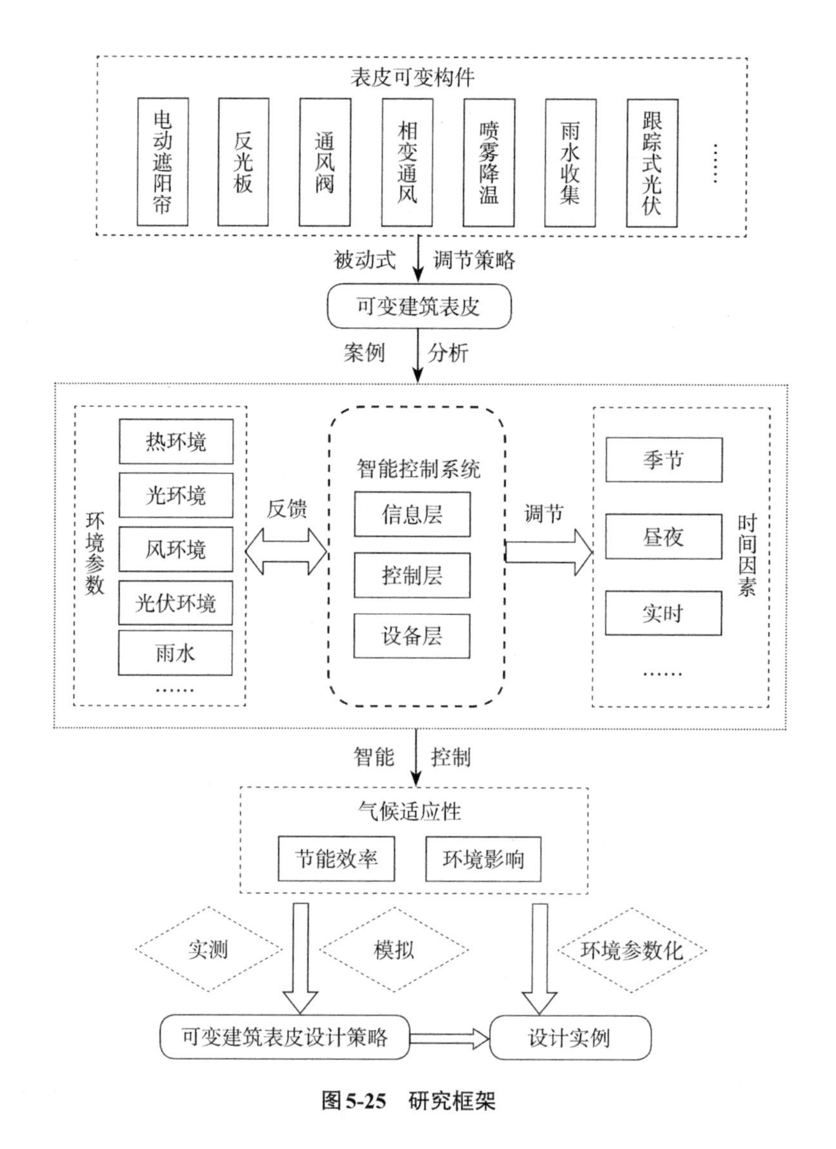

图5-25　研究框架

使用效果，对设计形成反馈；依据反馈结果对方案进行调整优化，形成设计上的闭环系统。

这一设计方法借助Rhinoceros和Grasshopper以及Ladybug Tools完成，Ladybug Tools是基于Grasshopper平台的参数化性能分析工具包，包括Ladybug、Honeybee、Dragonfly和Butterfly四个插件，高效整合现有已成熟运行的模拟工具内核如EnergyPlus、Radiance、Daysim和Openstudio等，可进行环境系统分析、生物气候图计算、2D及3D可视化分析、能耗模拟、日照模拟、采光模拟、风环境模拟、舒适度计算等，集设计与模拟、分析与优化为一体，且四个插件均为Python编程的开源插件，支持二次开发，可根据不同的需求进一步深化和拓展软件的功能。

基于Ladybug Tools的可变建筑表皮参数化设计方法包含了图5-26所示的五个步骤，各个步骤之中又可再细分为若干具体措施，其中2、3、4步之间可以进行循环反馈得到优化方案。

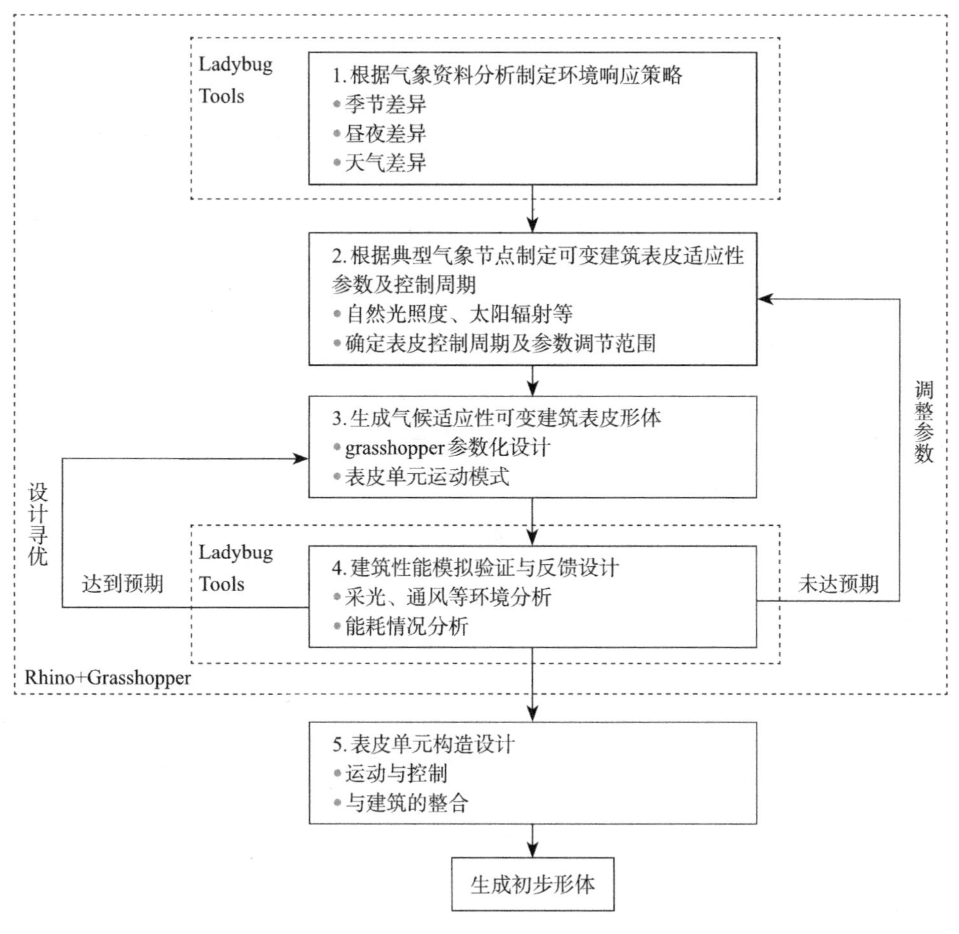

图5-26　基于Ladybug Tools的可变建筑表皮参数化设计流程

来源：作者自绘

2. 根据气象资料分析制定环境响应策略

气象资料分析是可变建筑表皮设计的前提，在气候适应性的导向下，表皮动态响应气候环境的变化，通过控制表皮形态变化来调节室内物理环境。确定了调节目标后，需要结合相应的气象特征制定环境响应策略。本案例着眼于通过可变建筑表皮的动态变化，实现对建筑光环境的调节，以光舒适为调节目标，并尽量减少能耗；同时需考虑空气质量、热环境、视野等因素，考虑室内照度、眩光、采光均匀度以及温湿度等参数。

通过Ladybug的气象数据可视化分析，如图5-27、图5-28所示，可得出厦门气候环境的以下几个特点：①年平均温度较高，昼夜温差小；夏季炎热且持续时间长，冬无严寒，过渡季节气候宜人。②全年相对湿度较高。③全年太阳辐射强度及辐射量较高。④年平均风速在4m/s以下，夏季偶有台风。

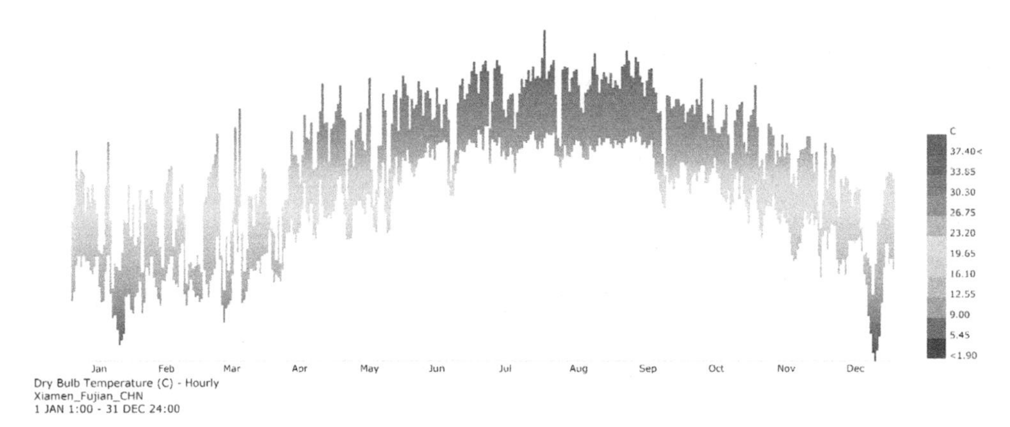

图5-27　厦门市全年干球温度

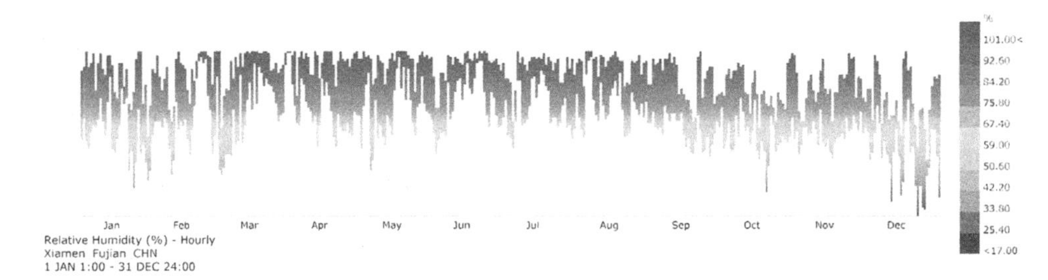

图5-28　厦门市全年相对湿度

基于上述调节目标及厦门市气象特征，可以初步制定可变建筑表皮设计的环境响应策略（表5-1）。

基于光环境调控的可变建筑表皮设计的环境响应策略　　表5-1

季节	环境响应策略
夏季	避免室内过度得热与过度采光，注重遮阳防晒，条件允许情况下加强自然通风
冬季	兼顾遮阳与蓄热，防止室内过度采光及出现眩光
过渡季节	兼顾遮阳与蓄热，避免出现眩光，同时可适当加强自然通风改善室内环境

3.根据典型气象节点制定可变建筑表皮适应性参数及控制周期

根据上述调节目标及环境响应策略，确定具体的表皮适应性参数以及其控制范围；简化气象资料特征，根据典型气象节点，如春分、夏至等以及所调控的环境因素变化特点，设定可变建筑表皮的具体控制周期为实时调控+季节调控。

根据相关研究，有效天然光照度（*UDI*）、全自然采光百分比（*DA*）比采光系数（*DF*）更加适合用于评价动态变化的可变建筑表皮的采光性能；而不舒适眩光概率（*DGP*）可用于描述室内眩光水平，判断当前室内光环境是否舒适。综上所述，结合相关规范规定，确定此次可变建筑表皮的适应性参数及其调节范围（表5-2）。

基于光环境调控的可变建筑表皮的适应性参数　　表5-2

优化目标	适应性参数	调节范围	备注
采光质量	1.有效天然光照度（*UDI*）	450lx＜*UDI*＜3000lx	使*UDI*尽量处于450～3000lx
	2.全自然采光百分比（*DA*）	*DA*300lx[50%]≥50%	
	3.不舒适眩光概率（*DGP*）	*DGP*≤0.35	使*DGP*尽量小于等于0.35

4.生成适应性可变建筑表皮形体

可变建筑表皮的形体包括基本形体及在相应控制周期下经过运动转变生成的一系列形体。基本形体由Grasshopper通过设计的算法控制相应的变量生成，这套算法中包括了表皮基本几何形体的生成以及不同形体之间的运动转换两部分内容，可以视作是对当前设计问题的解答。通过改变变量数值，Grasshopper可自动生成一系列表皮形体，响应不同的设计要求。

借鉴哈佛大学的帕克（J.W. Park）等人对表皮运动形式图形化的表达方法，对表皮形体运动模式进行分解，将其分解为标准点、控制点以及可滑动、可铰接、可变形的边进行增加和组合，根据运动形式的类型以及复杂程度，相同的几何形体可以形成不同的运动模式，根据此方法，可变建筑表皮形体设计可表示为图5-29。

在Grasshopper中根据上述表皮形体的生成逻辑进行编程（图5-30），即可得到一系列表皮初步形体进行下一设计流程。控制可变建筑表皮形体生成的相关参数，如矩形表皮单元的长、宽，表皮构件的旋转角度、滑动距离等，在Grasshopper中都是由各个“滑块”（Slider）所控制，建筑师根据需要设置每个“滑块”的数值变化范围，在后续的寻优设计中，Grasshopper可在相应的优化变量（可以是单变量优化，也可以是多变量优化）的变化范围内自动变化，生成多个表皮形体方案（图5-31），寻找能够达到预期设计目标的最终方案。

以表皮形体1为例继续以下设计，表皮形体1采用了旋转运动的模式，每个三角形表皮构件可分别围绕各自的旋转轴进行0～90°的旋转运动，运动过程中可形成不同的表皮开合效果，从而调节太阳辐射、直射光、散射光以及自然风等环境因素，达到调控室内光环境，降低建筑运行能耗的目的。

根据每个表皮构件的旋转角度范围（0～90°），设置表皮构件每次运动旋转10°，由此产生10种表皮基本形体，分别对应state1～state10，再根据之前制定的环境响应策略及控制周期，制定相应的表皮单元运动控制逻辑，以夏季为例

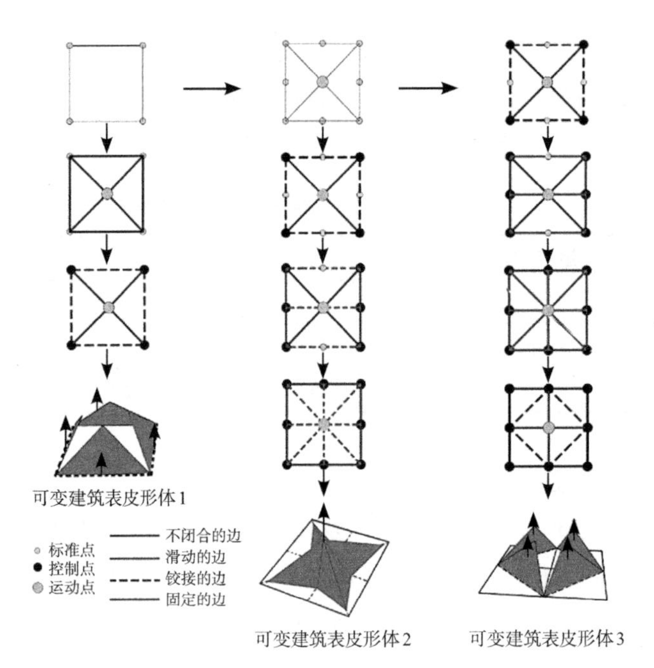

图5-29 可变建筑表皮形体设计

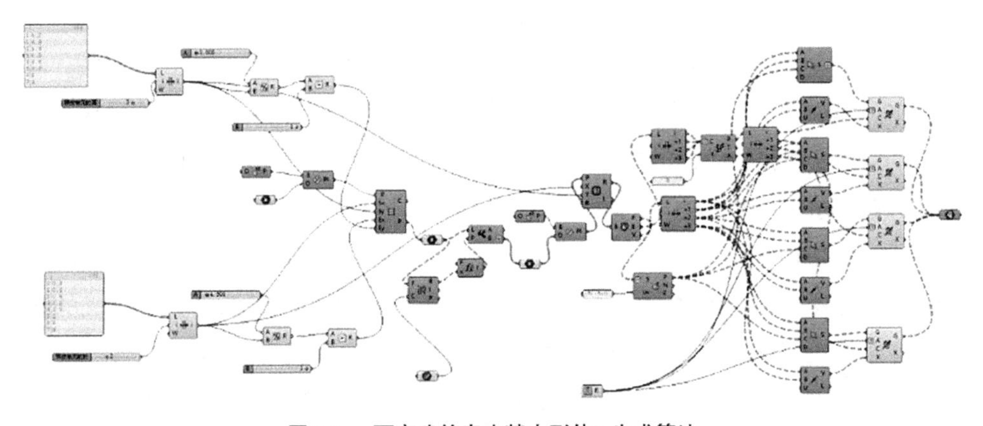

图5-30 可变建筑表皮基本形体1生成算法

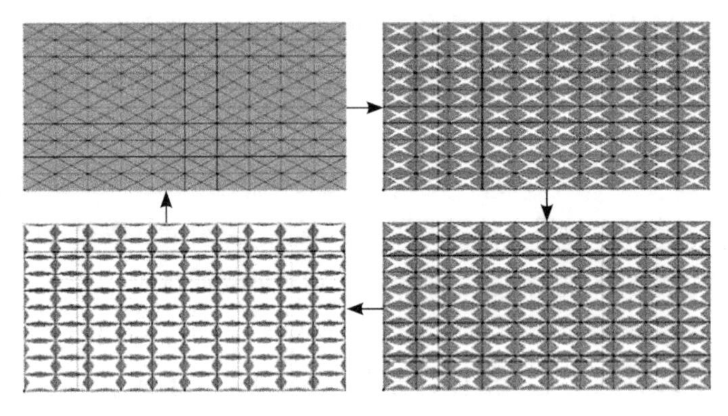

图5-31 可变建筑表皮基本形体1的运动变换

（图5-32），通过设置在室内某一位置的感应器（sensor）测量到的照度U_1控制表皮单元的开合角度从而调控室内采光与遮阳等。

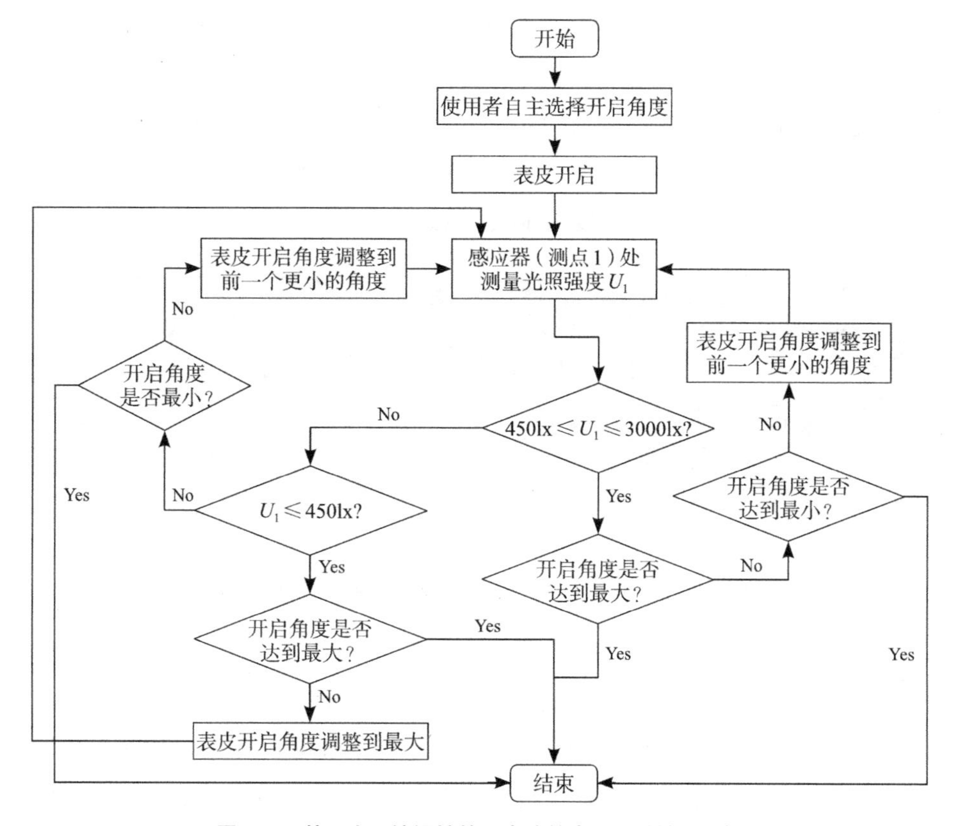

图5-32　基于光环境调控的可变建筑表皮夏季控制逻辑

5.2.3 可变表皮形体设计及构造

1.建筑性能模拟验证与反馈设计

模拟的目的不仅在于预测当前可变建筑表皮的性能表现是否符合预期的设计目标，更在于通过模拟来反馈设计，寻找优化设计方案，从而形成设计上的闭环系统，并据此形成一套完整的可变建筑表皮参数化设计方法的软件体系。设计寻优可视具体情况决定采取何种优化方法，目前常用的有Grasshopper中的优化插件Galapagos和Octopus，前者结合了遗传算法和退火算法可实现单目标优化，后者在遗传算法之外还结合了帕累托前沿理论可实现多目标优化，此外还有人工设置的穷举搜索法。Galapagos和Octopus设置好后均可实现软件自动寻优，但并不是所有情况都适用这两种算法，所以穷举搜索法虽然繁冗，但仍会用到。

由于本案例的备选方案数量较少，故采用穷举搜索法，即对所有可能的可变建筑表皮方案进行性能模拟测试，根据之前制定的评价指标（表5-2）评价其使用效果，判断是否符合设计要求，若是符合则留下，反之则淘汰，再比较留下的各个方案的使用效果，确定最佳方案。

确定最终的可变建筑表皮方案为State7～State10，即表皮构件的旋转角度在60°～90°之间，结合之前制定的控制逻辑，在Honeybee模拟下得到相应的可变建筑表皮全年控制策略（图5-33）。图上每一种颜色都对应着相应角度的表皮状态，不同的颜色分布则代表着一年中不同时刻的表皮状态，如红色部分代表了state7即全年中表皮单元开启角度为60°的时刻。

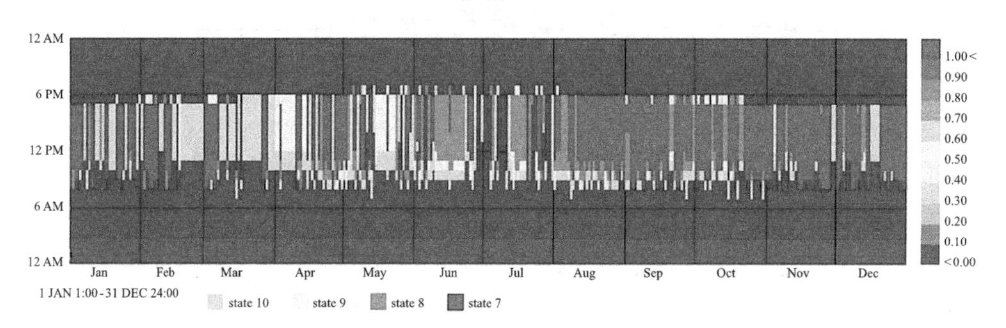

图5-33　可变建筑表皮全年控制策略（Shading Schedule）

来源：作者自绘

根据这个控制策略，可模拟得出建筑在使用了当前可变建筑表皮方案（D1）后的全年采光情况（DA300lx、DGP）以及全年能耗情况，将其与未使用建筑表皮的建筑（D2）以及使用了静态建筑表皮（以60°为例）（D3）的建筑进行对比，D1、D2、D3的DA300lx的值均为100%，满足采光的定量要求；从三者的全年眩光情况（图5-34）以及全年能耗情况（图5-35）来看，可变建筑表皮能够很好地提高室内光环境舒适度；在不考虑可变建筑表皮本身的用能，且仅考虑建筑全年照明、制冷、制暖三种能耗变化的情况下，使用可变建筑表皮的建筑全年能耗（仅包括照明、制冷、制暖能耗）相比于无建筑表皮覆盖的建筑低约29.4%，比固定角度的静态建筑表皮覆盖下的建筑低约24.15%，可较好地降低建筑能耗，达到了预期的设计目标，初步证明这个设计方法的可行性。虽然该表皮方案并不能做到完全消除眩光，但后续可以通过对表皮形体的再次优化改善这一点。

2.表皮单元构造设计

可变建筑表皮单元的构造设计包括两部分：控制系统的设计、表皮单元主体的构造设计，这里将引入模块化的理念以便实现设计、生产、建造的三位一体。

1）表皮单元控制系统设计

基于可变建筑表皮与外界环境两者之间具有反馈的互动关系特点，在实验阶段，可采用Arduino+伺服电机的方法控制表皮构件的运动，但这种控制系统

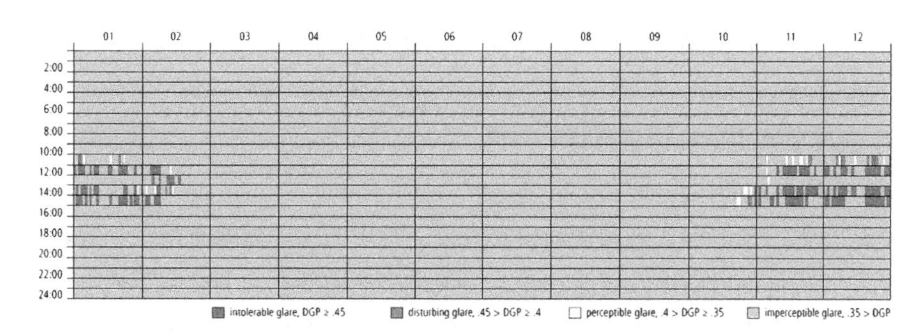

使用可变建筑表皮的建筑（D1）

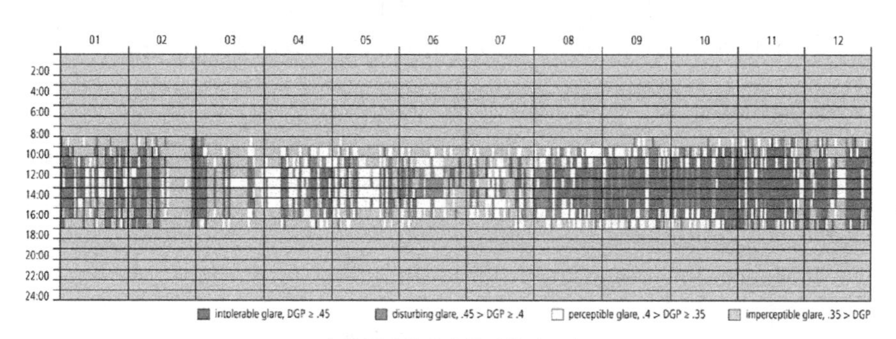

未使用建筑表皮的建筑（D2）

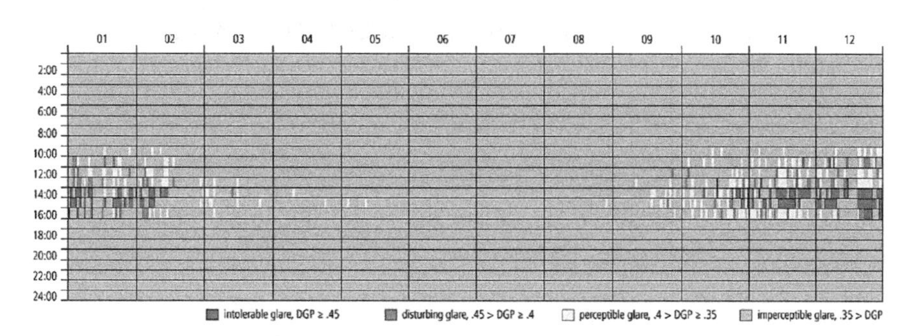

使用静态建筑表皮的建筑（D3）

图5-34　D1、D2、D3全年眩光情况

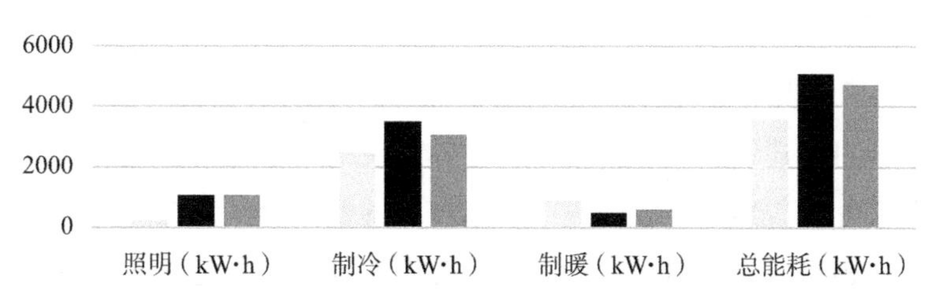

图5-35　D1、D2、D3全年能耗情况

不适用于实际工程建造，实际建造中可考虑使用更为智能的控制系统，如PLC、KNX控制系统。

2）表皮单元主体的构造设计

（1）表皮单元的构造设计

表皮单元的构造形式与其运动模式有关，常用的运动模式有滑动、旋转。滑动包括单一构件的滑动以及折叠运动，一般是表皮构件在人为控制下或电动装置带动下沿着预先设定好的单个或多个并列的滑轨进行有规律的水平或垂直方向的滑动。旋转常用的有两种构造形式：一是表皮构件一端与电动装置连接的联动杆件相连，在其带动下发生转动；二是表皮构件自身的旋转轴直接与电动装置如舵机或转动马达相连，在其带动下发生转动（表5-3）。

表皮单元构造设计示意 **表5-3**

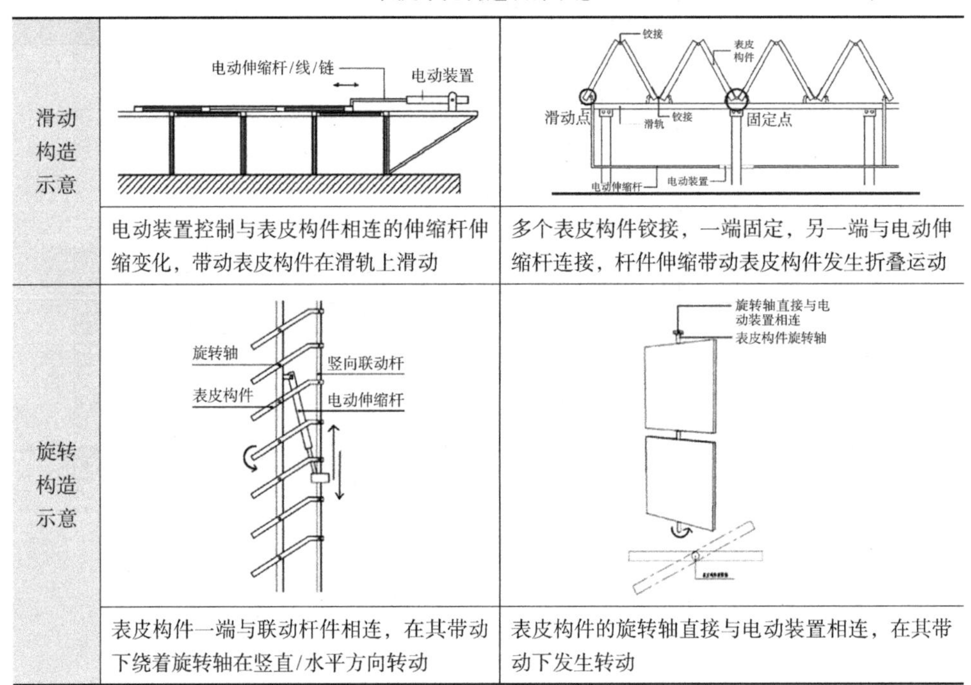

滑动构造示意	电动装置控制与表皮构件相连的伸缩杆伸缩变化，带动表皮构件在滑轨上滑动	多个表皮构件铰接，一端固定，另一端与电动伸缩杆连接，杆件伸缩带动表皮构件发生折叠运动
旋转构造示意	表皮构件一端与联动杆件相连，在其带动下绕着旋转轴在竖直/水平方向转动	表皮构件的旋转轴直接与电动装置相连，在其带动下发生转动

（2）可变建筑表皮与建筑的衔接

通常来说可变建筑表皮相对于建筑主体来说是一个独立的系统，与主体的结构体系之间是完全脱离的，仅通过一些连接构件如螺栓、铆钉、销钉等在某些部位与建筑主体衔接，这样可使得表皮的形态更加自由，功能更加复合化。

在本案例的设计中，因该可变建筑表皮方案包括横纵两个方向的表皮构件运动系统，为避免两者间发生干扰，所以对于横纵两个方向的表皮构件采用了不同的构造设计形式（表5-4）。

可变建筑表皮构造设计 表5-4

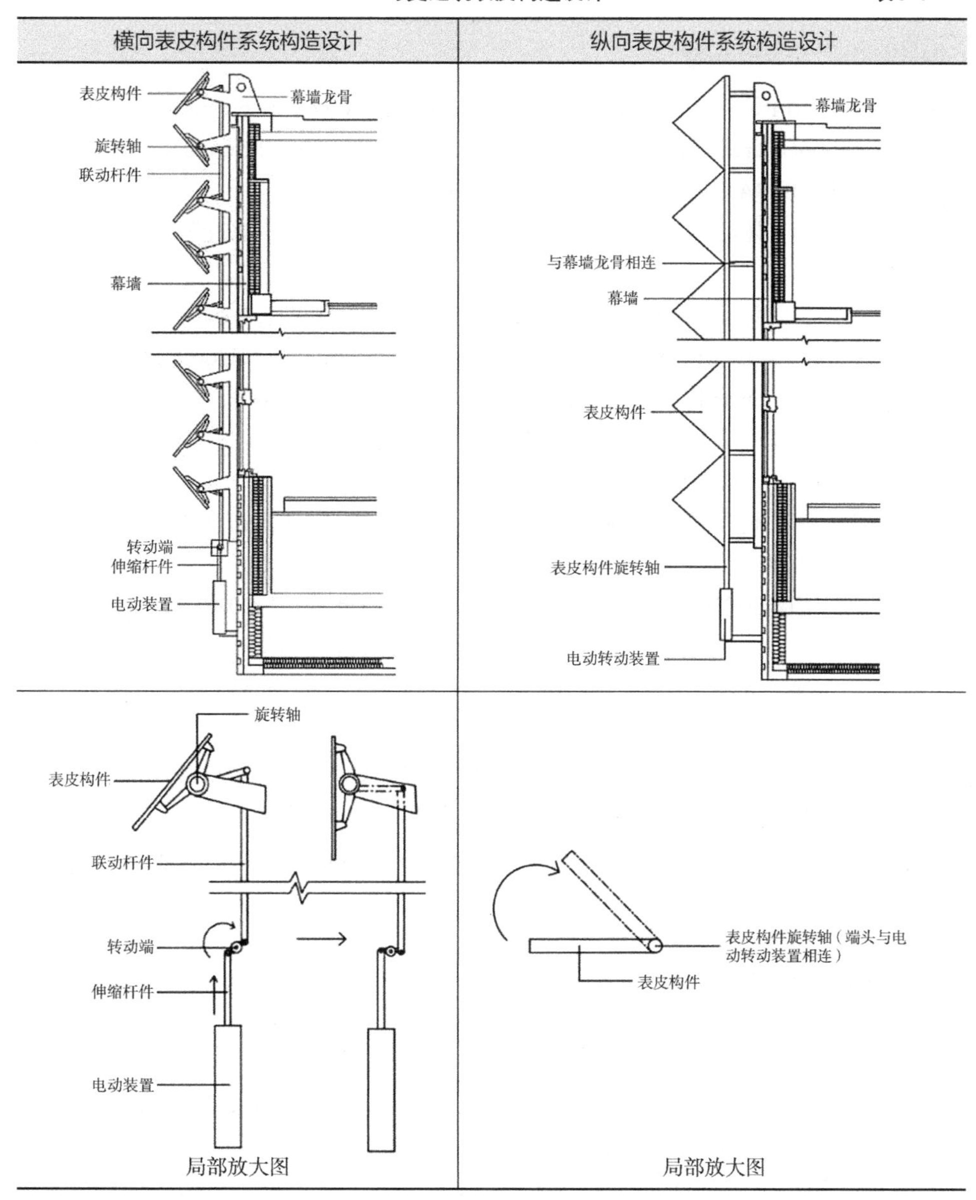

5.2.4 小结

本节探讨了一种可变建筑表皮的设计流程。可变建筑表皮的研究，一方面为当下建筑表皮设计提供新的思路，另一方面也能取得较好的室内环境效果和一定的节能效益。基于Ladybug Tools工具进行可变建筑表皮的参数化设计，将建筑设计与性能模拟结合起来进行设计的优化，能实现较好的环境调节功能，也能为低能耗建筑的设计与应用提供参考。

参考文献

[1] ROUDSARI M P，Smith A. Ladybug：a parametric environmental plugin for grasshopper to help designers create an environmentally-conscious design[C]//Proceedings of the 13th international IBPSA conference，2013：3128-3135.

[2] 孙澄，韩昀松，任惠. 面向人工智能的建筑计算性设计研究[J]. 建筑学报，2018(9)：98-104.

[3] 徐磊. 基于遗传算法的多目标优化问题的研究与应用[D]. 长沙：中南大学，2007.

[4] SI B H，TIAN Z C，JIN X，et al. Ineffectiveness of optimization algorithms in building energy optimization and possible causes[J]. Renewable Energy，2019，134：1295-1306.

[5] 刘念雄，张竞予，王珊珊，等. 目标和效果导向的绿色住宅数据设计方法[J]. 建筑学报，2019(10)：103-109.

[6] 陈阳. 基于环境补偿的珠三角地区超高层建筑空中院落设计模式研究[D]. 广州：华南理工大学，2018.

[7] 舒欣. 气候适应性建筑表皮在建筑改造中的运用[J]. 建筑科学，2013，29(12)：1-5，123.

[8] 苗展堂，冯刚，郭娟利. 响应外部环境变化的可变建筑表皮设计研究[J]. 动感（生态城市与绿色建筑），2016(4)：48-55.

[9] 石峰，胡赤，郑伟伟. 基于环境因素动态调控的可变建筑表皮设计策略分析——以国际太阳能十项全能竞赛作品为例[J]. 新建筑，2017(2)：54-59.

[10] LOONEN R C G M，TROKA M，COSTOLA D，et al. Climate adaptive building shells：state-of-the-art and future challenges[J]. Renewable and Sustainable Energy Reviews，2013，25：483-493.

[11] ATTIA S，BILIR S，SAFYT，et al. Current trends and future challenges in the performance assessment of adaptive façade systems[J]. Energy and Buildings，2018，179：165-182.

[12] LOONEN R C G M. Overview of 100 climate adaptive building shells[D]. Eindhoven：Eindhoven University of Technology，2010.

[13] MEGAHED A N. Understanding kinetic architecture：typology，classification，and design strategy[J]. Architectural Engineering and Design Management，2017，13(2)：130-146.

[14] 冯刚，陈达，苗展堂. "动态封装"——可变建筑表皮系统设计研究[J]. 建筑师，2018(1)：116-123.

[15] LOONEN R C G M，FAVOINO F，HENSEN J L M，et al. Review of current status，requirements and opportunities for building performance simulation of adaptive facades[J]. Journal of Building Performance Simulation，2016，10(2)：205-223.

[16] CHOI S J，LEE D S，JO J H. Lighting and cooling energy assessment of multi-purpose

control strategies for external movable shading devices by using shaded fraction [J]. Energy and Buildings，2017，150：328-338.

[17] XIONG J，TZEMPELIKOS A. Model-based shading and lighting controls considering visual comfort and energy use[J]. Solar Energy，2016，134：416-428.

[18] 李保峰. 适应夏热冬冷地区气候的建筑表皮之可变化设计策略研究[D]. 北京：清华大学，2004.

[19] WANG J，BELTRAN L. A method of energy simulation for dynamic building envelopes[C]//Building Performance Modeling Conference，2016.

[20] HOSSEINI S M，MOHAMMADI M，GUERRA-SANTIN O. Interactive kinetic façade：Improving visual comfort based on dynamic daylight and occupant's positions by 2D and 3D shape changes [J]. Building and Environment，2019，165.

[21] MAHMOUD A H A，ELGHAZI Y. Parametric-based designs for kinetic facades to optimize daylight performance：Comparing rotation and translation kinetic motion for hexagonal facade patterns [J]. Solar Energy，2016，126：111-127.

[22] 张伟伟. ECOTECT 与 Designbuilder 在能耗模拟方面的比较研究[D]. 南京：南京大学，2012.

[23] 石峰，郑伟伟，金伟. 可变建筑表皮的热环境调控策略分析[J]. 新建筑，2019(2)：97-101.

第6章　韧性城市

6.1 韧性健康城市

6.1.1 韧性城市

韧性城市是指城市能够凭自身的能力抵御灾害，减轻灾害损失，并合理调配资源从灾害中快速恢复。韧性城市的特征是鲁棒性（Robustness）、可恢复性（Rapidity）、冗余性（Redundancy）、智慧性（Resourcefulness）、适应性（Adaptive）和连接性（Connectivity）。注重韧性城市建设的连接性，一是保障城市交通、医疗卫生、应急消防系统、能源、通信、物资等基础设施的正常运转；二是政府灾害应急办公室、基础设施系统相关部门、公安局、消防局等在内的机构或部门能在灾后快速响应，从各自为战到协同联动，形成联防联控机制，破除筒仓效应；三是形成基层网格化协同体系，实现从社区到城市的自下而上的连接机制，以实现绿色发展、经济活力、城市安全的韧性城市构建目标，并从防灾系统、防灾层次、防灾体系和防灾教育四个层面建立自然灾害应对机制，提高城市的防灾、抗灾能力。

放眼世界，发达国家重视韧性城市建设的推进相对较快。例如，美国制定《一个更强大、更有韧性的纽约》建设计划，防控洪水和风暴潮；新加坡实施了《未来城市计划》，推进宜居环境、永续发展和韧性城市建设；日本颁布《国土强韧性政策大纲》，防控地震和海啸风险。在我国，韧性城市的发展处于起步阶段，2017年提出的《国家地震科技创新工程》首次从国家层面提出“韧性城乡”计划（表6-1）。

6.1.2 健康城市

健康城市发展可分为四个阶段：以环境卫生为重点的第一阶段；以治疗为重点的第二阶段；以健康为重点的第三阶段；普遍认为欧美发达国家已进入第四阶

世界各国韧性城市建设内容比较 表6-1

国家	名称	时间	应对灾害	重点领域
荷兰	《鹿特丹气候防护计划》	2008年	洪水、海平面上升	洪水管理、适应性建筑、城市水系统、应对海平面上升、防洪、浮动房屋
美国	《芝加哥气候行动计划》	2008年	酷热、浓雾、洪水、暴雨	收集雨水绿色建筑、洪水管理、植树、绿色屋顶
厄瓜多尔	《基多气候变化战略》	2009年	泥石流、洪水、干旱	饮用水供给、基础设施、电力生产、风险管理
英国	《管理风险和提高韧性》	2011年	洪水、干旱、高温	管理洪水风险、增加公园绿化、到2015年更新100万户家庭水和能源设施
美国	《一个更强大、更有韧性的纽约》	2013年	洪水、风暴潮	社区住宅、医院、电力、道路、给排水、沿海防洪设施
中国	《国家地震科技创新工程》	2017年	地震	地震与次数灾害风险评估、新材料研究、韧性城乡建设评价体系、智能化应急辅助设施
中国	《韧性城乡科学计划北京宣言》	2018年	自然灾害	城乡建设

段，主要任务是建立健康社区和城市网络、消灭歧视、治理污染以及促进可持续发展，如英国、美国开展消除社会歧视的公共项目，澳大利亚、新西兰、日本开展创建健康与文明城市、健康与环境城市、健康与福利城市等活动。

在我国，健康城市建设重点关注慢性病对居民健康的影响。癌症、心血管疾病、糖尿病等慢性病已成为我国居民的头号健康威胁，在各种死亡因素中占比超过80%。我国健康城市建设主要分为三个阶段：第一阶段以北京、上海为试点，开展健康城市建设；第二阶段扩大试点，进行标准化建设；第三阶段将健康城市上升为国家战略，并进一步扩大试点。不论是2014年颁发的《关于进一步加强新时期爱国卫生工作的意见》、2016年颁发的《“健康中国2030”规划纲要》，还是2019年颁发的《国务院关于实施健康中国行动的意见》，主要目标都是降低慢性病发生率，抑制医疗费用快速上涨、提升民生福祉、改善居民健康状况、关注健康生活以及城市建设与居民健康协调发展。

6.1.3 韧性健康城市

健康城市强调人们生活的生态环境和公共服务体系，韧性城市强调城市应对灾害的恢复能力，两者从可持续的思想层面促进城市人居生态环境高质量发展。从“健康城市”和“韧性城市”理念出发，有专家学者提出“韧性健康城市”概念。

从未来城市的规划角度出发，建设韧性健康城市需要以城市现状评价为基础，突出韧性健康城市对公共卫生疫情防控治理的建设，加强公共卫生的应急准备和规划，构建全方位的疫情防控治理体系。在这些方面，国内外专家学者已经进行了广泛的研究。

1.疫情传播研究现状

研究疫情传播现状、传播特点和传播模式，是未来公共事件应急处理的重要参考。我国已形成连接度极高的人流、物流网络。这种复杂的社会网络影响了疫情早期传播的抑制、控制。2020年初，武汉暴发新冠肺炎疫情。武汉本身是全国最大的交通枢纽之一，导致传播链四通八达。再加上人类行为的流动性和不确定性，阻碍了预测和监控大规模流行病传播，更加说明对于疫情传播研究的重要性。

大数据可视化、传染病动力学模型、人员流动模型等理论、技术，是研究疫情传播的重要手段。美国东北大学巴拉巴西（Albert-Laszlo Barabasi）教授从人类动力学角度发现人类交流行为、出行行为具有较强的阵发性和记忆性，为大规模流行病预测提供可能性。胡夫纳·格尔（Lars Hufnagel）等人从全球航空网络数据对全球大规模流行病传播进行研究。穆萨（Musa）等人基于GIS交通大数据的人员流动模型，分析霍乱的医学和流行病学现象，估算传染病的蔓延趋势。科利扎（Colizza）等人基于SEIR传染病传播动力学模型，说明疫情的可预测性取决于受感染者和潜在个体的活动模式，限制感染者和疑似患者的活动对于疫情的控制是有效的。北京大学陈宝权教授从已有数据的可视化来展示疫情传播特点，然后通过建立传染病动力学模型，评估疫情防控措施，提出建议并预警，同时预测疫情疾病走势，给疫情防控决策和大众行为作为参考。华北水利水电大学赵荣钦教授充分利用地理学科交叉综合的优势，以及在时空格局、区域差异、空间治理、城乡规划等领域的特长，从时空过程、信息综合管理、预测预警及灾后社会秩序的恢复等方面为疫情防控提供决策服务。深圳大学李清泉教授、黄惠教授团队从深圳市选取13个热门区域，通过社区划分数据、PoI网格数据、手机空间交互数据、深圳卫健委病患逗留场所数据，建立风险估算模型，计算传播矩阵，评估区域内各社区的疫情风险，为居民出行提供参考，为深圳市精准落实分区分级防控措施提供科学依据。

2.国外先进应急管理体系

新加坡采用公立和私立双重系统组成，公立系统由政府管理，私立系统由私营医院和诊所提供。公共卫生服务体系是由卫生部、环境与水资源部和内政部三个部门管辖，并建立一个独立的卫生应急系统专门应对突发公共卫生事件，设立了分级疫情预警系统，根据疫情严重程度采取相应措施。

在2020年的新冠肺炎疫情应对过程中，新加坡疫情的管控重点主要是控制传染源、切断传播途径、保护易感人群。新加坡控制传染源的一大特点是预警时间早，在2020年1月23日确诊第一例输入性病例后的第四天（1月27日）就颁布强制休假计划（Leave of Absence，LOA），由政府给予补贴规定疫情重点地区外国人实施14天强制休假。启动实施多年的哨点监测，这套体系结合公立医院、社区医院和家庭诊所联网，形成了联动防御，由于哨点时间的提前，让新加坡有了充足的防御时间，而完善的联动防御和社会宣传，也为阻断社区传播提供了很大的帮助。为切断传播途径和保护易感人群，严格实行居家隔离令（Stay-Home Notice），减少公众活动，控制人员流动，并指定全岛800多家公众健康预备诊所，鼓励感冒症状患者前去就诊，做到应收尽收。800家公众健康预备诊所（类似中国发热门诊）的启用与新加坡充足的医疗资源密切相关（表6-2）。

国外先进应急管理体系比较 **表6-2**

国家	体系	图示	特点
新加坡	公私双系统	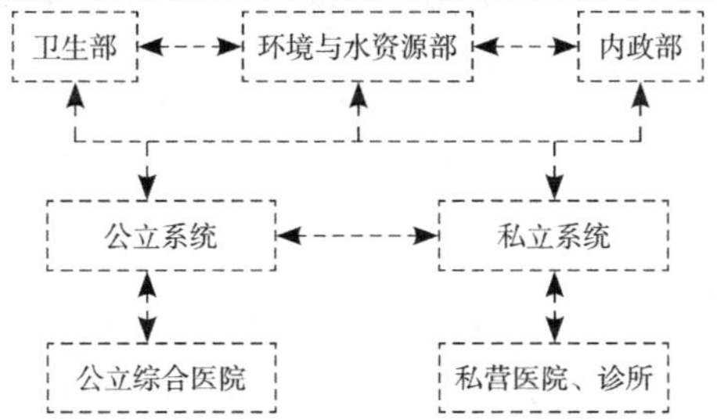 卫生部 ↔ 环境与水资源部 ↔ 内政部 公立系统 ↔ 私立系统 公立综合医院 私营医院、诊所	信息化系统完善，采用哨点监测联动防御。社会宣传，教育充分，医疗资源充足
日本	三级架构两大系统	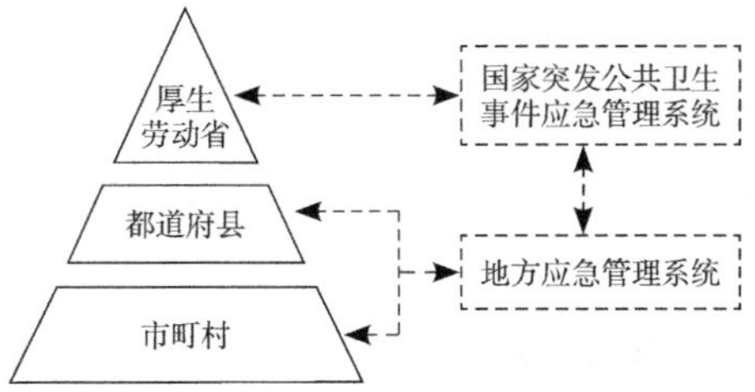 厚生劳动省 ↔ 国家突发公共卫生事件应急管理系统 都道府县 市町村 ↔ 地方应急管理系统	严格的人员配比，72h相互援助协议。预算充足，权力保障，传染病分阶段控制策略
英国	垂直管理体系	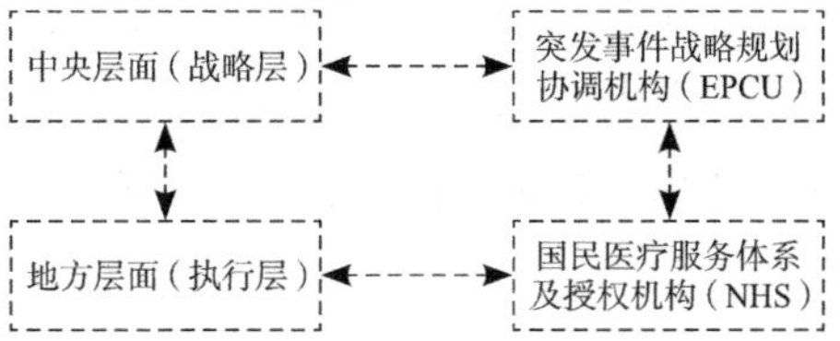 中央层面（战略层）↔ 突发事件战略规划协调机构（EPCU） 地方层面（执行层）↔ 国民医疗服务体系及授权机构（NHS）	医疗保障制度完善，体系覆盖基层，各级分工明确

6.2 滨海城市防灾设计

6.2.1 滨海城市面临的主要灾害及原因分析

在快速的城镇化进程中，中国东部滨海城市凭借其资源与物流方面的优势迅速发展，在经济、社会与城市建设的各个方面都处于领先地位。滨海城市凭借13%的国土面积，聚集了全国50%的人口，创造了60%的国内生产总值。以长三角、珠三角和环渤海为代表的滨海城市群，在经过多年发展后，依靠其强大的辐射力和影响力，已成为具有影响力的大都会经济圈，成为区域乃至国家级别的引领中心。

瑞士在信贷发布的《关注风险：对城市遭受自然灾害风险评估的列表》报告指出，世界最容易遭受自然风险侵袭的城市主要位于亚洲，特别是中国大陆和中国台湾地区。其中，具有地理优势的滨海城市由于与海洋或河流出海口较近，是受到自然灾害威胁最严重的区域。据《国际城市发展报告（2015）》预计，到2050年，城市人口将达总人口的68%，大多数城市都位于沿海区域，常常为洪水、暴风雨、地震和其他自然灾害所威胁。《世界城市的自然灾害潜在风险评估（2014—2015）》一文中指出，从人的生命角度看数据，珠江三角洲是世界上最危险的都市区域。例如，2017年13号台风“天鸽”在澳门、珠海登陆，造成大面积灾害。伴随台风到来的，还有强降雨、雷暴等强对流天气，引起海水倒灌，造成城市内涝、积水严重、建筑物受损、商户停业、学校停课等一系列问题，令城市社会经济遭受巨大损失。

另外，在经济和城市建设高速发展过程中，由于多以经济利益为核心，忽视城市在防灾减灾方面的投入，滨海城市在应对自然灾害方面出现了很多问题，面临严重的挑战。这些问题，一方面是由于管控不当，缺乏处理危机的意识和思想、片面追求高速发展；另一方面是由于对灾害处理经验没有做到系统化的总结，及时建立起应急机制，对于城市灾害应对的制度和设施不到位，缺乏科学有效的防灾减灾策略及技术。

1.滨海城市面临的主要自然灾害

从各类灾害的类型方面，主要可以分为两类，一类是纯粹由自然引起的极端气候现象造成的灾害；另一类是本身起源不在自然界，由于人为造成的对自然环境的破坏后，自然现象对城市造成的损害，表6-3列举了滨海地区常见的自然灾害。

滨海空间常见自然灾害　　　表6-3

自然引起	具有人为诱因
区域地壳形变负向运动灾害作用	温室效应造成的海平面上升
地壳构造活动的相关灾害作用	城市建设中填、挖工程诱发的灾害作用
海咸水入侵灾害作用	工业污染造成的水、岩（土）污染灾害
台风及所引起的降雨、风暴潮	人类活动造成湿地等近海生态破坏

2. 滨海城市面临灾害的成因

1）气候与地理位置的影响

我国的海岸线狭长，从广西壮族自治区东兴市的北仑河口到辽宁省丹东市的鸭绿江口，全长约18400km，纬度上从约20°N至39°N，气候带横跨热带、亚热带到温带，区域范围广、气候形态多样，尤其是我国东部濒临太平洋，处于赤道低压与副热带高气压带控制范围，每年自7月起，一直到年底，经常受到热带气旋、海啸等自然灾害的袭扰，某些台风路径可以一直北上，甚至影响到山东半岛、渤海湾的沿海区域。如2018年8月台风"温比亚"于17日04时05分在上海浦东新区南部沿海登陆，在陆地停留时间达3天之久。受其影响，浙江、上海、江苏、安徽、湖北、河南、山东、辽宁等省（直辖市）遭遇强降雨。尤其是它在河南省境内减速、停滞、转弯的过程中，给河南多地带来特大暴雨。此外，江苏、安徽、山东、辽宁等地也先后出现破极值暴雨。

此外，一般滨海城市都位于河流下游，尤其是很多城市本身就是大江、大河的出海口，当地通常也是河网交织纵横的地带，在台风、暴雨等灾害过后，河流水位暴涨，海水倒灌，对河口地区的土地种植、养殖产业产生一部分次生灾害。

2）人为建设活动的影响

城市灾害具有人为性、严重性、多样性和复杂性等特点。造成城市灾害的主要原因有人与人、人与物、物与物之间的不协调以及城市规模等。很多城市片面追求经济高速发展，一方面对于如商业土地开发等大规模地上建设工程开发强度大，投资范围广，即所谓的"面子工程"，而忽视与之配套的基础设施、如防洪排涝系统、气象预警系统，避险中心等的及时跟进，这些保障性工程的建设速度和比例不能与一般建设项目相匹配，造成灾害来临时这些设施处于超负荷工作状态。如城市排水系统饱受诟病，在降雨来临时不能对城市降雨有效排出，过多的硬质铺装也带来了地表雨水渗透率的下降，降低了城市对于自然降水的排解速度。

3）近海生态环境的破坏

在城市发展过程中，很多滨海城市为了增加土地使用面积，进行大面积填海，占用滩涂湿地，在一定程度上使区域生物多样性降低，影响渔业资源，降低海岸生态系统服务功能，同时填海造成海湾纳潮量减少，海域环境容量降低，水体自净能力减弱。广西北部湾曾是中国自然生态最好、最洁净的海域之一。近年来随着沿岸地区开发建设速度不断加快，化工和重金属污染不断增多，陆地面源污染呈现上升趋势；红树林、珊瑚礁均在不断减少；陆地和海洋失去了中间过渡地带，使得滨海岸线直接受到来自海洋灾害的冲击。

6.2.2 滨海城市防灾减灾设计策略

从欧美等发达国家应对极端灾难的经验来看，防灾减灾是一个整体的体系，其策略核心在于一套完整的机制体制，其中不仅包括人力物力的投入，还包括制度、法律法规、社会福利事业的建设。让灾害后期处理成为抗灾救灾的一个部分，整体上不仅包括事前的“防”、事中的“救”，更包括事后的“补”。

1.建立城市防灾减灾检测与评估体系

灾害评估与规划应对方面，可利用层次分析法、差分法等建立灾害能力、灾害风险、灾后建筑损失变化等模型。依据人们避灾救灾行为特点提出防灾避险场地的总体规划方法，基于城市构成要素提出防灾型社区规划模式。

根据相关行政及防灾减灾要求提出目标。由于每个地区一个时间周期内遇到灾害的时间段、频次相对固定。经过多年数据统计后对灾害造成的损失程度也会有一个大体的估计。因此，结合城市在此项措施上的投入，确立抵御灾害人力、物力及财力的投入。如美国经常遭受台风袭击的路易斯安那州根据本州实际情况，将减灾目标确立为5个方面：

（1）提升关于灾害教育和潜在影响的宣传工作，确保措施的可行性；

（2）加强数据收集、使用及分享以降低灾害影响；

（3）改善市政、灾害分区、行政分区以及州级防灾能力和协调能力以规划和实施减灾项目；

（4）寻求通过降低重复性和严重重复性财产损失的方式减少对本州人身和自然环境的影响；

（5）改善对历史建筑、文化遗产和考古遗产的保护。

上述目标明确后，遇到灾害时，抗灾救灾的方向非常明确，人员各司其职，极大地提高救灾效率。

2.配合评估结果完善现有防灾减灾体系和设施建设

在当前信息化社会，防灾减灾目标的确立，最终成果是否有效，依赖于相关数据库的建设情况。具体包括城市的地理信息数据库建设（GIS），各监测点、传感器等硬件设备的建设，并且能实施在灾害来临时组成的：数据收集——数据传输——数据加工分析——数据结果发布等一系列的软硬件协同工作机制，为灾害的预防和数据分析、抗灾经验积累提供基础。如利用GIS遥感技术建立数据库分析城市避险场所，在ArcEngine等平台的基础上模拟推导灾害数据信息及灾害发生概率以降低灾害风险。

防灾避灾设施建设方面，城市防灾空间应当形成相应的体系，结合环境要素的设计提高城市灾前防御、灾时应急以及恢复重建的防灾减灾效能；应针对城市公共空间设计、基础设施和生命线工程以及紧急避难场所体系进行风险评估、需求测算和适宜性评价；同时，还要在平时灾害未发生时经常进行演练，保证在灾害发生时人人都有使用避险设施的意识，能够找到其位置，并正确使用其中的设备进行自救或施救。

3.灾害过后完成好善后工作

灾害管理方面，建立“城市紧急”灾害管理框架；强调政府等行政机构实施供应链管理的战略任务；提出灾后恢复重建规划的技术方法；从事件可能性、影响参数和社会反应三方面综合分析提出，规划者应重视城市气候风险并增强协同效应的处理；提高居民防灾意识，让管理者与居民协同减灾。灾害发生后，各个部门可以做到各司其职，通力配合，明确自己的工作；利用智慧城市系统收集灾害数据，为进一步的救灾行动做准备。

6.2.3 滨海城市防灾减灾的技术应用

1.灾害的监测和模拟

灾害造成损失是不可避免的，但依赖现代技术手段，在灾害之前准确预报，采取措施尽可能将损失减小到最低程度是完全可以实现的。这就需要两个条件，其一是对灾害的强度进行准确探测，其二是对灾害造成的损失进行较为准确的模拟。原来利用卫星及遥感技术，仅能做到对灾害的预报，但现在计算机和通信技术软硬件性能大幅提升的情况下，对灾难受损程度的模拟越来越准确。如针对大量降水导致城市低洼地区内涝方面，可利用SWMM技术，对某地区做出空间分析，根据预测降水量及当地的GIS数据，结合数字高程模型（DEM）在三维地形中将暴雨后洪水淹没的范围及程度准确地模拟出来，给灾害的预防提供数据参考。

2.灾害的通知和及时发布

除少数自然灾害如地震等由于其突发性强和不可预测性较高，在当前科学技术条件下，其他自然灾害都具有可预测性，依托当前高度发达的信息传输技术，可以迅速发布信息到有关单位或个人，提醒其尽早做好准备。例如，温州气象部门根据台风影响监测预测情况，按照业务规范和防台预案，及时、滚动发布各类台风、暴雨等自然灾害数据，并将结果第一时间提交到决策服务部门。决策部门进一步分析研判后，通过OA系统等第一时间报送《气象信息内参》《重要天气报告》等重要内参信息。在确定信息准确性后，通过正式渠道如广播、电视、短信、微信、微博、抖音等发布可公开的台风监测预报信息。专业服务通过直连用户方式提供针对性监测预报服务信息。

澳门特区地图绘制暨地籍局发布有“应急地图通”移动应用程序，该程序让公众通过个人移动设备随时获取全澳风暴潮警告下预期受影响地区、预期暂停供电措施受影响地区、实时水位监测资讯、各个避险中心位置及紧急求助电话等重要资讯。这种直接将信息推送到个人的方式，让公众在第一时间可以获取与自身有关的信息，大大提高了数据模拟和数据监测方面的效率，如图6-1（b）所示，红色的范围为预计风暴潮影响下澳门受到内涝影响的范围，深浅程度不同代表着水位的高低，而在图6-1（d）中，软件可根据移动设备定位计算出到应急或避险公共设施最近的路线，引导需要帮助的人能尽快到达提供服务的设施。

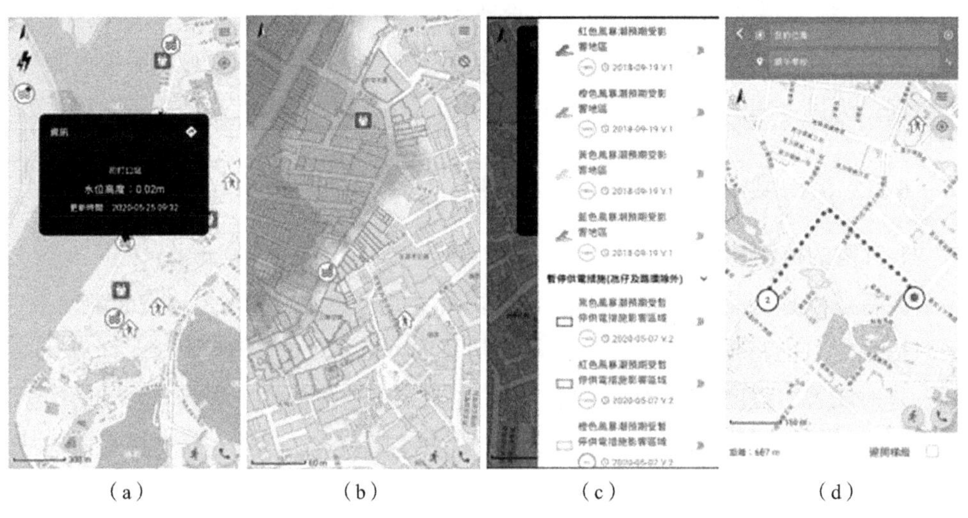

（a）（b）（c）（d）

图6-1 “应急地图通”程序

来源：澳门地籍局“应急地图通”移动应用程序界面截图

3. 受灾区域的及时帮扶救助

在灾后救援的过程中，常常遇到的问题是准确到达需要救援的地点，一种是受灾人员主动联系救援人员，另一种是经过分析后，得到哪些区域是受灾严重、需要救援的区域，主动到达救援区域。但后一种需要根据以往经验和数据分析后才能做出判断，在这一方面，可以建立基于案例推理的数据分析与管理系统。借鉴其他灾害救援的办法，可以采取最近相邻策略来进行案例检索并通过与K-means聚类算法的结合提高检索效率。让系统能够实现基本功能：查找旧案例以及比对新案例。通过查找旧案例可以在案例库中进行精确查找，找出符合某些条件的旧案例；通过比对新案例，能够从案例库中调出与目标案例相似的旧案例，为新案例问题的解决提供支持。

6.3 灾后安置建筑模块化设计

6.3.1 灾民心理状态

无论经历战争或地震，灾难不仅摧毁物资，对人的心灵更是长久的冲击。在重大灾难面前人们往往处于应激状态，这种状态下灾民在反应、情绪、认知、生理及行为上都容易出现异常情况。据有关研究，灾难后有70.4%的人处于焦虑之中，如汶川大地震发生半年后，受灾人群出现了自杀高峰。因此，心理重建是广大灾民的共同需求，只有他们的内心得到了抚慰，减低精神创伤，才能迎来正常的生活。

灾后安置建筑正是灾民心理安抚及重建过程中特殊的建筑模式，它在时间上处于灾民心理创伤最严重时期，在空间上成为灾民的心灵避难所。因此灾后安置建筑作为回应灾民生理及心理需求的空间产物，在帮助灾民心理康复中起到巨大的作用。灾民心理重建过程亦是灾后居所重建过程，分析灾民心理变化特征及周期从而决定灾后安置建筑的建设阶段就成了十分重要的工作。

心理学研究表明，灾民心理变化分为四个阶段：冲击期、防御期、解决期、成长期。冲击期指灾民受到惊吓从而心理上产生的应激反应阶段；防御期指灾民在灾后一段时间内出现的特定精神障碍，表现出异常心理反应；解决期指灾民在应激反应和精神障碍缓解中尝试调节自身心理；成长期指灾民逐步恢复正常心理状态。

从灾难发生到永久住房建设期间，综合灾民心理特征、行为表现及环境因素的四个阶段，如表6-4所示。

灾民心理特征、行为表现及环境因素　　表6-4

阶段	心理周期	心理特征	行为表现	环境因素
冲击期	0～1周	急性应激障碍ASD开始（恐惧、怀疑、麻木、困惑）	寻求集体，团结合作，个体出现英勇行为	正面鼓励，召集援助
防御期	1周～6个月	急性应激障碍ASD缓解，创伤后应激障碍PTSD开始（分离、再历、回避、反应迟滞、过度警觉、失眠、噩梦、自我否定）	依靠社区组织帮助，同时聚焦核心小家庭	外部援助到来，各方群体、物资和心理干预
解决期	6个月～3年	创伤后应激障碍PTSD缓解（时常对失信援助或不足的失望和怨恨）	社区参与，需要清晰定义的公共与私密，向往自然环境	援助不足或沟通不当
成长期	3年以上	5%的人终生伴随不确定的精神障碍症状	重建家园、生活和工作	社会保障

6.3.2 安置建筑设计要素

1. 灾后重建阶段划分与建筑类型

我国现有灾后重建阶段的划分更多基于灾情的大趋势及防灾大原则，在此基础上需要更细致地考虑灾民的心理重建过程，这个过程需与建筑重建过程同步（表6-5）。

灾后重建阶段的安置建筑类型　　表6-5

划分方式	阶段一	阶段二	阶段三	阶段四
国内外典型三阶段划分	紧急安置时期	过渡安置时期	后安置时期	无
	1周	3年	3年之后	
	帐篷、公共避难场所	活动板房、临时住宅	永久安置房、具备应宅能力	
日本阪神地震后“兵库县不死鸟计划”四阶段划分	紧急–应急对应期	复旧期	复兴前期	复兴后期
	7个月，1995年1～8月	3年，1995年8月～1998年4月	2年，1998年4月～2000年4月	10年内
	紧急避难所、疏散中心	临时住宅、临时场地、老年人社区中心	固定住宅、紧急医疗保健中心、灾难管理中心、社区广场、商业街	活力社区、可移动医疗房、世界防灾基地
Enrico Quarantelli四阶段划分	紧急避难所	临时避难所	临时住宅	永久住宅
	1天	1周	数月	数年
	公共避难场所，集体生活	有基本设施的临时房，有社区规划	满足长时间居住需求，有私密性	搬到新社区

2. 安置建筑设计要素

根据表6-5可知，在灾害发生至灾区永久建筑建成，随着时间推移，安置房需求、安置时间、安置对象及心理都会发生变化。结合灾民四个心理阶段划分与特征，可对应其建筑类型及要素（表6-6）。

阶段一，心理冲击期是紧急安置时期，通常在一周内，以伤员救助，灾情统计评估和紧急避难所安置为主。根据前文研究，这一阶段需在最短时间内组建集体，减低灾民的恐惧。根据美国灾难社会学先驱恩里科·夸兰泰利（Enrico Quarantelli）的划分，这一阶段是紧急避难所（Emergency Shelter）主导，第一天将灾民快速疏散至安全的城市公共区域和基础设施中，如学校、厂房、体育馆、教堂等。集中安置往往造成隐私干扰，秩序混乱，卫生恶劣等问题，需要在公共避难所提供可灵活分隔灾民的设施，快速投入使用，并有利于日后回收与储存，另外还需设置移动卫生间等设施。

灾民心理阶段的安置建筑设计要素　　表6-6

心理阶段	重建阶段	建筑类型	建筑要素	对应心理特征
冲击期 0～1周	紧急安置	紧急避难	快速灵活、分隔单元、回收储藏、移动卫生间	急性应激障碍
防御期 1～3月	临时安置	临时避难	快速大量、临时单元、基本功能、性能提升、活动医疗房、搬移社区	急性应激障碍 创伤后应激障碍
解决期 3个月～5年	过渡安置	临时住宅	自然舒适、临时空间、临时办公、弱势群体社区服务、活动医疗房	创伤后应激障碍 抑郁、其他
成长期 5年以上	后安置	永久住宅	多样适应、永久空间、防灾能力、医疗中心、社区服务、商业中心	95%的人正常

阶段二，心理防御期是临时安置时期，通常在灾难后6个月内，受灾情况基本稳定，需要着手于灾民的临时过渡安置，统计安置户数，制定安置建设计划，对受灾弱势群体予以优先安排计划。这一阶段需在短时间内将灾民集体搬离，具备基本生活设施，并以核心小家庭为单位提供私密空间。夸兰泰利将这一阶段建筑称为临时避难所（Temporary Shelter），如帐篷、房车、集装箱、临时板房等，还不是真正具有长期完备设施的居所和社区。这一阶段灾民易经受灾后精神障碍的困扰，需要尽快获得基本的生活设施和较为舒适安全的居住空间及私密空间，区域内也需要足够的医疗救助及解压设施等。

阶段三，心理解决期是过渡安置时期，通常在灾难发生后6个月到3年内，灾民的应激精神反应逐渐缓解，主动需求重建心理和生活，解决自身问题。这一阶段基本完成临时安置房的建设和入住，夸兰泰利称之为临时住宅（Temporary Housing）阶段，可直接过渡到永久住宅（Permanent Housing），满足长期居住需求。灾民需要找回家庭生活模式，得到完整的社区组织服务，如音乐教室等提高社区的活力。灾民也需要借助自然环境恢复心理水平，因此居住空间需要充足的采光和通风，亲近的材质和色调，以及适当的景观和绿植。

阶段四，心理成长期是后安置时期，可从灾难发生3年后算起。灾民一般在3年后消除心理障碍，恢复灾难前水平。这一阶段逐步完成临时住房到永久住房（Permanent Housing）的演化与更替。灾民对社区的依赖将减低，更看重个体居住空间的多样性，建筑需从抗灾能力、气候环境、文化传统、个性化选择的角度提高永久居住空间的精神性。

6.3.3 模块化建筑高效应对灾后安置建筑设计理念

1.模块化建筑的救灾优势

速度优势。在世界各地的灾后重建中都能看到模块化建筑的身影，灾后紧急安置期的建筑首要要素就是速度。模块化预制建筑最早纪录在1624年，为英国殖民地拓展提供了快速而大量的住宅需求，同样在第一次世界大战和第二次世界大战后，模块化建筑给战后迅速建设提供了可能。模块化建筑以其工业标准化生产及现场装配的效率优势，很好地满足了紧急安置的速度需求，据统计，模块化建造比传统建造快50%～70%。

性能优势。紧急安置期后的临时安置期，灾民的居住空间需要有基本生活设施，保证灾民基本生活舒适度以缓解灾民的心理问题，因此建筑性能的提升尤为重要。模块化建筑在工业化发展的基础上，将建筑拆分成典型化子系统，再拆分成标准化构件。从结构及构造、墙体及门窗、设备及水电、装饰及家具都在工厂集成，大大提高建筑结构安全、保温隔热、环境舒适度、生活便利性。构件在工厂精确加工，许多装配工作是机械完成，人工作业部分在工厂安全稳定的环境下，提高了建造的精度，保证建筑品质。

环保优势。过渡安置期的灾后临时社区需要体现可持续设计特征，过渡期建筑健康绿色设计需缓解灾民心理障碍，同时保证建筑对环境破坏降到最低。模块化降低了建造知识的要求，同时因其轻型化建构，许多小型建筑可由普通人在不借助大型机械情况下完成装配，提高群众参与建造的积极性。传统过渡安置房建造与拆除的过程耗费大量人力材料和运输成本，据统计，相较传统现场建造，模块化建造下现场垃圾减少50%～75%，建造成本降低20%，管理成本降低30%，能量损耗降低60%，运输成本降低5%，材料节省40%。模块化临时房可实现逐渐向永久建筑的转化，以其高质量的耐久性形成可持续的良性建筑，在设计和建造过程中的统筹协调是实现可持续模块化建筑的关键。

定制优势。后安置期的灾民需要开始新的生活，在心理状态逐渐康复的过程中，每个人对新生活的理解都不同，也需要更多的选择权。灾民不仅在多样活力的社区能发挥更积极的价值，也需要文化及习俗滋润自身的生活，因此永久建筑需要有足够的灵活性或选择性可供不同灾民定制。模块化建筑具备批量定制的优势，以有限的模块组合出无限的建筑，每个模块具有很好的进化升级能力，并在组合中形成竞争，最后提升整体的定制化水准。新系统由通用模块与专有模块组成，因此是一个集标准化与动态演化的系统，满足社区的可持续发展与永久建筑的多元需求。

目前建筑工业化和模块化技术发展迅速，不仅可用于快速建拆的临时建筑，也可以建造永久居住的居住建筑。建筑模块化在灾后灾民心理重建的各阶段能提供快速高产、性能提升、环保健康、灵活定制的优势，对于灾后重建具有重大意义。

2. 灾民各心理阶段的模块化建筑类型

构件、板块、单元是模块化预制建筑的通常分类，从效率的角度看，几种模块类型的预制层度与模块分解的粒度粗细有关。模块粒度粗细，将会涉及复杂程度、精度高低、成本高低、可靠性高低、建造速度等问题。当单个模块的粒度太粗，比如单元类型模块，它自身的复杂程度就高，且灵活性小，模块的通用性弱，但模块化系统的复杂度低、建造精度高、可靠性高、现场装配成本低；当单个模块定位粒度太细时，如构件类型模块，系统的复杂程度提高，系统的接口数量增加，装配的复杂性就提升，从而影响成本、可靠性和精度等。但细粒度的模块通用能力提高，系统的可变性提高，维修成本降低。因此模块的数量、集成度、复杂程度和成本的关系符合一定规律的曲线关系，这种规律对于单体模块和模块系统是相反的，利用这种规律的曲线关系可以找到模块粒度/单体集成度大小选择的合理定位，如图6-2所示。

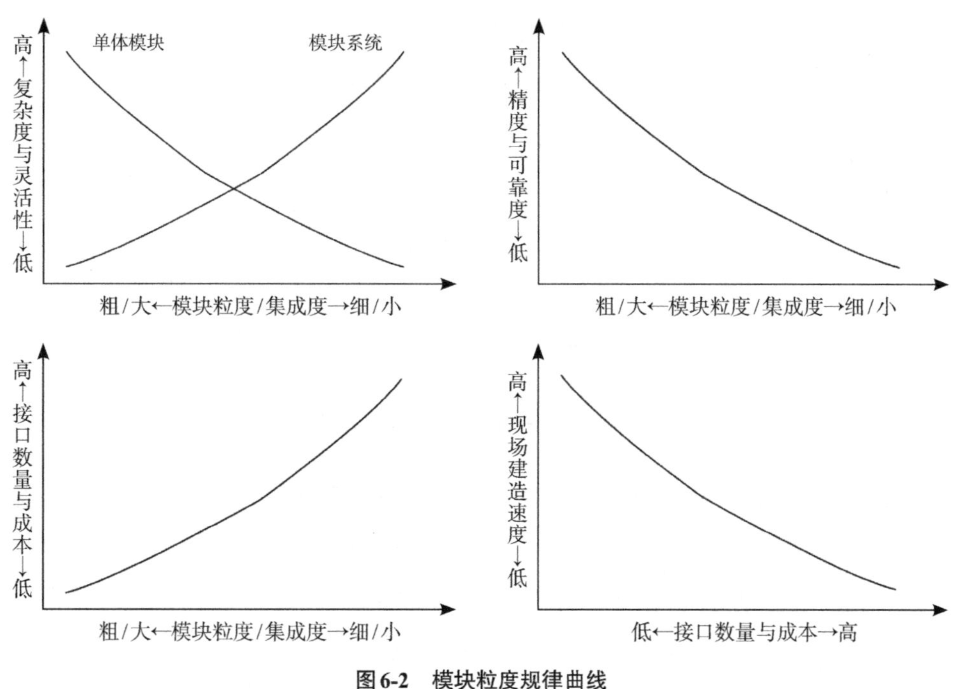

图6-2　模块粒度规律曲线

根据前文分析的灾民各心理重建阶段的安置建筑要素需求进行分析（图6-3、图6-4）：

（1）冲击期。灾民紧急安置在公共避难区或场所内，首要要求是数量和快速，可灵活分隔空间的模块是这个时期的主力，这一类模块使用周期大概在一周之内。由于它既需要速度又需要灵活度，因此它既不是空间模块，也不是基本构

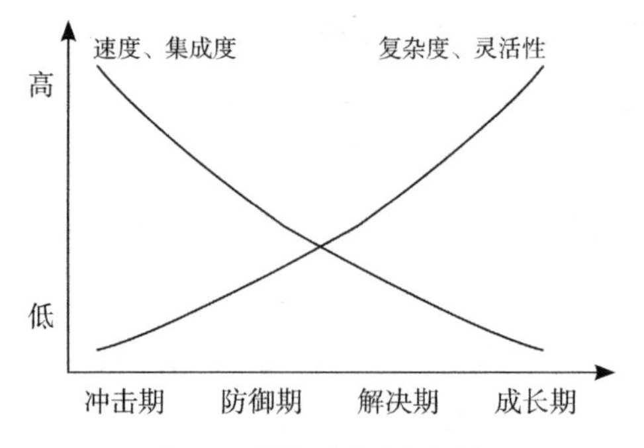

图6-3　模块对应阶段规律

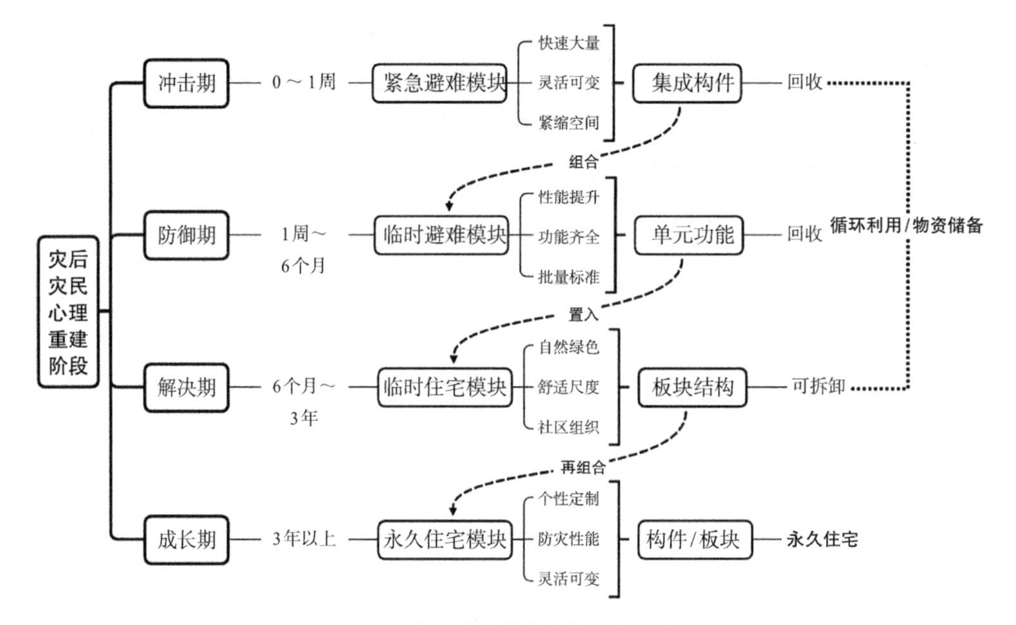

图6-4　灾后安置模块建筑设计要素

件，而是一种集成构件（Fabricated Unit），无须现场装配，可回收和储存。它需要小巧且方便运输，以保证最大数量地快速抵达救援现场；亦具有标准化模数和紧缩的庇护尺度，便于布局数量最大化，减小占地面积；它需要考虑材料的无害性和可获得性，尽可能降低制造的成本；它可以作为移动的公共卫生模块，缓解恶劣的卫生问题。

（2）防御期。灾民在一周之后便进入临时安置阶段，由紧急避难所搬离，住进临时避难模块内，这个阶段的模块使用周期会持续到6个月左右，缓解灾民的急性心理障碍。由于它依然由快速和数量的要求，因此亦采用模块单元（Unit），即无须现场装配的模块，结合人体工程学和防灾实践，设计简易的安置空间模块（大颗粒），如帐篷、舱体、小屋等。它需要满足灾民基本生活需求，有简易的床和餐桌功能等；它需要满足基本的室外耐候需求，具有一定保温隔热、通风、防水、防风等性能，可以提供基本的安全保障；它具有一定的私密性，同时以标准化特征形成紧缩的社区，甚至可垂直立体布局，进一步减少占地面积并增强社区联系，配有活动医疗房等设施；同时它具有搬迁能力，基础部分尽量减少对场地的破坏。

（3）解决期。灾民的应急心理障碍通常在6个月到3年内缓解，这个时期为过渡安置阶段，需要给灾民提供尽量舒适的空间和社区活动帮助心理康复，因而原本单调的模块单元可替换成板块式模块（Panels），不仅增加临时居住空间的灵活性，亦增加现场建造的活动，让灾民参与建造自己的临时住所，形成“家”的感觉。这一阶段的临时住宅需要提升模块建筑的可持续性，对居住者而言，需要满足舒适的居住尺度和自然环境的引入，自然通风、采光、景观、温暖的色彩等有助于灾民的心理康复；对外部环境而言，建筑可以采用太阳能板节约能源，可降解环保材料，以及被动式遮阳及雨水收集等减少资源浪费。同时，板块式模块可延续到永久住宅的使用，可拆分和再利用，便于扁平运输和重新组装，以循环使用的方式延长建筑生命周期。板块式临时建筑可组建成临时社区活动站和临时办公场所，让灾民获得更多社区帮助的同时，可以逐渐回归工作以恢复心理状态。

（4）成长期。灾民这一阶段步入永久居住的后安置时期，在灾后3年之后。灾民逐渐脱离集体生活回归到小家庭的私密生活状态，建立新生活的习惯和模式，并产生个性化需求，不同的文化习俗、成长背景、兴趣爱好等都会影响灾民对自己长久居所的需要，因此模块的灵活性和定制化的重要性凸显出来，永久住宅可以板块和构件（kit-of-parts）形式建造，过渡安置阶段的回收模块充分利用到永久安置房建设中。当建筑以小颗粒构件或板块建造时，其多样性可最大化，创造灵活家庭生活功能模块满足不同家庭组合需要，也适用于更多类型的公共建筑，如防灾中心、医疗中心、社区中心、商业中心、文化展馆等。根据不同需要提高功能模块的可变性，让社区更宜居，有活力，提升区域韧性，恢复灾民生活水平和抵抗灾害的能力。

6.3.4 灾后安置建筑模块化设计应用

1. 以速度为导向的紧急避难模块设计

目前我国处理灾后第一时间内的方式主要有两种：救灾帐篷和活动房，从速度的角度，救灾帐篷比活动房更适合紧急避难所的需求。尽管在灾后一周内灾民一般集体在公共避难所生活，对生活质量要求较低，但救灾帐篷不能彻底满足灾民的基本生存需求。在帐篷聚集的高密度区，帐篷搭建无统一规划，容易引起火灾等次生灾害；在帐篷内常出现人畜混居，随地大小便等，很容易形成流行病的传染；用于室外避难区的救灾帐篷有些还达不到基本的挡雨和防风的作用，导致人的基本生存要素得不到保障。因此在紧急避难所的模块设计上，首先考虑建造的速度，其次还需解决空间合理分隔、灵活布局、卫生间和垃圾处理、防水、防风、地表环境适用性等问题。

日本建筑坂茂开发的PPS（Paper Partition System）结构体系给紧急避难模块提供了好的借鉴，其制作简便灵活，仅10min即可完成全部组装或拆卸工作。自2004年新潟县中越地震中首次使用PPS系统以来，如今已经发展到了第四代（PPS4），对于大型公共避难所（如体育馆）中分隔私密空间极为有效。PPS4系统无须任何木制接口和支撑，仅靠作为梁柱的再生纸纸管、木棉布和胶带构成。纸管分为小、中、大三种尺寸，打洞穿插连接（图6-5）。在2018年日本南部大洪水紧急安置期，坂茂将系统分隔设置成2m×2m方格紧密布局在体育馆内，每隔几个模块就会有安全疏散通道，标准模块中的木棉部标准化设计宽度为1.1m，两边开启闭合，类似窗帘，白天打开便于交流，夜晚睡觉闭合提高私密性，每个单元的安装由志愿者或灾民自行完成（图6-6）。系统还设置防蚊虫的蚊帐版本，提高避难舒适性。

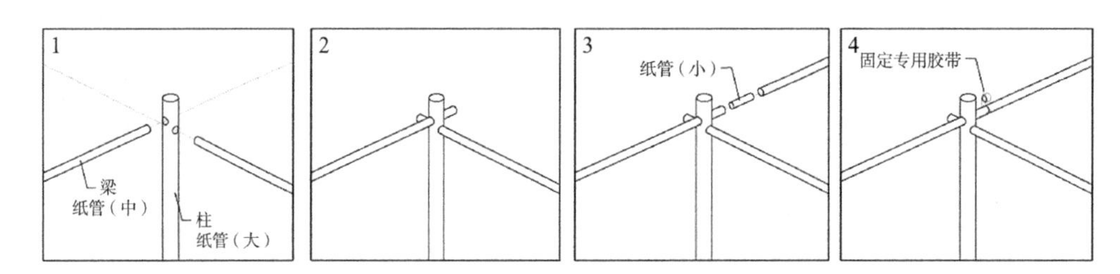

图6-5　PPS4基本模数和安装方式

2. 以性能为导向的临时避难模块设计

紧急避难期后的1～2周，大部分灾民的急性应激障碍ASD症状可得到缓解和消除，但随之出现的是创伤后应激障碍PTSD，表现出分离、再历、回避、反应迟滞、过度警觉、失眠、噩梦、自我否定等心理症状，居住层面灾民需要尽快恢复正常生活起居，有家庭式的私密空间，并具备良好的室内舒适度和与社区互动的能力。

临时避难建筑遵循速度与独立的原则，是灾民搬出公共避难所后大量需要的具有私密性的安置建筑，选用单元式整体模块对这一阶段有重要作用。但目前许多单元式模块在建造速度等诸多方面存在问题。

据2004年印尼海啸破坏损失评估统计，印尼海啸造成了70余万人流离失所，

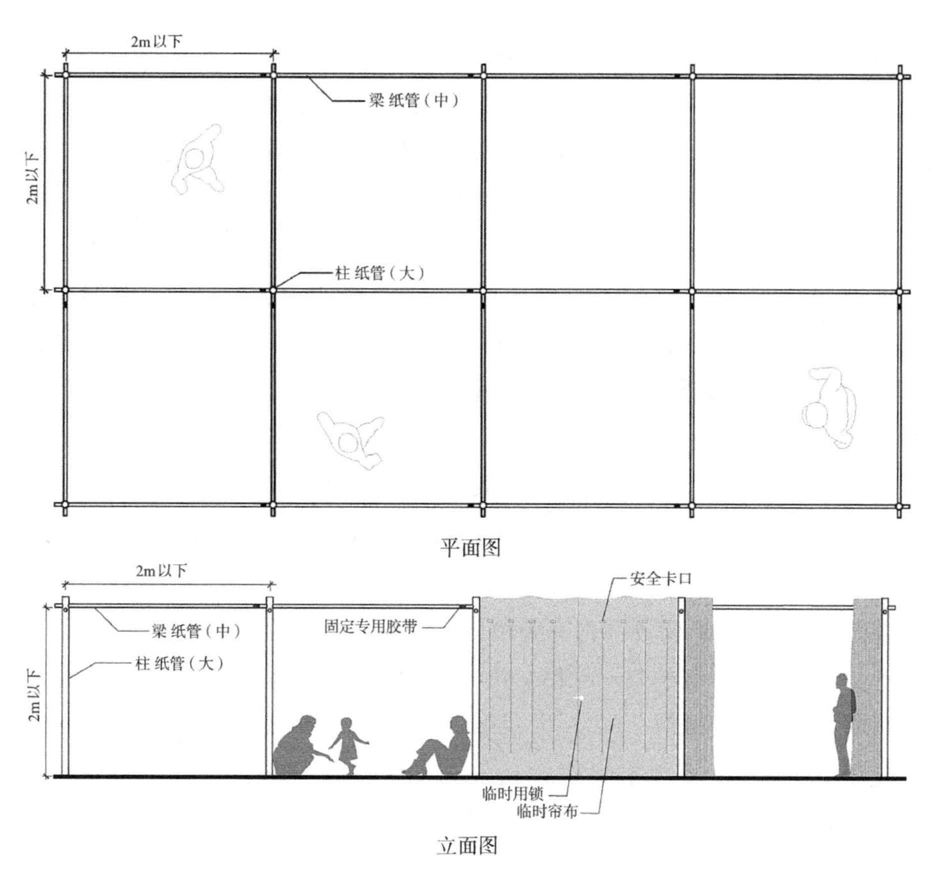

图6-6　PPS4灵活的空间划分

全球开展救援活动，其中国际移民组织提供的预制临时模块建筑分为两种：一种是轻钢框架与木板模块，另一种是混凝土单元模块。前者不仅造价高而且需要6个月的制造周期，导致应急的效益低下；后者的混凝土脆性亦不适合作为地震区域的安置房。两种模块临时建筑都没有关于后期拆除和清理的说明，导致使用后的临时建筑空置造成资源浪费。

国内外灾后第一时间关于集装箱安置的问题有几点优势：快速调运、快速搭建、可循环性、性价比高，相对安全耐用等，但集装箱毕竟不是居住场所，除庇护外在居住舒适性上不能很好地满足要求。主要体现在：采光较差，开窗较小，箱体进深长，必须保持人工照明；保温性能较差，未做保温处理的金属围护结构极易吸热。因此，临时避难模块建筑随着灾民心理障碍的出现及居住时间的增加，建造速度的保证、居住功能的完善、舒适度的提升及社区的组织形成都是模块设计的基本要点。

以临时避难所（EXO）为例，其及时、低成本和可回收，实现临时安置的同时满足经济损失最低的要求。据统计，美国联邦应急管理署（FEMA）在飓风卡特里娜（Katrina）后提供的救灾移动房在60天后才陆续抵达现场，并花费了26亿美元（平均一个移动房大概为15000美元），更令人吃惊的是这些移动房在回收中被无情地以2美元处理掉，很多则成了废铁。由美国设计师迈克尔·麦克丹尼尔（Michael McDaniel）在2015年设计的模块灾后小屋EXO作为一种能解决以上问题的临时避难建筑就应运而生。

速度方面，EXO由壳体和底部两部分组成，两部分如倒置的咖啡杯扣置形成整体模块，轻质的材料可由4个人直接搬运，甚至整个模块的搬运都无须机械设备，模块的组装仅需5min即可投入使用。除此之外，其运输效率也远高于普通单元模块，EXO的主体如倒置的咖啡杯，运输时可叠置安放，一辆标准货车可一次运送28个模块，大大加速了灾后临时安置的速度。

成本和性能方面，EXO仅为FEMA移动房价格的1/3，虽然远高于普通帐篷的价格，但EXO在耐候方面有了极大的提升，这归功于它主体材料Tegris的使用。Tegris是一种外形坚硬并富有弹性的100%聚丙烯纤维材料，拥有出众的抗冲击力，它是无毒无害的安全材料，并可完全熔融回收再利用，符合当今社会高科技材料洁净环保要求。

使用上，标准的主体空间约6.7m^2，内部仅设置4张床位，床在不使用时可翻折平齐墙面，增大内部使用空间，设计师改良设计后，标准主体内部可替换不同家具构件，具多元化功能趋势，配置适当设备后，可供小型办公、医疗服务等。每个模块安装上锁的门增加安全性，并可替换成连接组合的模块廊道，使得多个单体空间可并置相连成一个更大的内部空间，适合不同人群需求，也可延续到临时住宅阶段提供更大功能空间的需求。

外观上，EXO模块呈现的流线型外壳也有利于保护模块内外的使用者，相比普通箱体急救模块的坚硬外表，EXO给人心理更为柔和舒缓的感觉，加上轻质的感觉，减少灾民内心对厚重建筑倒塌损毁的心理阴影。

3. 以绿色为导向的临时住宅模块设计

灾后临时住宅时期为了保证居住的安全和基本舒适，通常采用活动房（彩钢房）形式，但在这一阶段的灾民正处于创伤后应激障碍PTSD缓解时期，需要更为自然的居住环境帮助心理恢复，需要考虑建筑的色彩使用，也需要清晰的公共空间和私密空间的界定。由于灾民在这一时期会主动寻求积极的自我心理重建，因此临时住宅的建设和社区的完善需要更多灾民的参与。这一时期灾民时常对失信援助或不足表示失望和怨恨，因此自我介入家园的建设和居住环境的提升尤为重要。

我国灾后常用的活动房是一种以轻钢为骨架，以夹芯板为围护，构件采用螺栓连接，可以方便快捷地组装和拆卸。然而，活动房在其生产、运输、组装、居住、回收等过程中所暴露出的弊端往往导致了安置结果的不理想。一般灾民多的情况下，大规模集中建设将耗费大量土地，基础上大量使用的混凝土垫层，会造成大量耕地被破坏，生态问题由此产生。当永久安置房在地块上建设时，先不论板房回收与否，至少会造成混凝土废渣等建筑废材的产生，而这些废材的清理、处理的成本都是巨大的。板房的保温材料是不能自然降解的聚苯乙烯，过渡期后就成了不可回收的建筑垃圾。因此临时住宅模块设计需要重视使用性能的提升和生态环境可持续性，以板墙的模块形式增强住宅的空间灵活度和建造性，实现临时住宅向永久住宅的转化。

2013年由一家名为Visible Good的公司设计的快速安置模块（Rapid Deployment Module，RDM）是一种可快速安装的高性能安置建筑模块。首先，RDM的速度体现在它可轻松由两人在无须任何工具的情况下，徒手30min内完成组装。整个模块可折叠和拆解在一个木箱中（1.2m宽，2.2m长，1.2m高），一个标准集装箱可运输20个这样的木箱，实现了非常好的运输效率；其次，RDM模块表现出较高集成度，运输模块用的木箱抵达现场后，木箱的底部和可调节的四角基础构件（可适应不同地形高差）形成建筑的基座，木箱的侧板可向下翻折成为扩展的地板，木箱顶部也是建筑地板的一部分，最终拼接成一块$12m^2$的地板（宽2.8m，长4.3m）。之后安装集成了保温、门窗、通风排气设备的轻质夹层空芯板，墙板之间无须任何工具可紧密咬合，围合后将顶部用金属条卡住封边。最后安装预制屋顶结构木龙骨和一种透气的高性能聚乙烯膜材料。RDM集合了帐篷与活动房，具有快速搭建优势的同时，还有良好的室内舒适环境。相比帐篷，RDM更像一个方便快捷的活动房，有良好的墙体保温、坚硬的围护结构、可开启门窗，并且具有可调节高度基础，室内具备充足的自然采光和通风条件。RDM的使用寿命在20年左右，除了顶棚材料需要每五年更换，足以让灾民从临时住宅过渡到永久住宅。使用完毕后可拆除打包成原有的木箱移至别处，循环使用。RDM模块可实现多功能适应与空间的组合及拓展，Visible Good公司将其模块产品发展出了医疗诊所及康复中心，并配置无障碍坡道和空调设备，给灾区的康复社区提供更为人性化服务。

4.以定制为导向的永久住宅模块设计

灾后永久住宅作为一种人道主义救助、社会人文关怀下的产物，设计安全、适用、人性化的建筑可积极承担起慰藉心理、重建生活的职责，这是灾后人文关怀的意义所在。我国汶川地震后很多年依然有大量灾民居住在彩钢房中，无论是从表皮质感、颜色还是空间形态上看都给人“冰冷”的感觉，没有变化的可能，也没有个性化选择，这些板房没有兼顾灾民的心理需求，不利于灾后心理重建，是人文关怀的缺失。

因此灾后永久住宅在基于前几个阶段建筑的回收再利用基础上，需要体现定制化特征，表现在能够更好地满足灾民个人精神上的需求，并具有相当的灵活性来适应环境、变换形式、创造动力，更好地与使用者对话。

模块化建筑在灾后前三个阶段发挥着大批量生产的高效作用，在第四个阶段将更大地发挥其定制化特征，类似积木机制，由一些通用的模块相互组合搭配，并配置少量专有模块增加特殊性，可产生无穷无尽的可能。鲍德温（Baldwin）和克拉克（Clark）的模块化理论提到设计规则是模块化设计的核心。建筑需要由上而下制定总线设计规则，表现在标准化的建筑模数和连接界面设计上。模块化在永久住宅阶段需要表现构件化，使得建筑不同构件可以在统一的装配规则下实现自由组合，制造最大的多样化可能。

伦敦设计公司在2011年推出了维基小屋（Wiki House）的设想，它是一套开源的房屋设计和建造系统，致力于简化建造、节省材料和增强大众参与性。维基小屋网站上允许普通群众使用公共产权的设计图纸，用户通过草图大师软件像拼七巧板一样编辑改造它们，然后以胶合板或定向刨花板OSB为原料，用数控机床CNC精确地打印和切割出来，最后再拼装成型。维基小屋的原意是使用者可以根据自己的喜好设计自己的房屋，灾民可利用互联网将房屋构件和形式创建好，由本地工厂的CNC机床数字打印，不需要特别的工具可自行搭建，8～12周内建成，也可随后拆开，在别的地方重新组装起来，可长期使用（木材的年限为60年）。

维基小屋经历了从1.0版本到4.0版本的发展，1.0版本开启了一体化建造，材料是胶合板，但不能用于室外；2.0版本在节点上取消了螺丝固定，依靠摩擦力固定，但存在松动的问题；3.0版本更为重视室外应用及抗震性，起到了承上启下的作用；4.0版本在主体框架连接方式上采用了更加稳固的燕尾榫，覆板之间的连接也采用燕尾榫，使构件之间连接更为紧密。连接的节点藏在柱子里，解决了安装门窗时节点和门窗互相干扰的问题。细部做法详细而成熟，使整个维基小屋体系达到了大批量生产的程度。

霍金斯（Hawkins）和布朗（Brown）在伦敦运用维基小屋的定制化特征设计了一个工作社区The Gantry，22个维基小屋模块各不相同，使用标准化的零件套件，但可以在尺寸、形状、开口、覆层和即插即用设备方面进行高度定制。由于维基小屋专注于创新技术和创造个性化的能力，因此非常适合现代居住和办公的多样化需求。每个模块立面的鲜活色彩和有趣的材质肌理也大大激活了社区空间。

在最近的几十年中，技术使制造业能够从大规模标准化向小规模的制造商网络发展。这些制造商将数字技术与先进的制造机器结合使用，以小公司和个人以前无法实现的方式快速原型化和定制产品，可将这些技术应用于应急安置建筑上。数控机床打印的建筑也为地域性特色提供了极大的可行性，比如说房屋的形式可以按照自己的需要或者当地传统建筑文化特征进行设计，以设计出符合当地传统审美标准或者功能需求的建筑外观；屋顶的坡度可以按照当地的太阳入射角进行调整，以更好地利用当地的太阳能；更直接的办法可以用数控机床在建筑构件上雕刻当地的民俗文化元素；小节点用当地更为常见的方式进行连接，保持了地域性的同时可以使当地灾民更快速地安装。结合了地域性特征的维基小屋建筑设计不仅可以表现出灾民积极的态度与对创意和智慧的追求，还能抚慰他们的心理创伤。

6.4 城市能耗地图及保障

6.4.1 概念与意义

1.城市能耗数字地图的概念与意义

城市能耗数字地图将城市建筑能耗数据集成到城市其他基础信息上，并以可视化数字地图的方式展现。该地图基于建立起的城市建筑多维度信息大数据库，提出城市尺度能耗模拟的成套方法，而且城市能耗模拟结果将进一步完善城市建筑大数据库。城市能耗数字地图可以为城市能源政策和能源规划的制定提供科学依据，为“智慧城市”中的能源智慧管理提供关键数据，为“韧性城市”中实现能源安全提供分析保障。同时，城市能耗数字地图可以拓展城市大数据的应用，丰富多维度信息的城市能耗大数据库，为城市能源和其他研究提供基础性的底层数据平台。

2.城市能耗数字地图的应用场景

城市能耗数字地图在分布式能源、城市能源站、建筑运营、能源安全、实时监控、能源管理、规划设计、能源政策、建筑改造等方面都将发挥重要作用，如图6-7所示。下面从城市大数据库、实时监控、建筑改造三个方面介绍城市能耗数字地图的应用。

1）应用场景1：城市大数据库

城市能耗模拟所需数据分为三大类，即表征形态的三维几何数据、对能耗规律具有重要影响的非几何数据和控制城市能耗模拟过程的数据。几何数据包括建筑位置、建筑形体尺寸、建筑窗墙比等；非几何数据包括气象参数、在室

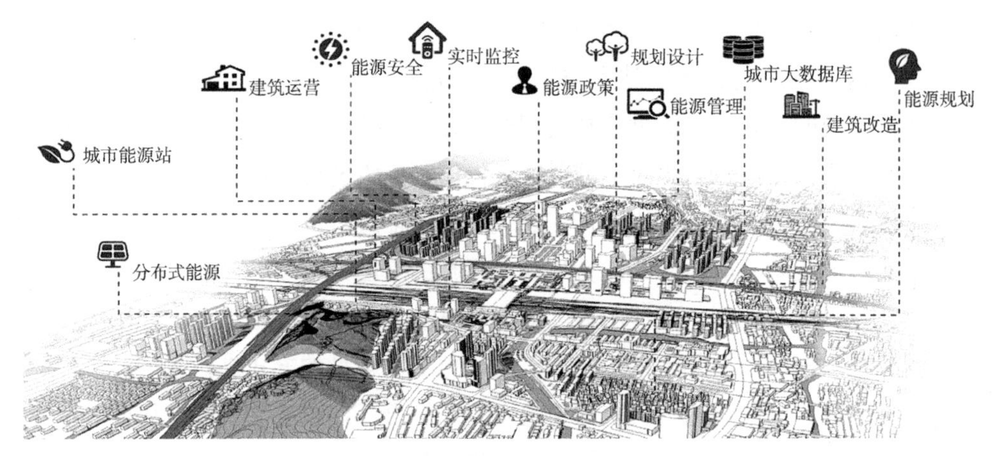

图 6-7　城市能耗数字地图应用场景

人员密度、围护结构热工参数、用能系统类型等；控制数据包括时间步长、热区划分等。城市能耗模拟需要考虑大量建筑，涉及的模拟参数数量少则上万，多可达百万级别。城市大数据库的建立，不仅可以为城市节能、城市规划的研究提供相应支持，还可以为其他学科提供一定的帮助，如地理学科、交通学科、社会学科等。

2）应用场景2：实时监控

城市能耗数字地图可以提供精确至小时级的动态能源信息，可以实现对每栋建筑的实时能源监控。用户可以根据逐时能耗变化，调整用电行为。例如钢铁企业生产时间安排灵活性较高，该企业可以利用系统低谷的优惠电价，调整部分生产线的工作时间，从而最大限度地享受峰谷电价的优惠降低成本。

3）应用场景3：建筑改造

城市排放的碳氧化物占全球碳氧化物排放量的75%，建筑行业消耗了全球约40%的能源，并排放了约1/3的温室气体。对现有建筑进行改造是提高建筑能源利用效率，缓解温室效应和气候变化一项极为有效的措施。城市管理者必须有工具来评估和优化城市规模的节能措施，以便相应地设计回扣和奖励措施。城市能耗数字地图可以快速建立和运行城市规模的建筑能源模型，完成城市建筑节能分析。在城市建筑改造方面，城市能耗数字地图的分析功能可以评估建筑节能措施的节能潜力和成本效益。

3.城市能耗数字地图的优势

城市能耗数字地图的优势如下：

优势1：模拟结果科学准确。该模拟技术基于科学成熟的建筑能耗模型，依托详尽的多源大数据，模拟结果科学准确。

优势2：与城市空间高度关联。该技术的模拟结果与城市空间高度关联，可在不同区域层级、不同尺度查看能耗。

优势3：动态呈现用电负荷变化规律。该模拟结果可以达到小时级的动态精细度，可按照年、月、周、日、时呈现能耗变化规律。

优势4：伴随城市发展及时更新。伴随着城市的发展、更新、变化，模型可及时调整，可以为城市能源安全提供技术保障。

优势5：输出结果丰富多样。该模拟可输出多种能耗指标（极端、平均、总量），可分项输出能耗构成，可对未来城市能耗状况进行情景预测分析。

6.4.2 城市能耗模型

1.城市能耗模拟的基础数据获取

城市建筑基础数据获取极为困难。城市建筑基础数据包括建筑形状、高度、围护结构传热系数、窗墙比等。在建模过程中所需要的围护结构传热系数等非几何信息具有极大的获取难度。同时，城市能耗实测数据的缺失会影响到模拟结果的校验，进而影响到结果的准确性。首先，城市几何数据获取困难、费用高，数据库数据不全、覆盖面不广。我国尚未有公开、可靠、全面的建筑基础数据信息来源，目前部分研究基于公开数据源，依赖多学科方法获取建筑基底、建筑层数、建筑高度、建筑窗墙比等基础数据。已有的一些途径包括抓取网站和地图数据都不全面且可靠度有待验证。通过百度地图、高德地图抓取的建筑形状与高度数据，需要进行矢量化、坐标纠偏等处理过程，处理后的数据存在一定的误差。目前最为准确的城市形态与高度数据来源于城市规划局的测绘部门。另外，城市能耗模拟所需非几何数据获取也十分困难。目前采用的方式是探究非几何数据（建筑围护结构U值、人员活动时间表、照明与电器运行时间表、空调系统COP）与建筑信息（建筑面积、建筑功能、建筑年代等）、城市信息（交通、人口等）之间的函数关系，以获取城市尺度的非几何数据。

2.城市能耗模型的建模

城市能耗模拟也是分尺度的，几栋建筑组成的群体是一个层级，一个街区的十几到几十栋建筑是一个层级，一个城市的成千上万栋建筑又是一个层级。在城市不同层级上进行能耗模拟，需要的数据精度和真实度都会有所不同。例如，对几栋建筑进行能耗模拟，完全可以把围护结构热阻、室内人员数量、窗墙比等参数比较精确地确定，输入模型进行模拟，但对几百栋建筑，就无法做到如此精细。模拟需要的计算机资源和速度是一个方面，更主要的是基础数据获得的方式和精确度的需求。由于单体建筑数量多、类型多、构造多样，城市设施复杂，必须对单体建筑进行不同程度的处理，才能有效地计算出城市能耗。因此有必要设计出一种城市建筑能耗模型处理方法，能够为城市建筑能耗模拟研究提供良好的基础数据，可以使城市建筑能耗模拟更具可行性与可操作性。

城市三维模型的建立过程如图6-8所示。平面处理是将城市建筑图形数据导入，对每栋建筑物的俯视轮廓线进行边线处理，消除凹凸边线（图6-9）。每栋建筑物均由至少一个建筑单体组成，对每栋建筑物的俯视轮廓线进行边线处理时，需要根据每栋建筑物的组成进行分别处理：若该栋建筑物由多层建筑单体和高层建筑单体组合构成，则先根据处理策略对该栋建筑物的整体俯视外轮廓线进行边线简化处理，且此时不对高层建筑单体的边线以及多层建筑单体与高层建筑单体重合的边线进行处理，再根据处理策略对该栋建筑物的高层建筑单体进行边线处理；若该栋建筑物只由多层建筑单体构成或只由高层建筑单体构成，则根据处理策略对该栋建筑物的整体俯视外轮廓线进行边线处理即可。随后，将轮廓线中

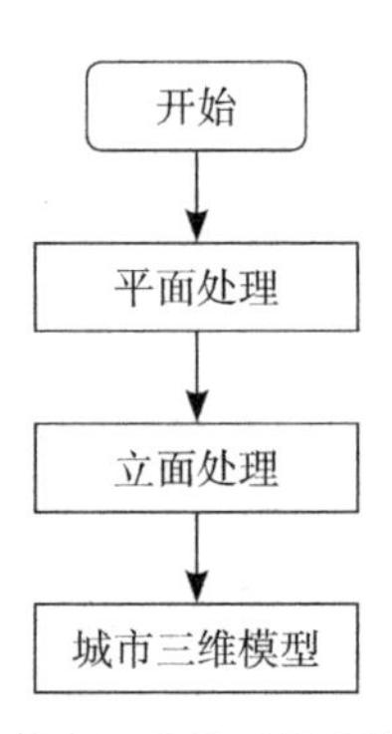

图6-8　城市三维模型的建模流程图

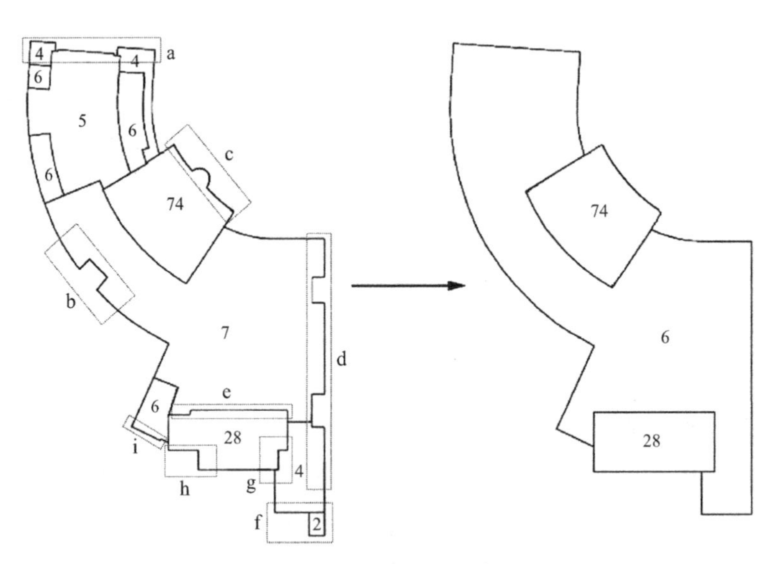

图6-9　平面处理原则

同一侧边的曲折延伸边线简化至一条整齐边线上，将轮廓线中同一弧形延伸边线中的各个凹凸边线处理至一条平滑弧线上。将轮廓线中同一侧边的曲折延伸边线处理至一条整齐边线上时，需要将各个凸出或凹陷的边线合并对齐到基础直线边线，基础直线边线为同一侧边的边线中长度占比最长的平整边线。轮廓线中同一弧形延伸边线中的各个凹凸边线简化至一条平滑弧线上时，需要将各个凸出或凹陷的边线合并对齐到弧形连续边线上，且合并处与弧形连续边线保持相同的弧形延伸以形成平滑弧形。

城市建筑图形数据包括各个建筑物单体简化前的俯视轮廓线尺寸、建筑层高以及建筑层数。在进行等体积处理算法计算之前，需要将各个建筑物单体分为多层建筑单体和高层建筑单体，再利用等体积处理算法将每栋建筑物中的各个多层建筑单体合并计算为一个多层建筑单体，将每栋建筑物中的各个高层建筑单体合并计算为一个高层建筑单体，并获得合并计算获得的多层建筑单体和高层建筑单体的处理后建筑层数（图6-10）。

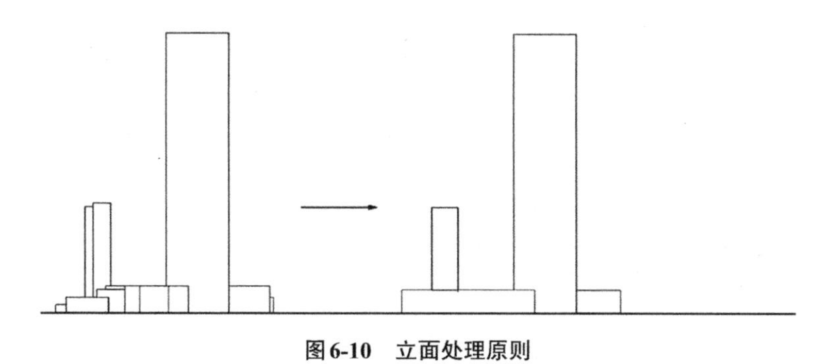

图6-10　立面处理原则

利用等体积处理算法计算各个多层建筑单体和高层建筑单体的处理后建筑层数的计算公式为：

$$b=\frac{S_1\times a_1\times b_1+S_2\times a_2\times b_2+\ldots+S_n\times a_n\times b_n}{S\times a}(i=1,2,3,\cdots n)$$

式中，S为处理后建筑面积，a为处理后建筑层高，b为处理后建筑层数，S_i为各个建筑单体的处理前建筑面积，a_i为各个建筑单体的处理前建筑层高，b_i为各个建筑单体的处理前建筑层数。多层建筑单体的层数小于9层，高层建筑单体的层数大于等于9层。

利用各个建筑物边线处理后的俯视轮廓线以及对应的处理后建筑层数建立各个建筑物单体的三维模型，进而建立起整个城市的三维模型。

6.4.3 城市能耗模拟

城市能耗模拟数据量大，在现有的计算机配置下进行城市尺度的能耗模拟对硬件设施具有一定的挑战性。为保证城市能耗模拟的可行性与效率性，研究采取分区模拟的方式（图6-11）。在杭州南站的案例中，通过街区道路将规划区域分为34个模拟分区，对每个分区中的建筑进行分别模拟。

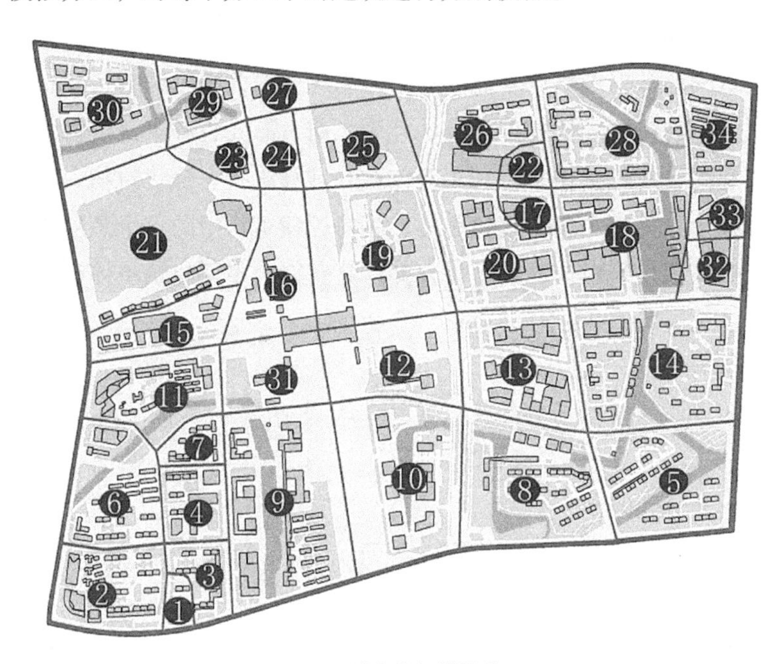

图6-11　城市能耗模拟分区

运用必要的计算机技术手段，在GIS平台上处理城市建筑的大数据，通过合适的第三方程序，如Rhino、Grasshopper等，实现从GIS数据到IDF数据的转换，从而使用EnergyPlus对城市建筑大数据进行能耗模拟，确保计算的准确性和高效性（图6-12）。

城市建筑能耗模拟系统（图6-13）包括：建筑体块导入模块、布尔值设定模块、体块划分模块、热区转换模块、热区邻接模块、窗墙比参数设置模块、窗墙比生成模块、窗口生成模块、围护结构负荷与内热源赋值模块、围护结构负荷与内热源参数设置模块、设备时间表赋值模块、新风时间表赋值模块、人员使用时间表赋值模块、照明时间表赋值模块、制冷时间表赋值模块、制热时间表赋值模块、运行时间表赋值模块、EnergyPlus运行模块、输出参数设置模块、气象参数设置模块、阴影体块转化模块、命名模块以及EnergyPlus模拟结果输出模块。其中，EnergyPlus运行模块用于接收EPW格式的典型气象年气象文件，并在连接

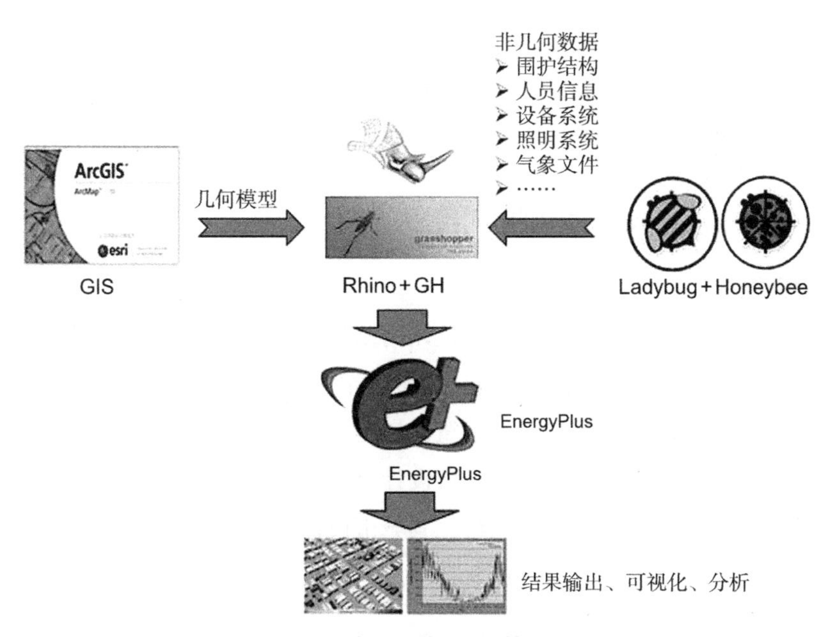

图 6-12　城市能耗模拟数据转换平台

来源：李艳霞，武玥，王路，等.城市能耗模拟方法的比较研究[J].国际城市规划，2020(2)：80-86.

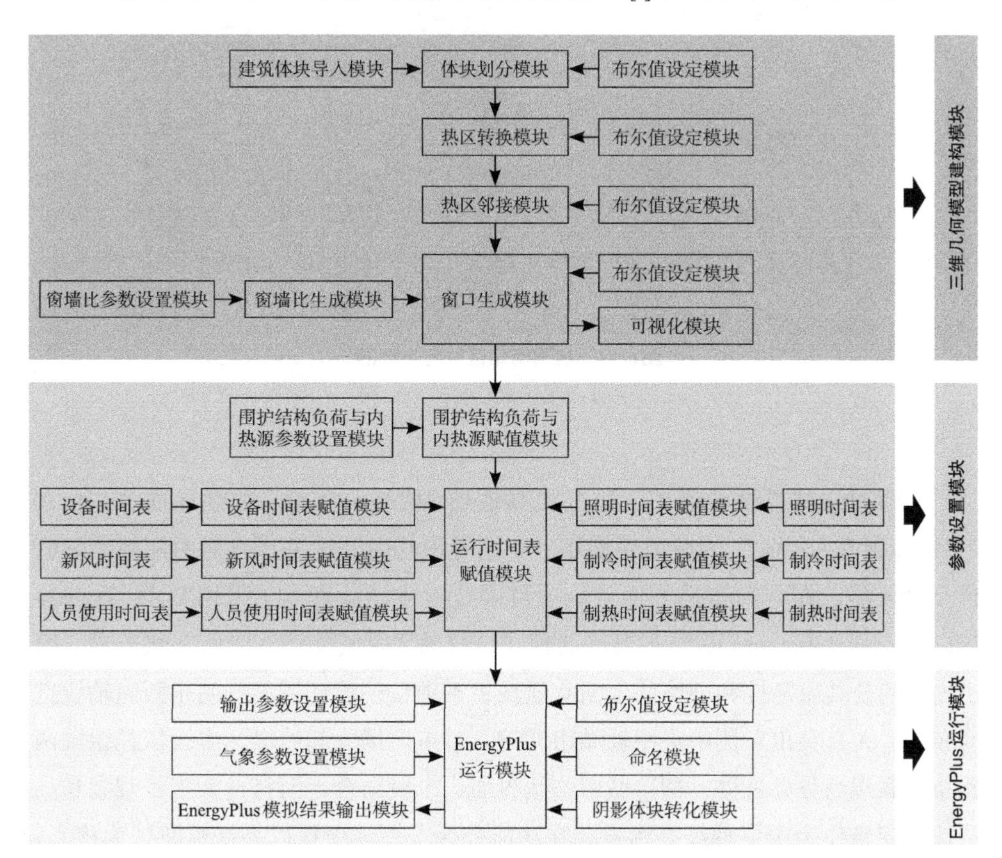

图 6-13　城市能耗模拟系统结构示意图

的布尔设置模块输入真值时生成调度模块，将Honeybee中EnergyPlus zone loads设置模块导入IDF文件。最后，EnergyPlus运行IDF文件以获得EnergyPlus模拟结果的CSV结果文件。

6.4.4 城市能耗数字地图的应用案例介绍

1.案例概况

杭州南站片区项目占地3.5km^2，杭州南站位于杭州市萧山区，是杭州钱塘江南岸唯一一座客运火车站（图6-14）。杭州南站区块于2011年编制过城市设计方案，但随着杭州定位的变化和南站枢纽计划的实施，南站地区作为一个重要的城市节点和门户，需编制更高水平的城市设计以引导该区域的开发建设。杭州南站作为杭州南部的城市门户与交通枢纽，其城市设计需要协同周边城区功能，彰显城市特色，提升地区形象，构建宜人空间。

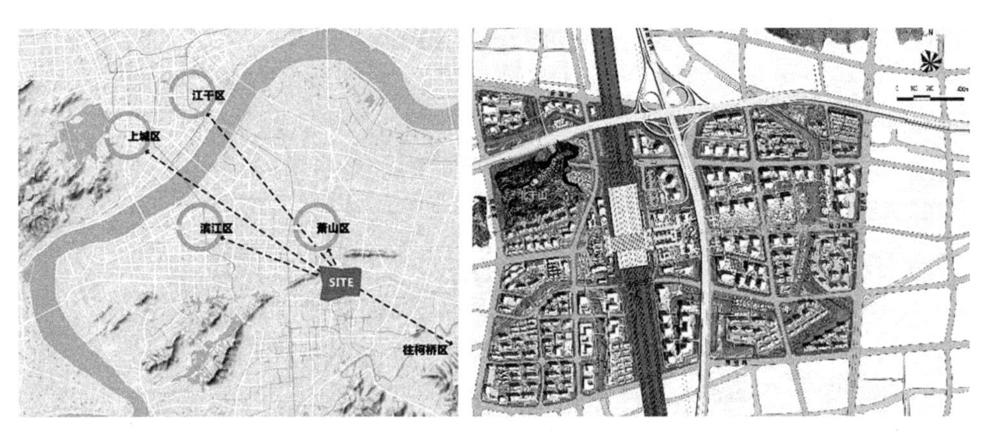

图6-14　杭州南站区位与方案图

来源：杭州南站项目文本

杭州南站城市设计运用了第三代高铁站“城站一体化”的设计理念，强调“到站即到家（入城）”的城市功能布局，同时依托高铁站进行东西两侧新老城缝合互动发展。在空间布局方面，该项目围绕上述设计理念，采用TOD（Transit-oriented development）圈层布局发展模式，打造“内城外坊”特色空间布局，突出内城的公共服务性和外坊的生活宜居性；本项目还设计了高铁站东西向轴线空间布局，尤其突出东侧中央绿轴城市印记，以东广场为起始段，中段依托绿轴两侧布置高端商务办公楼，塑造城市连续界面，末段结合运河打造人工景观湖和高层地标建筑作为中央轴线高潮点。在功能分区上，该项目以高铁枢纽区为核心，西侧设有生活办公区、山体涵养区、宜居生活区与文创办公区，东侧为站前商务区、中心综合配套区与宜居生活区。在场所特质方面，总结梳理了杭州市、萧山区的城市发展逻辑与文化脉络，基于历史文化与自然生态的解析，在中央绿轴内部和运河河畔植入具有杭州地域性文化特征建筑，同时预留多条观山廊道，营造具有生态特色的城市空间（图6-15）。

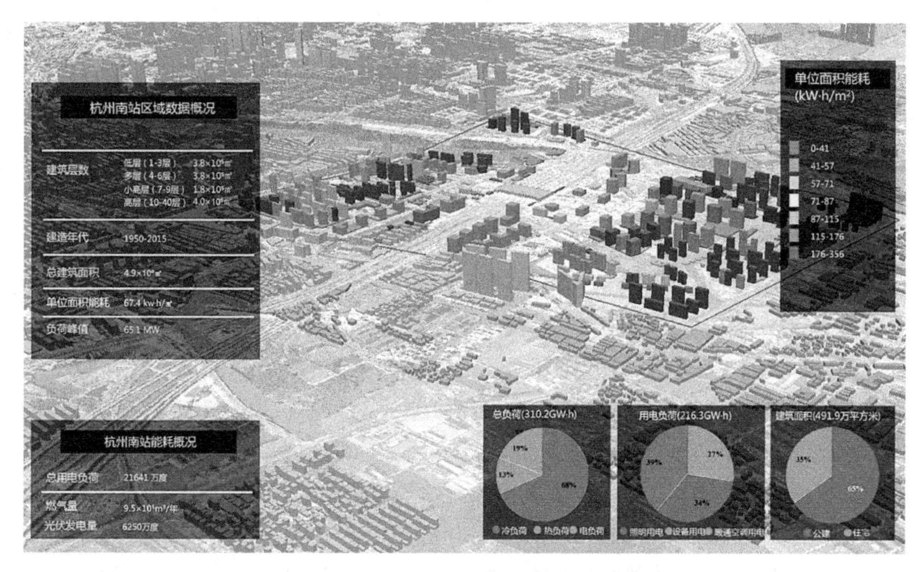

图6-15　城市能耗数字地图应用案例

2.技术流程

城市能耗模拟技术分为城市能耗模型的建模、城市能耗模型的模拟、城市能耗模型的可视化三部分。具体的能耗模拟流程如图6-16所示。该模拟技术以建筑能耗模拟的理论模型和方法为基础，依托城市建筑的体量、窗墙比、围护结构、人员、用能系统、运行方式、所处气候等多源大数据，对城市能耗进行科学、准确、高效的计算和仿真。

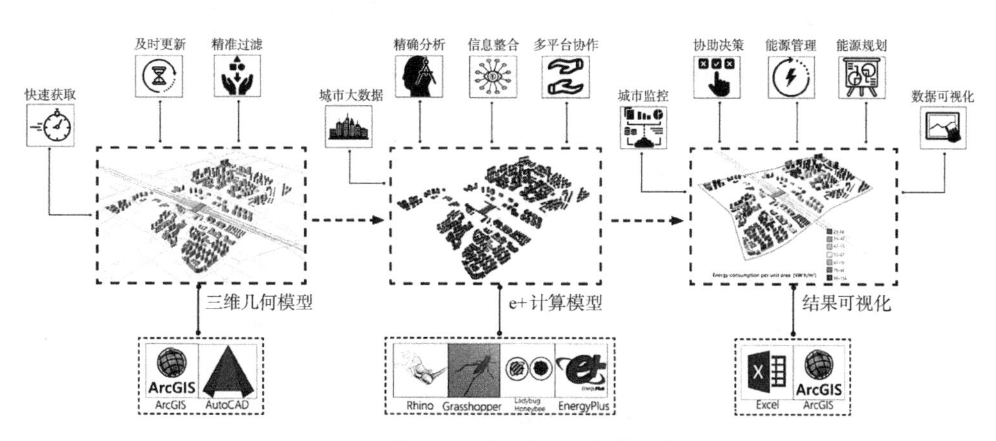

图6-16　城市能耗计算技术流程

3. 应用成效

杭州南站区域现状建筑926栋，规划方案建筑310栋。对杭州南站规划区域现状进行模拟，得出现状总能耗和单位面积能耗值。该区域现状建筑的总能耗为1.2×10^8kW·h，单位面积能耗为63.03kW·h/m^2，本设计将现状的单位面积能耗作为城市能耗的“基准线”。对杭州南站规划方案进行模拟，得出规划方案建筑的总能耗和单位面积能耗值。该区域方案建筑的总能耗为3.3×10^8kW·h，单位面积能耗为60.72kW·h/m^2。方案建筑的单位面积能耗降低3.7%。

参考文献

[1] 杨甜，兰小梅. 滨海城市防御台风灾害城市建设提升策略研究——以珠海市为例[C]. 中国城市规划学会，重庆市人民政府. 活力城乡 美好人居——2019中国城市规划年会论文集（01城市安全与防灾规划）.北京：中国建筑工业出版社，2019：289-300.

[2] 林建忠，郑海祥，周旋. 滨海城市台风防灾减灾对策——以温州市为例[J]. 中国减灾，2019（15）：46-49.

[3] 马超，任利剑，李相逸，等. 滨海城市减灾体系与减灾行动规划研究——以路易斯安那州为例[J]. 中国园林，2019，35（5）：80-84.

[4] 李玲. 基于多个救灾主体的滨海城市防灾能力提升研究[D]. 天津：天津大学，2017.

[5] 何柯，韩晓琬，何妍亭，等. 基于多变量分析的滨海城市空间形态与中尺度风环境的耦合机制研究初探之研究意义、内容、目标和创新点[J]. 建筑与文化，2017（8）：72-73.

[6] 董营. 基于突变理论的滨海城市海洋灾害系统研究[D]. 天津：天津大学，2017.

[7] 王利华. 基于弹性城市理念的北方滨海旅游城市震时疏散策略研究[D]. 天津：天津大学，2017.

[8] 荆宇辰. 灾后城市恢复发展规划与减灾策略[D]. 天津：天津大学，2017.

[9] 王滢. 基于疏散行为的滨海城市避难空间规划策略研究[D]. 天津：天津大学，2016.

[10] 于洪蕾. 极端气候条件下我国滨海城市防灾策略研究[D]. 天津：天津大学，2016.

[11] 高莺. 快速城镇化背景下滨海城市空间结构演化及防灾策略研究[D]. 天津：天津大学，2014.

[12] 韩丕龙. 填海新区海岸带景观生态化建设[D]. 济南：山东大学，2014.

[13] 雷霆. 基于雨洪管理模式的滨海城市“防灾型”社区规划研究[D]. 天津：天津大学，2014.

[14] 曹湛. 滨海城市填海城区综合防灾规划研究[D]. 天津：天津大学，2014.

[15] 孙海. 滨海城市自然灾害风险评估与控制方法的基础研究[D]. 青岛：中国海洋大学，2013.

[16] 林在文. 滨海城市台风灾害管理研究[D]. 广州：广州大学，2013.

[17] 孙晓峰. 海南岛东部环岛城市带复合防风策略研究[D]. 天津：天津大学，2012.

[18] 余兴光. 海洋城市滨水环境生态系统服务功能保护与区域开发协调研究[D]. 厦门：厦门大学，2006.
[19] 李相然，张绍河. 滨海城市环境工程地质问题的系统防治研究[J]. 地质灾害与环境保护，1999(1)：3-5.
[20] 范悦，周博. 中日震后应急临时住宅建设与使用状况启示[J]. 大连理工大学学报，2009，49(5)：687-693.
[21] 张博闻，沈晓宇，张伟郁. 我国建筑工业化模块化在灾后安置的可持续性研究[J]. 中外建筑，2018(2)：48-50.
[22] QUARANTELLI E L. Patterns of sheltering and housing in American disasters[J]. University of Delaware Disaster Research Center，1991.
[23] 童时中. 模块化原理设计方法及应用[M]. 北京：中国标准出版社，2000.
[24] 李春田. 现代标准化前沿："模块化"研究报告[M]. 北京：中国标准出版社，2008.
[25] SMITH R E. Prefab architecture：a guide to modular design and construction[M]. New York：John Wiley & Sons，2011.
[26] 麦绿波. 标准化学——标准化的科学理论[M]. 北京：科学出版社，2017.
[27] KIERAN S，TIMBERLAKE J. Cellophane house[M]. Architectural Design，2009，79(2)：58-61.
[28] UNEP. Cities and climate change [EB/OL]. 2015-05-17. http://www. unep. org/resourceefficiency/Policy/ResourceEfficientCities/FocusAreas/CitiesandClimateChange/tabid/101665/Default. asp.
[29] CHALAL M，BENACHIR M，WHITE M，et al. Energy planning and forecasting approaches for supporting physical improvement strategies in the building sector：a review[J]. Renewable and sustainable energy reviews，2016，64：761-776.
[30] CHEN Y X，HONG T Z，PIETTE M A. City-Scale Building Retrofit Analysis：A Case Study using CityBES[C]//Proceedings of the 15th IBPSA Conference，San Francisco，CA，USA，2017：1084-1091.
[31] 李艳霞，武玥，王路，等.城市能耗模拟方法的比较研究[J].国际城市规划，2020(2)：80-86.

后记

人类的征途是大海星辰。

我们将遁地入海，延展未来城市与建筑的边界。

在科幻小说中，人类将踏上不同星球，发展不同文明。

在面对未知的挑战与困难时，能依靠的只有科学技术。

本书是一群脚踏实地、仰望星空的建筑师、规划师对于未来城市—建筑的技术探索与期许。

漫漫征途，与君同行。

《未来“城市—建筑”设计理论与探索实践》

课题组

2020年10月10日